김정은의 통치전략과 딜레마

김정호(해군 중령)

전 기무사(현 안보지원사) 북한정보분석과장
전 기무사(현 안보지원사) 전략정보분석팀장
중앙대학교 동북아학과(북한개발협력) 박사
서강대학교 정치외교학과(북한정치) 석사
한국해양대학교 해사수송과학과(해사행정) 학사

주요 논문
* 북한 김정은의 '국가개발 전략' 구상과 딜레마(박사 논문)
* '합리적 행위자 이론'의 북한 적용을 위한 대안적 접근법
* 美-北 협상의 '내쉬 균형' 속 북한 김정은의 核보유 전략
* 『7.1 경제조치』와 북한사회의 변화: 탈계획경제로의 변화를 중심으로(석사 논문)

김정은의 통치전략과 딜레마
인센티브, 사이버 해킹 그리고 미-중 갈등을 활용한 핵-경제 병진 전략

2020년 10월 15일 초판 인쇄
2020년 10월 20일 초판 발행

지은이 | 김정호
교정교열 | 정난진
펴낸이 | 이찬규
펴낸곳 | 북코리아
등록번호 | 제03-01240호
주소 | 13209 경기도 성남시 중원구 사기막골로 45번길 14
        우림2차 A동 1007호
전화 | 02-704-7840
팩스 | 02-704-7848
이메일 | sunhaksa@korea.com
홈페이지 | www.북코리아.kr
ISBN | 978-89-6324-719-9(93390)

값 18,000원

김정은의 통치전략과 딜레마

인센티브, 사이버 해킹 그리고 미-중 갈등을 활용한 핵-경제 병진 전략

김정호 지음

북코리아

프롤로그
2009년 '화폐개혁'에 숨겨진 의미

2009년 11월 30일 오전, 평양의 평성시장은 평소와 다르게 술렁거리고 있었다. "12월 초까지 현재 가진 돈을 신권으로 교환하라"라는 당국의 갑작스러운 지시에 가진 돈이 그야말로 휴짓조각이 될 수도 있다는 불안감이 가장 큰 이유이기는 했으나, 시장 상인들과 큰돈을 시장에서 굴리던 '돈주(錢主)'들에게는 "척, 척, 척, 발걸음, 우리 김 대장~ 발걸음~"이라는 노래와 함께 시작된 3대 세습체제 구축작업이 결국 '화폐개혁'이라는 '반(反)시장정책'으로 나타났다는 점에서 충격이 더욱 컸다.

북한 당국은 비록 각 지방과 가구당 인원수별 차이를 두기는 했지만, 2009년 11월 30일 오전 11시 기습적으로 구권 대비 1/100의 가치인 신권을 1세대당 10만 원(구권 기준) 한도 내에서 교환하도록 하는 한편, 추가로 일정 비율·한계까지 은행에 예치할 수 있게 했다. 결국, 은행에 예치한 돈을 '언제 찾아 쓸 수 있을지 불분명'하다라는 당시 북한의 분위기를 고려하면, 가구별로 보유하고 있던 구권 중 10만 원을 초과한 돈은 순식간에 '휴짓조각'이 된 것이다. 비록 가구당 신권 5만 원을 무상으로 분배하고 노동자의 임금을 단계적으로 최대 100배까지 인상하는 등 북한 주민의 구매력을 높이는 조치도 병행했으나, '제한된 화폐교환'은 북한 주민의 인식 전반에 '상실감'을 주기에 충분했다. 나아가 '시장'에서 특정 공산품과 생필품의 거래를 금지하고 일부 품목에 대해서는 '가격 상한제'를 시행하는 등 연이은 '반시장정책'들은 지난 수십여 년 동안 자신과 가족들의 생계 부양을 가능케 했던 시장을 '사실상 철폐'하는 수순이었기에 북한 주민의 상실감은 더욱 클 수밖에 없었다.

'3대 세습 구축작업' 중 하나인 '2009년 화폐개혁'의 출발점은 1년여 전으로 거슬러 올라간다. 2008년 뇌졸중으로 쓰러진 김정일은 후계체제를 신속하게 추진해야 할 필요성을 느껴 '인민 생활 개선'을 선전하며 아픈 몸을 이끌고 중국과 러시아는 물론 북한 전역을 '현지 지도'했다. 이를 보도하는 「로동신문」속 사진들에는 공식 계획경제 부문인 각급 기업소 및 공장에서 생산되는 생필품들이 즐비했다.

아마도 '산더미' 같은 생필품들을 보고 북한 주민과 지도부는 동상이몽을 했을 것이다. 즉, 북한 주민은 지난 20여 년 동안 '시장'과 연동되어 근근이 유지되던 공식 계획경제 부문의 '생산력 개선(증산 운동)'을 위한 '150일·100일 전투' 같은 착취적 노력 동원 운동으로 인해 지칠 대로 지쳐 있었지만, 지도부는 "1990년대 '고난의 행군' 이후 사실상 붕괴된 '주민에 대한 배급능력'을 복원함으로써 지난 20여 년간 '시장'을 중심으로 이완되고 있는 주민의 사상통제 등 3대 세습 이전에 과거와 같은 주민통제력을 확고히 할 수 있다"라는 기대감을 가졌다.

하지만 이미 북한 주민과 '시장'은 떼려야 뗄 수 없는 관계였다. 상당수의 북한 주민은 지난 20여 년 동안 생필품을 배급하지 못하는 당국을 바라보기보다는 '시장' 속에서 자신들의 생계를 스스로 해결해나갔으며, 생떼 같은 처자식과 부모가 굶어 죽었던 '고난의 행군'의 경험 속에서 불확실한 미래를 위해 스스로 '시장'에서 벌어들인 수익금을 비축하는 데 익숙해 있었다. 따라서 그러한 '억척스런 삶'을 살아온 주민에게 그동안 굶고 아끼며 자신과 가족의 미래를 위해 마련해온 생존자금(seed money)이 휴짓조각이 되어버린 2009년의 화폐개혁은 가히 '충격적'일 수밖에 없었다.

당시 북한 주민과 시장 상인들에게 구권 화폐는 말 그대로 휴짓조각일 뿐 오직 '현물·실물'을 더 많이 확보하는 것만이 생존의 길임을 본능적으로 판단했다. 따라서 당시 '시장'의 반응은 생계를 위해 그동안 시장에서 판매하던 물품을 '매대'에서 내리고 '창고'에 저장하는 '회수·저장(시장의 유통기능 상실·포기) 행태'로 수렴되었으며, 이는 북한 당국의 예상 수준을 뛰어넘는 급격한 '인플레이션'으로 이어졌다. 결국, '화폐개혁'을 단행한 지 두 달도 안 된 2010년 초 북한 당국은 화폐개혁 실패를 인정하고, 이에 대한 책임을 물어 노동당 계획재정부장인 박남기를 처형하기에 이른다.

과연 북한 지도부는 2009년의 화폐개혁이 '심각한 인플레이션'에 직면할 것을 전혀 예측하지 못했을까? 아니면, 그러한 인플레이션을 억제·통제할 대책을 가지고 있었으나, 정상적으로 작동하지 않았던 것일까?

만약 '화폐개혁 단행' 직후의 상황을 전혀 예측하지 못했다면, 북한 당국의 정책적 계획·관리 능력은 낙제 수준이라고 봐야 한다. 왜냐하면, '화폐개혁 단행' 직후의 상황을 전혀 예측하지 못해 실패했다는 것은 당시 최대의 화두이던 '3대 세습' 작업에 악영향을 미칠 수밖에 없음에도 '불과 두 달 만에 실패를 인정'해야 할 만큼 허술하게 정책을 준비 · 실행했다는 것을 의미하기 때문이다.

하지만 '화폐개혁' 실패를 인정한 이후 북한 지도부는 '3대 세습 정권'을 순차적으로 안정화할 만큼 '탄탄한 정책적 추진력'을 보여주고 있다.

따라서 당시 북한 당국은 '화폐개혁' 이후 상황을 어느 정도 예측하고 이를 억제 · 통제할 대책을 수립해놓았으나, 그 대책의 기본적 데이터에 오류가 있었거나 수립해놓은 대책들이 정상적으로 작동하지 않았다고 보는 것이 '두 달여 만의 실패 인정'을 설명하기에 좀 더 설득력이 있다.

그렇다면, 무엇에 오류가 있었으며, 무엇이 정상적으로 작동하지 않았을까? 이제부터 그 '두 달여 만의 실패 인정'의 원인을 찾아볼 것이며, 그 속에는 '천안함 폭침' 등 김정은 등장 이후 벌어진 남북관계의 모든 원인과 결과가 담겨 있을 뿐만 아니라 김정은의 권력 장악 과정에 대두된 난제와 그가 추구하는 '핵보유 전략' 등 '김일성 조선(朝鮮)'의 미래상이 담겨 있다.

따라서 이를 찾고 이해하는 것은 '과연 북한 김정은이 주민의 윤택한 경제생활을 위해 핵을 포기할 수 있을 것인가?'를 비롯하여 북한이 직면한 정치 · 경제 · 사회 및 군사적 문제, 이를 극복하기 위해 김정은이 추진하는 '통치전략'과 그 한계를 궁금해하는 독자들에게 '김정은 시대'의 북한 행보를 제대로 읽어낼 '혜안'을 줄 것이다.

이 책은 북한 김정은의 행보와 변화를 '합리적 행위자 이론(Rational Actor Theory)'으로 해석하고 있다.

'합리적 행위자 이론'은 현실 사회에서 유용한 설명력을 가지고 있다. 가령, 지난 10여 년 동안 북한의 핵 · 미사일 도발, 한일 갈등 등 특정 국가의 행동과 국가 간의 문제가 발생했을 때 '그 국가(행위자)는 당시 어떤 상황을 고려하여 어떤 효과·이익을 얻기 위해 무엇을 어떤 식으로 행동했다'라는 방식으로 특정 국가의 의도와 목표를 해석하고, 이를 기초로 대응책을 마련하는 등 현재 각 정책 기관들과 다수의 학자·언론들이 갖는 일련의 '분석·대응 프로세스'가 합리적 행위자 이론에 입각한 것이라고 해도 과언이 아니다. 더욱이, 현재 미국의 대북 정책을 주도하는 폼페이오 국무장관조차 김정은을 '합리적 행위자'라고 공언할 만큼 북핵 문제로 인한 한반도의 정세변화를 읽는 데 합리적 행위자 이론의 유용성은 더욱 커지고 있다.

　하지만 이러한 현실적 설명력에도 불구하고 그동안 국내에서는 북한에 합리적 행위자 이론을 적용하는 데 많은 이견이 있었다. 특히, 비합리적이고 비이성적인 행동을 하는 북한에 과연 '합리적'이라는 잣대를 들이대는 것이 가당키나 하느냐는 의견이 눈에 띈다. 이는 '합리적'이라는 용어에 대해 '옳은'이라는 의미에 가까운 '긍정적' 이미지를 떠올리는 국내의 '인식적 경향'에 기인한 것으로 보인다. 그러나 '합리적 행위자 이론'에서 의미하는 '합리적'이란 옳고 그름에 대한 기준이 아니며, 만약 행위자가 취한 행동이 정녕 '악마의 선택'이라고 하더라도 그것이 당시 상황에서 최선의 이익 추구에 합당한 행동이라면 '합리적'이라고 보는 것이 이 이론의 입장이다.

　이 책은 이러한 '관점'에서 북한의 김정은이 구상하는 '통치 목표'와 이를 실현하기 위한 '통치전략'을 찾아내고, 그가 그 전략에 따라 어떠한 분야별 정책을 구사하는지, 그리고 그 정책별 성과와 한계는 무엇인지를 도출하고 있다. 특히, '김일성 조선'의 영속성을 추구하는 김정은이 체제·정권 유지를 위해 '외부 체제위협 요소' 대응 목적의 핵개발과 '내부 체제위협 요소' 억제 차원의 경제발전을 핵심 '축'으로 하는 '핵-경제 병진' 정책의 추진 성과와 한계, 그리고 눈앞에 다가온 난제 등을 분석함으로써 향후 김정은이 어떤 방향으로 통치전략을 구사해나갈 것인지를 예측한 것이 이 책만의 독특하고 재미있는 '관전 포인트'다.

마지막으로, 2003년 초 줄곧 군인의 길을 걷고 있던 내가 '정치학'이라는 생소한 학문의 길을 걷기 시작하면서 맞닥뜨린 '학문적 혼란'을, '세상사에 정답이 없다. 정답은 너의 머리와 마음에 있다'는 말로 정리해 주어 학자의 꿈을 갖게 해주신 서강대학교 김영수 교수님과, 학자로서의 '자격증'이자 첫 발을 내디딜 수 있는 박사학위를 받을 수 있도록 지도해주신 중앙대학교 조윤영 교수님, 그리고 현역 시절부터 다양한 분야의 조언과 지도를 해주신 임인수 예비역 해군 제독님께 이 책의 발간을 빌려 감사인사를 드린다.

2020년 10월 7일
긴 항해를 앞두고, 범섬이 보이는 서귀포의 한 항구에서
해군 중령 김정호

차례

프롤로그: 2009년 '화폐개혁'에 숨겨진 의미 ·· 5

제1장 '김정은 시대' 북한을 올바로 읽기 위한 준비 / 17

  1. '이익 추구' 중심의 합리적 행위자 이론 공감하기 ··················· 21
    1) 목표 설정의 영향 요소: 경험적 '인식'과 정책추진 환경 ········ 27
    2) 정보수집 능력과 해석 패턴 ···································· 33
    3) 정책 선택의 자율성: 체제의 내적 특징 ······················ 34
    4) 소결론: '합리적 행위자 이론'의 효과적인 적용 절차 ·············· 38

  2. 권력 유지를 열망하는 독재자의 '합리적 행위' 이해하기 ········ 40
    1) 내부 '체제위협' 억제: 경제 · 사회통제 필요성과 방식 ············ 41
      (1) 국가 주도 경제발전 추진 유인(誘因)과 국가의 역할 / 40
      (2) 국가 주도 경제발전 성공 · 실패의 주요 결정요인 / 44
    2) 외부의 '체제위협' 대응: NPT 체제하 '핵무장'의 딜레마 ········ 56
      (1) 핵무장 포기를 통한 정권 유지 추구 / 58
      (2) 핵무장 추진을 통한 체제 보장 도모 / 63
      (3) '외부 위협'에 대한 '공동 대응' 모색: 전략적 비선호
        협력(SNPC) / 65
    3) 소결론: 김정은의 '핵-경제발전 병진 노선'을 읽는 분석 틀 ··· 68

제2장 북한 김정은의 '통치(이익 추구) 전략' 찾아내기 / 71

1. 북한 체제와 김정은의 특징: 축적된 '경험과 인식' ·················· 73
   1) 북한과 김정은의 특징·성향 ····························· 73
      (1) 북한의 체제적 특징 / 73
      (2) 북한 '최고 정책결정자' 김정은의 성향 / 78
   2) 김정은의 '경험·인식': 김정일 시대와의 정책적 연속성 ······· 84
      (1) 대외정책 측면 / 84
      (2) 대내정책 측면 / 100
   3) 북한의 정보수집 능력과 해석 패턴 ····················· 114

2. 김정은이 구상하는 '통치전략' ····························· 120
   1) '합리적 행위이론'에 따른 김정은의 '통치전략' 가정 ········· 120
   2) 김정은이 직접 공표한 통치 '목표'와 달성 수단 ············· 123

제3장 독재자 김정은의 통치전략과 추진 결과 / 137

1. 후계자 등극 시 그에게 '주어진 환경' ····················· 139
   1) 대내적 환경 ····································· 139
   2) 대외적 환경 ····································· 146
   3) 경제적 환경 ····································· 151

2. 김정은 시대 '만들어진 환경' ··························· 157
   1) 세습 후계자 중심의 체제 결속 ······················ 158
   2) 대외분야의 '결정적 협상카드' 확보와 협상능력 제고 ········· 166
   3) 시장화의 '부정적 영향' 억제와 '이데올로기' 선전전 ········· 173
   4) 통치전략의 핵심 난제인 경제분야 여건 구축 ·············· 181
      (1) '국가 주도 경제발전 전략' 구상·실행 / 182
      (2) 선진 기술장벽 추월 시도: 과학·교육 중시정책과
          '사이버해킹' / 190
      (3) 군의 경제발전 역할 확대 / 203
      (4) 불법적·합법적 '경제발전' 자금 보충 / 208
      (5) 내부 생산력 극대화 독려: 자발적 '경제활동 분위기' 정착
          / 215

제4장 김정은의 '통치전략' 추진 결과와 한계 / 225

   1. 전반적 성과: 핵협상 국면 창출과 경제적 난관의 지속 ········ 227

   2. 경제분야 추진 결과: 미완의 진행 단계 ····························· 232
     1) '개발독재'적 성격이 뚜렷한 경제발전 추진 ····························· 232
     2) 내부 '발전기틀' 형성과 외부 '발전기반' 불비 ······················ 234
     3) 현 경제상황 창출에서 '북한 당국'의 역할 ··························· 238

   3. 국제 정치·경제 체제하 '김정은의 성과'가 갖는 의미와 한계
    ·· 243

에필로그: 북한 김정은 정권의 과제와 미래 ······································· 247
참고문헌 ··· 257

표 차례

〈표 1.1〉 '합리적 행위자 이론'의 '합리성 논란'에 대한 주요 쟁점 ·············· 25
〈표 1.2〉 '합리적 행위자 이론'의 효과적 적용 절차 ·············· 39
〈표 1.3〉 국가 주도 경제발전 성공·실패의 주요 결정요인 ·············· 55
〈표 1.4〉 국제 정치·경제 체제하 김정은의 '경제개발 정책' 성패 분석 틀 ·············· 69

〈표 2.1〉 북한 IP 사용자의 2019년 「NK경제」 홈페이지 주요 검색어 ·············· 115
〈표 2.2〉 합리적 행위자 이론과 김정은이 구상하는 '통치전략' 가정 ·············· 122

〈표 3.1〉 김정은 시대 지방급 경제개발구 ·············· 184
〈표 3.2〉 김정은 등장 이후 새로운 경제관리방법과 실제 변화 ·············· 186
〈표 3.3〉 김정은 시대 SRBM급 이상 탄도미사일 시험과 한국의 해킹 피해 시점 ······· 200
〈표 3.4〉 김정은 등장 이후 '부문별 시장화' 동향 ·············· 215
〈표 3.5〉 북한 일반 상점의 통조림 가격(북한 원) ·············· 218

〈표 4.1〉 김정은 시대 분야별 통치전략 추진 일정표 ·············· 230
〈표 4.2〉 국가 주도 경제개발의 중요 성공·실패 요소별 '성과와 한계' ·············· 234
〈표 4.3〉 경제발전 추진 간 '북한 당국의 역할' 평가 ·············· 238

그림 차례

〈그림 1.1〉 행위자의 관점에서 '합리적 행위'로의 판단 요소 ·············· 24
〈그림 1.2〉 '합리적 행위자'의 일반적인 정책목표 설정·추진 과정 ·············· 32
〈그림 1.3〉 정책 선택의 자율성을 고려한 '합리적 행위자'의 행동 패턴 ·············· 36
〈그림 1.4〉 '폐쇄형' 정책 결정 구조 하 '합리적 행위자'의 행동 패턴 ·············· 37
〈그림 1.5〉 '개방형' 정책 결정 구조 하 '합리적 행위자'의 행동 패턴 ·············· 38
〈그림 1.6〉 부분개혁 모델 ·············· 44

〈그림 2.1〉 김정은 '후계수업' 이후 북한의 대남행보 ·············· 88
〈그림 2.2〉 김정은 '후계수업' 이전 북한의 대미행보 ·············· 89
〈그림 2.3〉 김정은 '후계수업' 이후 북한의 대남행보 ·············· 92

〈그림 2.4〉 김정은 '후계수업' 이후 북한의 대미행보 ･････････････････････ 93
〈그림 2.5〉 북한의 경제영역 구분 ･･･････････････････････････ 101
〈그림 2.6〉 김정은 집권 이전 공식 경제부문의 '확대(추진)-실패' 과정 ････････ 110
〈그림 2.7〉 북한 사적 경제부문의 역할 변화 과정 ･･･････････････････ 112
〈그림 2.8〉 김정은 시대에 공표된 그의 '통치 목표'와 달성 수단 ････････････ 135

〈그림 3.1〉 북한 주요 생필품 가격 추이(2017. 5.~2018. 11.) ･･････････････ 178
〈그림 3.2〉 북한 주요 생필품 가격 추이(2018. 11.~2020. 4.) ･･････････････ 178
〈그림 3.3〉 대한민국 정부의 연도별 대북지원 현황 ･･････････････････ 188
〈그림 3.4〉 국제사회의 연도별 대북지원 현황 ･････････････････････ 188
〈그림 3.5〉 김정은 시대 과학기술 논문 대외발표 현황 ･･･････････････ 191

〈그림 4.1〉 김정은의 통치전략과 분야별 전략 간 연관(연동)성 ･･････････････ 241

북한 김정은의 '권력 유지'를 위한 과제와 흐름 ････････････････････ 253

사진 차례

〈사진 1.1〉 대북제재하의 북중 국경지대(신의주 압록강 철교 인근) 교역 차량 ･･････ 66

〈사진 2.1〉 개성 시내에 있는 '고려시대 농민투쟁' 관련 선전 자료 ･････････ 74

〈사진 3.1〉 북한 각급 학교에 게시된 김정은에 대한 '충성 경쟁' 자극 표어 ･････ 165
〈사진 3.2〉 최근 다시 활동이 활성화되고 있는 '인민반' ･･･････････････ 175
〈사진 3.3〉 북한 각급 학교에 게시된 '교육 혁신' 독려 표어 ･･････････････ 192
〈사진 3.4〉 북한의 컴퓨터통신(인터넷) 교육 자료 ･･････････････････ 193
〈사진 3.5〉 북한에서 유통되는 각종 전자결제 카드와 사용 ･･･････････ 215
〈사진 3.6〉 북한 주민의 상업의식 변화에 따른 업종 분화 · 다양화 1 ･･･････ 220
〈사진 3.7〉 북한 주민의 상업의식 변화에 따른 업종 분화 · 다양화 2 ･･･････ 221
〈사진 3.8〉 북한 주민의 상업의식 변화에 따른 업종 분화 · 다양화 3 ･･･････ 222

제1장

'김정은 시대'
북한을 올바로
읽기 위한 준비

김정은은 2010년 9월 27일 조선인민군 대장으로 대외에 공표되면서 국제사회에 데뷔했다. 이후 수많은 정적을 제거하고 무자비하게 처형하면서 권력을 장악했으며, 현재는 '김일성 조선'이라는 왕조의 확고한 '권위주의적 독재1) 통치자'로 자리매김했다. 그리고 김정은 시대의 최대 화두는 '북미 핵갈등'과 '경제발전'이다.

북미 핵갈등은 '김일성 조선'의 영속성을 유지하기 위해 핵무장을 추진해온 김정은 정권의 '이익'과 제2차 세계대전 이후 전 세계에 '정치·경제적 공공재2)'를 공급하면서 국제사회에서 '패권적 질서'를 유지해온 미국이 '북핵 용인'으로 인한 NPT(핵확산금지조약) 체제 무력화 등 '이익' 약화를 우려하는 과정에서 발생한 '이익 충돌'이라고 볼 수 있으며, 북미 간에 이어지고 있는 핵 협상은 '이익 충돌'을 조율하는 과정의 하나다.

이러한 조율 과정에서 지속되는 갈등·대립 현상은 미국의 세계전략과 북한의 생존전략 속에 잠재된 '상호 불신'과 상대방의 기본전략에 대한 '의도적 무시'에 기반하고 있다. 즉 미국은 1944년 브레튼우드 체제를 통해 구축한 달러 기축통화 시스템, IMF 및 세계은행 등을 필두로 한 국제 금융망 시스템, 그리고 세계무역기구(WTO) 등을 위시한 세계 무역 및 상업망 등 전 세계에 '경제적 공공재'를 공급하는 등 세계 경제질서를 주도하는 한편, 자국의 정치·경제적 안보 등 '핵심

---

1) "국가정책 결정 시 국민 대다수 또는 다수 정치세력의 의견을 수렴·반영하기보다는 정치권력자 개인의 독립적인 결정에 크게 의존하는 정치체계"라는 의미로 '권위주의' 및 '독재'라는 용어를 사용했다.
2) 미국이 전 세계적 안정 또는 원활한 경제활동 등을 위해 자발적으로 구축·유지하고 있는 시스템을 말하며, 전 세계 국가들은 이 시스템을 자국의 이익 추구에 활용하지만 반대로 미국은 이러한 시스템이 정상적으로 작동해야 국제사회에 대한 영향력을 유지할 수 있다.

이익'을 보호하기 위해 NATO, 한미·미일 동맹, UN과 산하 국제기구, 핵무장(WMD) 확산 방지를 위한 NPT 체제 등에 천문학적 재원을 투입하는 등 자국 중심의 세계 안보질서 준수를 전 세계에 강요하고 있다. 그리고 이를 침해하거나 거부하는 국가에는 가차 없이 경제·군사적 제재를 부과하는 등 '갈등 야기'를 굳이 피하지 않는다.

반대로, 자신들을 '김일성 조선'이라고 부르는 북한은 태동 이후 줄곧 미국이 제공하는 공공재와 질서의 반대편에 서 있으며, 냉전 붕괴 이후 어려운 국면을 극복해가며 근근이 생존을 유지하면서 그들이 '국가 보위의 최후 보루'라고 표현하는 핵무기를 개발함으로써 '핵확산' 등 앞에서 언급한 '미국의 핵심 안보 이익'을 저해할 수 있는 '지렛대'를 개발했고, 이에 대한 미국의 '알레르기적 반응'의 결과로서 '핵협상 국면'을 만들어냈다.

하지만 미국과 북한은 1·2차 북핵위기 등을 거치면서 서로에게 '믿을 수 없는 상대'라는 인식을 뿌리 깊게 박아놓았으며, 이러한 '불신'은 상대방에게 '신뢰할 수 있는 조치의 선행'만을 요구하며 협상(조율)의 평행선을 그리는 핵심 원인으로 작용하고 있다.

따라서 김정은 시대 북한의 행보를 제대로 읽기 위해서는 첫째, 북미의 행보를 '이익 추구'에 충실한 합리적 행위자3)의 행동 패턴으로 이해한 가운데 '김일성 조선'의 영속성을 꿈꾸는 북한 김정은 정권이 왜 핵무장과 경제발전을 동시에 추진하는지를 '권위주의 독재자의 합

---

3) 한국에서는 '합리적'이라는 용어에 대해 '옳은'이라는 의미에 가까운, 매우 '긍정적'으로 해석하는 경향이 많다. 그러나 '합리적 행위자 이론'에서 의미하는 '합리적'이란 옳고 그름에 대한 기준이 아니며, 만약 그것이 정녕 '악한 행동'이더라도 당시 상황에서 최선의 이익 추구에 합당한 행동이라면 그것을 '합리적 선택'으로 본다.

리적 행위'라는 시각에서 바라볼 수 있어야 하며 둘째, 미국 주도의 국제 정치 · 경제 체제 속에서 핵무장과 경제개발을 병행하는 것이 어떤 의미와 제한점을 갖는지 이해할 수 있어야 한다.

1. '이익 추구' 중심의 합리적 행위자 이론 공감하기

현재 '북핵 문제'를 놓고 북한과 첨예하게 갈등하는 CIA 전 국장이자 현재 대북정책을 총괄하는 폼페이오 국무장관조차 "김정은은 합리적 행위자"[4]라고 표현하고 있음을 볼 때, 현재 한반도 문제를 다룸에 있어 합리적 행위자 이론을 더욱 설명력 높게 활용하려는 노력이 절실하다.

합리적 행위자 이론이란 인간의 정치 · 경제 · 사회적 행동을 이해 · 설명하기 위해 고안된 이론으로, "개인은 합리적이고 이용 가능한 정보를 체계적으로 활용하며, 개인의 행위(behavior)는 행위를 수행하려는 의도(intent)에 의해 결정"(설현도, 2018)된다고 본다. 그리고 '합리성'이란 "주어진 목표를 달성하기 위해 최선의 수단을 찾는 것과 관련"(정준표, 2003)되는 것 또는 "목표달성을 위해 여러 방안 중 하나를 선택하는 과정"(Alison & Zelikow, 1999)으로, "행위자가 자신이 설정한 목표를 최대

---

4)   CIA에서 북한 문제를 전담하는 '코리아미션센터'의 이용석 부국장보는 위와 같은 폼페이오의 인식을 좀 더 보충해서 설명한다. 그는 2017년 10월 워싱턴에서 열린 공개행사에서 "김정은은 한미 연합전력에 정면으로 맞설 생각이 없다. 그가 바라는 것은 모든 권위주의 국가의 지도자들처럼 장기간 집권하다가 평화롭게 죽는 것"이라고 말했다.

치로 달성하기 위해 주어진 환경(여건) 속에서 선택하는 행동의 밑바탕"이라고 표현할 수 있다.

하지만 '객관적인 가치와 확률을 바탕으로 효용을 평가'하는 기대 효용 이론이 복잡한 문제를 단순화하고 보편적인 기준을 제시해줌으로써 개인 또는 국가 간의 행동을 단순화할 수 있다는 장점에도 불구하고 '주관적인 가치와 확률에 기반한 효용 평가'에 의존하는 전망 이론의 주장처럼 행위자의 주관적 기준에 따라 '합리적 준거점(rational reference point)'[5]이 천차만별로 달라지기 때문에 행위자의 '합리성'에 대한 정보가 부족할 경우 '합리적 행위자 이론' 적용에 대한 논란이 끊임없이 제기되고 있다.

사이먼(Simon)은 정보 부족 문제를 우회할 수 있는 대안을 모색하기 위해 '제한적 합리성'[6]이라는 개념을 제시했는데, "인간의 의사결정은 '합리성'을 추구하지만, 인지적 한계와 시간적 제약으로 정확한 판단과 결과 예측이 제한되며, 결국 모든 부분을 치밀하게 고려하기보다는 경험적으로 '익숙한 방식'으로 의사를 결정한다"라고 주장하는 등 행위자의 경험과 정보 수집·해석 능력에 대해 관심을 가져야 한다고 강조한다.

또한, 엘스터(Elster)는 행위자의 행위를 '합리적'으로 보기 위해서

---

[5] "특정 행위자가 특정 사안에 대해 자신의 이익을 최대화하기 위해 선택하는 행동(방향)의 기준점"을 의미하는 것으로, 특정 행위자는 특정 사안에 대한 자신의 의도와 이에 대한 주변 정보, 그리고 자신의 '합리적 판단' 등에 따라 이 기준점을 설정할 것이다.

[6] 사이먼은 행위자가 그 목적과 상관없이 모든 방안에서 초래될 모든 결과를 정확히 평가하여 그중 가장 큰 효용을 주는 방안을 선택하는 것을 '포괄적 합리성'으로, 행위자의 지식과 계산·인지 능력의 한계로 인해 행위자의 주관적 범주에서 합리적으로 선택하는 것을 '제한적 합리성'으로 정의한다.

는 최적성(Optimality), 일관성(Consistency), 인과성(Causality)이라는 세 가지 조건을 충족해야 한다고 주장하면서 이를 행위자의 믿음(Belief: B/상황판단), 달성하고자 하는 욕구(Desire: D/목표), 믿음의 바탕이 되는 정보(Information: I), 그리고 앞선 경험들에 기반한 행위(Action: A/정책선택)와의 상관관계로 설명한다.

〈그림 1.1〉은 엘스터의 주장에 대한 이해를 돕기 위해 필자가 도식화한 것인데, 최적성은 '행위자가 자신의 목표(D) 달성에 충분하다고 믿는 정보(I)와 상황판단(B)을 바탕으로 목표달성에 최적의 수단이라고 믿는 행위(A)를 선택'할 때 충족된다. 또한 일관성은 '상황판단(B)과 목표(D)에 내적 모순(internal contradiction)[7]이 없고, 상황판단(B)에 따라 목표(D) 달성을 위한 행위(A)를 선택'할 때 충족된다. 그리고 인과성은 '주어진 정보(I)가 행위자에게 상황판단(B)과 목표(D)를 유발(cause)하고, 이것이 다시 행위(A)를 유발(cause)'할 때 충족된다. 다만, 이 인과성은 유발된 행위(A)가 목표(D) 달성에 유익했는지는 고려하지 않는다. 만약 최적성, 일관성, 인과성이 충족되었다면, 주어진 정보(I)와 상황판단(B), 그리고 목표(D)를 위한 행동(A)이 의도하지 않은 결과를 낳더라도 그것은 '합리적'이다.

한편, 합리적 행위자 이론에 대해 "행위자를 행위(정책) 선택의 독립변수로 가정함으로써 역으로 사회현상이 행위자의 행동에 영향을 미칠 수 있음을 간과하고 있다"라는 비판도 있다. 이는 독일 사회철학자 하버마스(Habermas)의 '의사소통의 합리성'으로 대변되는데, 행위자

---

7)　가령 '상황판단(B)'에 비추어 실현 불가능한 것임을 알고 있음에도 이를 달성하려는 '욕구(D)'를 갖는 것을 의미한다.

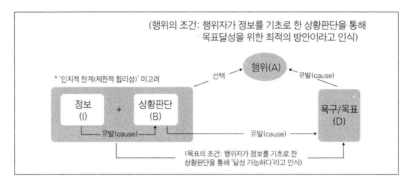

〈그림 1.1〉 행위자의 관점에서 '합리적 행위'로의 판단 요소

가 자신의 이익만을 추구하지는 않으며 때로는 자신의 이익과 직접 관련이 없는 '공익'을 고려하여 행동(선택)하기도 한다는 주장이다. 이 주장을 고려한다면, 자신의 이익 극대화를 위해 타인에게 더 큰 피해를 줄 수 있는 행위를 선택할 수 있는 '정책적 자율성'에 대한 '정보' 역시 행위자의 '합리성'을 판단하는 중요한 요소다.

결국 그동안 합리적 행위자 이론에서 제기된 '합리성 논란'은 행위자의 행동에 영향을 미치는 의도, 정보수집 능력·시간과 이를 해석·판단하는 데 영향을 미치는 개인·집단의 기질·특성과 축적된 '경험', 그리고 구성원의 다양한 욕구와 상관없이 '독단적 행위'를 강행할 수 있는 정치적 환경 여부 등에 대한 객관성 있는 설명력을 갖출 경우, 정보 부족에 기인한 '합리성 논란'을 극복할 수 있음을 말하고 있다.

북한에 대해 '합리적 행위자 이론'을 적용할 경우, 제기되는 또 하나의 쟁점이 있다. 그것은 '북한의 행보를 그들(내부 행위자)의 시각에서 이해해야 하는가?' 아니면 '외부 해석자의 시각에서 이해해야 하는가?'의 문제이며, 이는 '비판적(내재적) 접근법' 논쟁으로도 잘 알려져 있다.

구분	외부 시각('제한적 합리성' 중시) / 내부 시각(행위자 의도 중시) 관점	
논란 요소	영향 요소	세부 관찰 요소
'목표 설정' 및 '정보 해석·판단' 영향 요소	'경험적으로 축적'된 인식	• 개인·조직(정책결정자)의 특징과 성향·기질 • 자신의 능력(목표 설정)과 처한 상황에 대한 믿음 여부 • 목표달성을 놓고 경합해온 상대방에 대한 인식
정보수집 능력·시간	개인·조직의 능력	• 광범위한 정보수집 능력 유무 • '정보 해석' 프로세스(주관적 인식에 충실한 가치 편향적 정보 해석 강요 분위기 등)의 특징
정책 선택의 자율성	의사결정 문화	• 공익을 무시한 '독단적 정책' 추진 환경의 유무

　　하지만 '행위자가 주어진 상황·정보 속에서 자신들의 신념과 가치를 기반으로 한 목표달성을 위해 무엇을 고민하고, 부족한 점을 보완하거나 장애물을 제거하기 위해 어떤 선택을 했는가?'에 대한 답을 찾는 합리적 행위자 이론의 기본 목적을 고려했을 때, '내부 행위자'의 시각에서 그들의 행보를 바라봐야만 그 선택들에 '합리성'을 부여할 수 있는 것이 자명하다.

　　따라서 합리적 행위자 이론으로 북한의 행보를 바라볼 때, 그 행동을 선택한 것은 결국 내부 행위자이므로 내부 행위자의 시각에서 '주어진 상황' 하에 그들의 '신념과 가치'를 기반으로 설정한 '목표'의 달성을 위해 그들이 무엇을 고민하고 무엇을 보완·제거하기 위해 어떤 선택을 했는지 살펴볼 수 있는 '관점'을 갖는 것은 김정은 시대 북한을 올바르게 바라보기 위해 가장 중요한 전제조건이다. 이에 부가하여, 만약 외부 해석자가 북한의 독자성과 발전의 다양성, 그들의 신념과 가치 및 특성들을 깊이 있게 이해함으로써 북한에 대한 '정보 부족'

문제를 해결할 수 있다면, 북한에 대해 합리적 행위자 이론을 더욱 설명력 높게 적용할 수 있다.

다만, 현재 북핵을 놓고 북한과 미국 등이 갈등적 입장에 있다는 점에 비추어볼 때, 북한의 행보에 대한 제한점과 시사점을 도출하는 작업은 '외부 해석자'의 시각에서 해석하는 것이 더 효율적이다. 왜냐하면, 현재 북한의 '합리적' 이익 추구(행위)는 미국 등 그들과 경합하는 외부 해석자들의 이익 추구(행위)와 충돌하고 있으며 북한의 행보에 대한 대응 방안을 모색하는 주체는 결국 외부 해석자들이므로 내부 행위자(북한)의 행보에 대한 제한점·시사점 도출 같은 '평가'는 외부 해석자(미국 등)의 시각이 더 적합하기 때문이다.

결론적으로, 〈표 1.1〉에서 제시한 요소들에 대한 객관적인 설명력을 갖출 경우, 이를 특정 '합리적 행위자'에게 적용·감안하여 그들의 행동을 해석한다면 특정 국가의 정책 결정 배경·목적을 좀 더 쉽게 이해할 수 있을 것이다. 물론, 이 역시 '정보 부족'의 한계를 완벽히 극복할 수는 없다. 그러나 현실 세계에서 여전히 유용한 분석도구로 활용되는 '합리적 행위자 모델'의 활용성을 높이는 보완적 방법으로 충분히 가치가 있다.

그렇다면, '합리성 논란'의 주요 쟁점들이 갖는 의미들을 좀 더 세부적으로 살펴봄으로써 북한처럼 '정책 결정 프로세스'에 대한 정보가 극히 부족한 국가의 행보를 좀 더 '설명력' 높게 바라볼 수 있는 대안적 접근법을 구상해보자.

1) 목표 설정의 영향 요소: 경험적 '인식'과 정책추진 환경

"국제정치 현상을 설명하고 예측하려면 국가와 국가 지도자의 인식과 신념에 주목해야 한다"라는 저비스(R. Jervis)의 지적처럼 정책 결정은 결국 '결정 주체'에 의해 행해지므로 특정 국가의 정책 결정에 작용하는 '합리성'을 이해하려면 정책결정자의 특성을 최우선적으로 파악해야 한다.

정치지도자의 성격을 "고정불변의 정적인 것이 아니라 개인적 · 환경적 요인에 의해 변화될 수 있는 동적인 상태"로 보는 프로이트(S. Freud)의 정신분석학에서는 '하나의 인간'으로서 정치지도자가 갖는 무의식적인 인식의 중요성을 강조하면서 교육, 가정환경, 사회경력 등 후천적인 환경이 그 인식에 큰 영향을 미치고 있다는 점에 주목한다. 따라서 특정 정책결정자의 선택(정책 결정)에 영향을 미칠 수 있는 요소로 어떤 것들이 있는지를 도출하고, 그 요소들이 정책 결정(선택)에 어떤 영향을 미치는지를 따져볼 경우, 특정 정책결정자가 갖는 합리성에 대한 정보 부족 문제를 우회적으로 보완할 수 있을 것이다.

한 국가의 일반적인 정책 결정 과정을 상정해보자. 정책결정자가 특정한 정책을 선택할 때는 일종의 프로세스가 있을 것이다. 가령, 정책을 선택하는 데 영향력을 가지는 최고 정책결정자 또는 권력 엘리트들이 자신들의 이익과 특성을 고려하여 국가(정권)의 목표를 설정한 후 대내외 환경 평가를 통해 정책목표의 실현 가능성을 판단하고, 이를 바탕으로 '큰 틀'의 정책 방향과 이의 실현을 위한 하위 정책의 단계적 목표를 구현해나가는, 그리고 그 추진 과정에서 당시 상황 · 환경의 변화에 반응하면서 정책(목표)을 수정 또는 강행하는 프로세스를 가질 것이다.

　이러한 프로세스는 '현 상황에 대한 판단'에서부터 시작된다. 왜
냐하면 자신의 '위치'를 알아야 나아갈 방향 또는 현 상황에서 취할 행
동 등을 선택할 수 있기 때문이며, 이러한 '판단'은 현 상황에 대한 정
보를 인식하는 것에서부터 출발하되, 그 정보는 자신이 직접 확인하거
나 주변인으로부터 접수·인지할 것이다. 하지만 이러한 정보를 어떻
게 받아들이냐의 문제는 순전히 정책결정자의 판단에 달려 있다. 예
를 들어 "아프리카인은 아무도 신발을 신지 않는다"라는 정보를 듣고
'신발을 팔 수 없는 곳'으로 인식하든 '신발을 팔 수 있는 무궁무진한
시장'으로 인식하든 그것은 정책결정자의 몫이며, 그 과정에서 일반
대중으로부터 의견(또 다른 정보)을 직접 수렴하거나, 다수의 권력 주변
부로부터 조언을 받을 수도 있는 등 정책결정자가 얼마나 큰 결단력과
실행력, 그리고 '정책적 자율성'을 갖췄느냐에 따라 정책 결정 프로세
스는 달라질 수 있다.

　특히, 정책의 선택과 실행에 있어 정책결정자의 '독립적인 의사결
정' 능력이 미약하거나 소수 또는 다수의 권력 엘리트들의 영향이 지
대할 경우, 위의 '역할'은 정책결정자 개인이 아닌 '정책 결정 그룹의
특성'으로 이해되어야 한다.

　따라서 한 국가의 정책을 결정하는 정책결정자의 '합리성'을 거론
한다는 것은 직책상의 정책결정자가 아닌 실제 정책 결정에 우월적 영
향을 미치는 개인 또는 그룹의 특성이라는 측면으로 접근해야 하며,
이는 '독립적이거나 압도적인 의사결정 및 실행 능력을 갖춘 개인 또
는 그룹이 누구인가?'라는 질문에서부터 시작되어야 한다.

　또한 정책 결정의 압도적 권한이 개인에게 집중되어 있다면 그

개인의 가치관 형성에 영향을 미친 인물 또는 성장환경을 중심으로 주변 정보를 분석하면서 그의 '합리성'에 접근해나가야 하며, 개인이 아니라 특정한 그룹이 정책 결정의 압도적 권한을 행사한다면 그들의 특성과 응집력, 그들이 추구하는 이익과 최선의 목표, 그리고 그들이 반드시 피하려고 하는 '최악의 상황' 등을 상정하여 '과연 그들은 어떤 선택을 할 것인가?'를 추론해나가는 방법을 고안해야 한다.

특정 국가의 정책 결정에 독립적이고 압도적인 권한을 행사하는 개인 또는 그룹이 식별되었다면, 그 개인 또는 그룹이 가지고 있는 경험적 요소에 집중해야 한다. 정책결정자(그룹)[8]의 직간접적 경험은 특정 상황을 어떻게 인식하느냐에 매우 중요한 역할을 하므로 개인적 · 국가적 목표를 설정하는 데 중요한 출발점이 된다. 예컨대 '국가는 권력의 극대화를 지향한다'라는 가정은 '기업은 이윤의 극대화를 추구한다'라는 가정과 마찬가지로 매우 일반적인 명제에 가깝지만, '권력 · 이윤'에 대한 정의와 그것을 추구하는 방식은 정책결정자의 성향 · 인식에 따라 매우 다양하며, 이는 과거부터 지속해온 경험적 요소에 영향을 받는다.

이를 잘 설명해주는 사례는 독일 히틀러와 영국 체임벌린의 협상 · 결렬 과정이다. 셸링(T. C. Schelling)은 제2차 세계대전 직전 체임벌린과 히틀러 간의 협상 과정을 바탕으로 하여 합리적 행위자 모델에서 행위(정책 결정)의 기초가 되는 정보와 정책결정자의 선택에 영향을 미치는 '상대방의 선택'이 중요하다는 점을 강조했다. 그에 따르면 '베르

---

8) 특정 국가의 특성 · 상황에 따라 정책 결정 권한이 개인에게 집중되어 있을 수도 있고, 특정 집단 또는 일반 대중에게 분산되어 있을 수 있다. 따라서 '정책결정자(그룹)'라고 표현하는 것이 타당하다. 하지만 표현의 간결성을 위해 이후에는 '정책결정자'로 표기한다.

사유 체제'가 전후 독일 국민에게 준 참담한 결과를 목도한 히틀러의 '경험'은 그가 '유럽 장악' 등 기존 체제의 파괴라는 목표를 갖도록 일조했으며, 라인란트 점령(1936), 오스트리아 병합(1938), 체코슬로바키아 주데텐란트 지역 요구(1938) 등 수차례의 도발에도 불구하고 '협상을 통한 평화'를 내세운 영국 체임벌린 수상의 '연이은 양보'가 그에게 '무력 사용을 통한 승리'를 과신하게 함으로써 '무력'을 목표달성의 수단으로 선택하도록 유도했다는 것이다.

이는 정책결정자가 자신이 설정한 목표달성을 위해 경쟁하거나 갈등적 관계에 있는 상대와의 상호작용 속에서 어떤 경험을 공유하고 있는가를 살펴보는 것이 정보가 부족한 정책결정자들의 '합리성'을 가늠하는 데 중요한 요소임을 강조하는 대목이며, 결국 정책결정자가 갖는 목표와 이의 바탕이 되는 과거의 경험은 그가 '어떠한 수단과 과정을 선택하느냐?'에 매우 중요한 요소다.

특정 정책결정자의 경험적 요소에 대한 연구가 끝났다면, 그 정책결정자에게 주어진 상황(정책추진 환경)이 어떠한가를 주의 깊게 살펴보아야 한다. "모든 국가의 선택은 그 국가가 처한 독특한 상황과 역사에 제약된다"라는 키신저(H. A. Kissinger)의 지적처럼 한 국가의 정책결정자가 '스스로의 관점에서 합리적으로 설정한 목표'의 달성 여부는 주어진 환경(여건)에 영향을 받는다. 즉 정책결정자가 아무리 '유익한 목표'를 설정했더라도 주변 여건이 이를 뒷받침하지 못할 경우에는 이를 추진할 수 없으며, 반대로 아무리 목표달성에 필요한 주변 여건이 성숙되었더라도 정책결정자의 '의지'와 추진력이 미약하다면 이를 달성하기 어렵다. 따라서 목표를 설정하고 이를 추진하는 정책결정자의 개인적 특성과 과거의 경험적 요소들을 참고하면서 '설정한 목표'의 달성에 필요한 주변 환경(여건)의 성숙 여부를 주의 깊게 살펴보아야 한다.

한편, 주어진 환경 속에서 단번에 궁극적 목표를 달성하기 위한 정책을 선택할 수도 있으나 현실 세계에서는 대부분 궁극적 목표로 직행하는 것이 어려우므로 궁극적 목표로 나아갈 수 있는 환경을 조성하기 위한 '중간 단계적 목표', 즉 징검다리가 필요하다. 따라서 정책결정자가 설정한 목표9)가 무엇이든 '단계적 목표'와 '궁극적 목표'로 구분하여 살펴보는 것이 더욱 효율적일 것이다. 예를 들어, 만약 한국이 일본의 핵심 원료 수출 제한 등 경제제재에 맞서 독자적 핵심기술 · 부품 생산능력 확보와 같은 '경제 · 기술적 독립'을 목표로 설정했더라도 '독자적 자원 · 기술력 부족' 등 여건이 충족되지 않는다면, 이를 곧바로 추진하기보다는 수입선 다변화 및 주변국에 대한 협조 촉구 등 중간 단계적 목표('궁극적 목표달성을 위한 환경 조성')를 우선 추진해야 한다.

또한, 단계적 목표달성을 위해 선택한 정책이 자신들의 의도에 부합한 새로운 환경을 창출해낼 경우 큰 수정 없이 다음 단계의 목표를 달성하기 위한 정책을 선택하고 이의 반복을 통해 궁극적 목표를 달

---

9) 만약, 한 국가의 정책결정자가 설정한 목표가 '갈등적 외교 문제'에 가깝다면, 그 첫 번째 단계적 목표는 '상대방의 의지를 약화시키거나 입장을 재고토록 강요할 수 있는 협상 환경의 조성('협상카드' 생성)'이라고 볼 수 있다. 왜냐하면 '자국의 이익'을 최우선으로 추구하는 현 국제정치의 현실을 고려할 때, 자국의 이익을 저해하려는 상대국의 행동을 주저하게 만드는 첫 단계는 결국 상대국이 자국의 요구에 주목하게 만드는 것에서부터 시작해야 하기 때문이며, 협상의 당사자 간 국력의 차이가 월등할 경우 더욱 그러할 것이다. 다만, 무기체계의 혁신적 발전으로 무력충돌이 '심각한 파멸'과 이로 인한 정권 붕괴를 초래할 수 있다는 점을 고려할 때, 약소국은 첫 단계의 목표를 추진하는 과정에서 우발적 사건이 '물리적 충돌'로 발전하는 상황을 피하기 위한 '수위 조절'에 우선적 관심을 경주해야 하며, 이는 군사적 약소국에게 더욱 엄연한 현실이다.

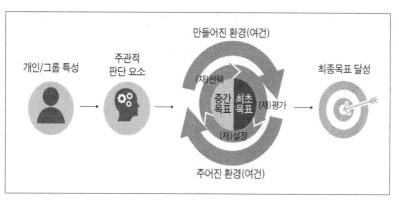

〈그림 1.2〉 '합리적 행위자'의 일반적인 정책목표 설정 · 추진 과정

성하면 되지만, 중간 단계의 목표달성을 위해 선택한 정책이 의도에 부합하지 않은 결과를 수반할 경우 다음 단계의 목표는 수정되어야 한다.

따라서 〈그림 1.2〉에서 볼 수 있는 것처럼 단계적 목표달성을 위한 정책 선택과 이의 결과로서 나타난 새로운 환경의 (재)평가를 통해 다음 단계의 정책을 시행하는 등 궁극적 목표가 달성되기 전까지 '상황(여건) 평가 → (초기)목표 설정 → 정책 선택 → 상황(여건) 재평가 →(중간)목표 수정 · 설정 → 새로운 정책 선택' 과정이 반복되며, 이러한 이유에서 정책결정자의 정책 선택의 핵심 변수 중 하나인 정책추진 환경은 '주어진 환경'과 '만들어진 환경'으로 구분해야 한다.

한편, 앞서 설명한 '궁극적 목표'를 달성하기 위해 각 분야를 어떻게 구분하느냐에 대해 관심을 가져야 한다. 왜냐하면, 한 국가의 정책결정자가 지향하는 궁극적 목표가 무엇이든 자신이 설정한 목표를 달성하기 위해서는 제 분야의 여건이 조성되거나 성숙되어야 하기 때문[10]이다.

---

10) 만약 한 국가의 생존 또는 국력 등이 연구의 대상이라면, 안보학에서 국가의 총

결론적으로, 북한과 같이 정보가 부족한 국가의 정책 결정 배경과 목표를 설명력 있게 해석하기 위해서는 정책결정자가 "선천적 또는 후천적으로 가진 경험과 특성 그리고 목표 설정과 이의 추진에 대한 스스로의 '실현 가능성 판단'을 바탕으로 주어진 정책추진 환경 속에서 궁극적 목표달성을 위해 최초 및 단계적 목표달성을 위한 정책을 선택하고 이의 결과로서 만들어진 환경을 재평가하면서 중간 단계의 목표를 재설정하는 과정을 반복함으로써 궁극적인 목표에 다가서는 '합리적 행위자 이론'의 일반적인 목표달성 프로세스"를 적용하는 것이 유용할 것이다.

2) 정보수집 능력과 해석 패턴

현실 국제정치에서 정보의 영향력은 개인·조직의 능력과 인식에 따라 천차만별로 다르다. 왜냐하면, 상황판단과 미래의 추진 방향을 설정하는 데 과연 '정보가 얼마나 중요한가?'를 인식하는 '기준점'이 다를 뿐만 아니라 정보의 중요성을 똑같이 인식하더라도 정보를 수집하는 데 필요한 인력·조직 등의 능력과 제기된 현안별로 문제 해결을 위해 주어진 시간이 국가별로 천차만별이기 때문이다.

따라서 한 국가의 정책 결정이 '합리적'인가를 살피기 위해서는 그 국가가 보유하고 있는 정보수집 능력·조직에 대한 연구와 함께 수집된 정보를 어떻게 해석하는 데 익숙한지 그 '해석 성향'에 대한 연구

체적 능력을 가늠하는 'DIME(Diplomacy, Information, Military, Economy) 기법'을 적용하여 '정책 분야'를 구분하는 것이 더욱 효과적일 것이다.

도 진행해야 한다. 왜냐하면, 앞선 합리성 논란에서 살펴보았듯이, 정보는 수집뿐만 아니라 해석에서도 모든 부분을 치밀하게 고려하는 것이 사실상 어려우며 과거의 경험으로 축적된 '익숙한 방식'으로 정보를 해석하는 경향, 즉 '제한적 합리성'의 개념이 적용되기 때문이다. 결국, 특정 국가의 정책 결정 과정에 대해 합리적 행위자 이론을 적용하기 위해서는 정보수집 능력뿐만 아니라 정보 해석에 대한 '경험적 패턴'을 읽어내는 것 또한 중요한 요소다.

3) 정책 선택의 자율성: 체제의 내적 특징

합리성에 기반한 선택(행동, 결과)에는 분명히 영향 변수들이 있을 것이며 그 변수 간에는 일종의 상호작용, 즉 함수 관계가 있을 것이다. 왜냐하면, 어떤 합리적 행위자일지라도 '자신이 선택한 목표달성을 위해 최선의 노력을 할 것'이라는 점은 불변의 '합리성'이며, 이러한 노력에 영향을 미치는 변수가 복수 이상이라면 그 변수들이 상호작용하는 것은 당연하기 때문이다.

이를 하버마스(Habermas)의 '의사소통의 합리성' 주장을 고려하여 ① 목표 의식·의지 ② 목표달성 가능성에 대한 인식 ③ 선택 가능한 수단·능력에 대한 인식 ④ 목표달성 과정에서 감내해야 할 '고통'에 대한 인식 등 정책결정자가 수집·분석된 정보를 바탕으로 내리는 '자의적 판단' 변수들을 중심으로 살펴보자.

'목표 의식'이란 목숨을 내놓는 것을 두려워하지 않는 일종의 '종교적 신념'과 같이 실제 달성 가능성과는 상관없는 '설정한 목표달성'

에 대한 신념을 의미하며, '목표달성 가능성 인식'은 실제로 목표를 달성할 수 있을지의 여부를 판단하는 '현실적 잣대'를 의미한다.

'선택 가능한 수단·능력에 대한 인식'은 정책결정자가 설정한 목표달성에 필요한 구체적인 능력을 갖추고 있는가에 대한 스스로의 인식으로, 이는 현재의 보유 여부를 넘어서 '미래에 그것을 가질 수 있는가?'라는 판단도 포함한다.

'감내해야 할 고통에 대한 인식'은 목표달성을 추진하는 과정에서 발생할 수 있는 다양한 문제에도 불구하고 여전히 '설정한 목표달성을 추진해나갈 수 있는가?'에 대한 판단을 의미한다. 특히 주민의 기아 등 일반 대중의 '고통'뿐만 아니라 불가피하게 포기해야 할 이익, 가령 '군사적 주권을 포기하고 경제적 발전을 선택할 수 있는가?', '권력을 공동으로 영위하던 특정 정치세력을 포기·제거할 수 있는가?'에 대한 판단, 그리고 포기한 이익을 대체할 새로운 이익에 대한 주관적 가치, 가령 '경제적 발전을 선택함으로써 주민의 안정된 삶을 보장하되, 군사적 주권 포기로 인한 권력의 영속성에 대한 위협을 감수할 수 있는가?', '권력분점 세력 제거가 권력의 영속성 확보에 유익한가?' 등에 대한 판단을 포함한다.

제시된 영향 변수들을 바탕으로 한 국가의 정책 결정(선택) '패턴'을 가정해보자. 정책결정자가 궁극적 목표에 대한 신념과 달성 욕구가 강할수록, 목표달성 가능성이 높다고 인식할수록, 그리고 목표달성 능력과 수단을 충분히 가질 수 있다고 인식할수록 선택하는 정책·수단은 적극적 또는 급진적이며, 때로는 과격한 정책 선택도 불사할 것이다. 반면, 목표달성은 가능하지만 그 과정이 험난할 것이라고 인식할수록, 그리고 극복 과정에서 감내해야 할 '고통'이 크다고 인식할수

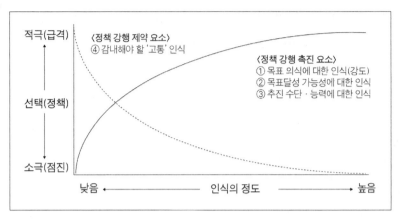

〈그림 1.3〉 정책 선택의 자율성을 고려한 '합리적 행위자'의 행동 패턴

록 완만하고 소극적인 정책을 선택할 가능성이 높다.

이를 도식화한 것이 위의 〈그림 1.3〉으로, 점선으로 표기된 부분은 정책 선택의 '제약 요소'로서 다양한 요소 간 복합적 반감 효과를, 실선은 정책 선택의 '촉진 요소'로서 다양한 요소 간 복합적 승수 효과를 가질 것이기 때문에 그 연결선은 직선이기보다는 곡선 형태로 나타날 것이다. 그리고 특정 정책결정자의 선택은 위의 점선과 실선 사이의 절충점에서 결정될 것이다.

이를 정책 결정 구조의 차이점, 즉 권위주의 독재체제처럼 소수에게 정책 결정의 권한이 집중된 '폐쇄형' 정책 결정 구조와 여론 민주주의와 같이 국민 다수의 의견이 정책 결정에 영향을 미치는 '개방형' 정책 결정 구조의 측면에서 접근할 경우에는 좀 더 의미 있는 상관관계를 도출할 수 있다. 즉 한 국가의 정책결정자들은 '성과를 극대화'하고자 하는 합리적 행위자의 기본 속성에 따라 다양한 정보를 수집·분석하여 의도한 결과를 도출하기 위해 최선의 노력을 다할 것이지만,

정책결정자가 정책 결정에 영향을 미치는 수많은 이익 주체와 변수를 완벽히 통제하는 것은 사실상 불가능하므로 '의도에서의 합리성'이라는 말의 의미처럼 스스로 옳다고 생각하는 '합리성'에 기반한 선택에 이끌릴 것이며 그 '끌림'의 정도는 해당 국가의 정책 결정 구조에 큰 영향을 받을 수밖에 없다. 예컨대, 정책 결정 권한이 최고지도자 1인에게 집중되어 있을수록 최고지도자가 개인의 이익에 충실한 독단적인 정책을 결정할 가능성이 높지만, 정책 결정 권한·영향력이 분점되어 있을 경우 '분점 세력'의 목소리(이익 추구)에도 관심을 가져야 한다.

즉 아래 〈그림 1.4〉에서 볼 수 있듯이 특정 국가의 정책 결정 과정이 '폐쇄형'(권위주의 독재체제 등) 구조에 가까울수록 일반 대중 등의 고통(변수 ④)과 그 고통에 대한 관리 필요성을 가볍게 인식할 것이므로 변수 ①·②·③이 국가의 선택에 더 큰 영향을 미칠 것이며, 이 경우 국가의 정책 선택은 더욱 급진적이고 과격해질 것이다.

반대로, 〈그림 1.5〉에서 볼 수 있듯이 정책 결정 시 정책결정자의 의견 외에도 그 주변부 또는 일반 대중의 여론 수렴과 반영을 중시하

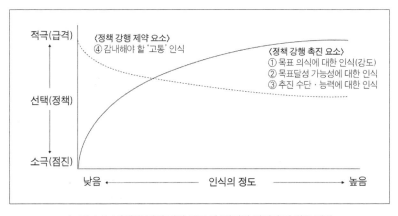

〈그림 1.4〉 '폐쇄형' 정책 결정 구조 하 '합리적 행위자'의 행동 패턴

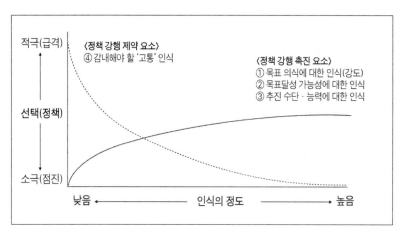

〈그림 1.5〉 '개방형' 정책 결정 구조 하 '합리적 행위자'의 행동 패턴

는 '개방형' 구조(다원주의, 여론민주주의)에 가까울수록 변수 ④가 변수 ①·②·③에 영향을 주어 그 국가의 정책 선택은 더욱 점진적이고 완만할 것이다.

4) 소결론: '합리적 행위자 이론'의 효과적인 적용 절차

이상에서는 '합리적 행위자 이론'에 대한 '합리성' 논란의 쟁점들을 중심으로 그 논란을 우회하기 위해 주의 깊게 살펴보아야 하는 주요 쟁점들을 도출(표 1.1)하는 한편, 합리적 행위자의 일반적인 목표 설정 및 추진·달성 과정(그림 1.2)으로 전환하여 적용할 경우 이 이론을 좀 더 과학적으로 활용할 수 있음을 살펴보았다.

특히, 정책 결정 과정에 대한 정보가 극히 부족하며 '폐쇄형' 정책 결정 구조를 가진 북한의 지도자 김정은은 일반 대중의 고통보다는 자

〈표 1.2〉 '합리적 행위자 이론'의 효과적 적용 절차

단계	국면		고려 요소	관점	비고
①	핵심 정책결정자 식별과 영향 요소 도출 (합리적 준거점 도출)	정책결정자의 특징	성장환경, 정치·사회적 경험, 응집력, 추진력	내부 행위자	'상황 평가 → 목표 설정 → 정책 선택 → 상황('만들어진 환경', 새롭게 대두된 환경) 재평가 → 단계적 목표 수정 → 새로운 정책 선택' 과정의 반복(환류)
		정보수집 능력과 해석 성향	갈등·경쟁적 상대와의 관계 속 '경험(패턴)'		
			정보수집 조직·인원, 과거의 정보분석 성향		
		체제의 내적 특징	'정책 선택의 자율성' 유무		
②	목표 식별 및 추진 방향 분석	궁극적 목표	최선 상황, 수용 가능한 차악 상황, 수용 불가능한 최악 상황 가정 및 공개(천명)된 목표		
		목표달성 여건 (환경) 및 선결 조건	제 분야별 '주어진 환경(여건)'과 궁극적 목표달성의 선결(단계적) 조건		
③	목표달성 과정 (재)평가	분야별 정책추진성과와 목표달성 여건	정책 선택의 결과로 '만들어진 환경' 분석		
			돌발 변수와 궁극적 목표달성의 상관관계		
④	'궁극적 목표' 달성(추진) 간 제한·시사점 도출		내부의 '동학(動學)'과 '국제정치 환경(체제)'을 연계한 해석 등	외부 해석자	

신의 목표와 신념에 집중할 수 있는 등 '급격한 정책 구사가 비교적 용이하다'라는 점(그림 1.5) 또한 확인했다.

이러한 논의를 종합하여 북한과 같이 정책 결정 과정에 대한 정보가 부족한 국가·체제에 '합리적 행위자 이론'을 적용하는 절차(프로세스)를 도식화하면 〈표 1.2〉와 같다. 이는 'Regime interest'[11]에 충실한 김정은이 어떤 '합리적 준거점'에 따라 자신의 '이익 추구' 목표와

전략을 어떻게 구상하는지, 그리고 그 '전략'의 제한·시사점은 무엇인지를 도출하는 데 유용할 것이다.

2. 권력 유지를 열망하는 독재자의 '합리적 행위' 이해하기

북한의 김정은 같은 권위주의적 정책결정자가 자신의 정권을 유지하기 위해 어떤 정책적 선택을 하는 것이 과연 합리적 행위인가?

'레짐 이익'에 충실한 정책결정자에게 '합리적 행위'의 최우선적인 목표는 권력을 유지하는 것이다. 그리고 한 국가의 권력은 외부 위협으로 무너지기도 하며, 내부에 대한 통제력을 상실함으로써 붕괴하기도 한다.

따라서 독재자처럼 권력의 지속을 열망하는 정책결정자는 외부 또는 내부로부터 권력이 붕괴하는 것을 막기 위해 그 '위협 요인'을 제거하는 '사전 예방적 정책'을 설계·실행하는 데 우선적 관심을 갖는 것은 분명히 '합리적'이다.

1) 내부 '체제위협' 억제: 경제·사회통제 필요성과 방식

이러한 '사전 예방적 정책'들 중 대외적 측면은 '외부의 위협으로

---

11) 이 책에서 'Regime interest'란 "3대 세습 후계자인 김정은이 자신의 권력 유지 또는 김일성 조선의 영속성" 구축에 '유익한 이익(활동)'을 의미하며, 이후부터는 '레짐 이익'으로 표현한다.

부터 권력을 보호할 수 있는 군사 · 외교적 대응력을 발전'시키는 것이며, 대내적 측면은 '주민의 불만이 증폭 · 응집되지 않도록 경제 및 사회적 통제력을 신장'시키는 것으로 압축할 수 있다. 즉, 자신의 '권력 유지'라는 목표에 충실한 정책결정자일수록 '독립적인 주권과 영토 수호'라는 대외적 측면이 능력 구축에 가장 기초적이고 우선적인 문제일 것이지만, 경제적 측면의 발전 역시 중요하다. 왜냐하면, 경제적 낙후 상태가 장기간 지속할 경우, 국가 구성원들의 심리 · 육체적 피로가 누적됨으로써 '주민 봉기' 등 권력이 내부로부터 흔들릴 가능성이 커지며, 그야말로 국가의 재정을 고갈시켜 대외적 측면의 능력 구축을 시도조차 할 수 없게 만듦으로써 국가의 안보가 낮은 수준의 외부 위협에도 쉽게 무너질 수 있는 취약점을 만들어내기도 하기 때문이다.

다만, 구성원들의 경제적 욕구 자극(인센티브)이 필수적인 경제발전은 그 과정에서 '시장화'가 나타날 수 있으며, 시장화는 자신의 재산 보호를 위해 정치적 요구 · 갈등을 피하지 않았던 서구의 시민사회 형성 과정에서도 볼 수 있듯이 '주민의식' 성장 수반 등 미래의 '독재권력 위협 요소'로 발전할 가능성이 크므로 권위주의 독재정권이 경제발전을 추진할 때는 반드시 '주민의식의 성장 억제' 등 사회적 통제 대책을 병행하는 경향이 있다.

(1) 국가 주도 경제발전 추진 유인(誘因)과 국가의 역할

북한과 같이 경제가 낙후된 국가의 독재적 정책결정자가 정권의 영속성을 추구하기 위해 선택할 수 있는 경제정책을 유형적으로 구분하면 첫째, 주민의 정치의식 성장을 억제하는 '우민화 정책'을 앞세워 정권의 안정성을 유지하려는 '미발전추구(undevelopment-seeking)' 방식 둘째, 낙후된 경제적 수준의 획기적 발전보다는 제기되는 문제를 적정한 수준에서 해결해나가면서 정권의 안정성을 유지하려는 '지대추구(rent-seeking)' 방식 셋째, 경제발전을 통해 정권의 안정성을 추구하는 '개발추구(development-seeking)' 방식으로 나눌 수 있다.

이 중 '미발전추구' 방식은 석유·석탄 등 천연자원이 풍부한 국가의 정책결정자가 이의 수출을 통해 획득한 이익 일부를 주민 또는 권력분점 세력에게 '주기적 지급' 형태로 분배함으로써 주민의 정치·경제·교육적 욕구의 형성·성장을 억제하면서 권력을 유지하는 통치 형태이며, 카다피 시절의 리비아가 대표적이다.

'지대추구' 방식[12]은 정책결정자가 고도의 정치적 행위를 통해 경제적 및 비경제적(정치·군사 등) 자원에 대한 접근 권한을 통제하는 한편, 이에 대한 독점·우월적 권리를 행사함으로써 정권의 안정성을 유지하는 통치 방식이다. 이는 일반적인 '국가(사회) 발전' 방향에 역행한다고 볼 수 있지만, '개혁'에 따른 정권 안정성 위협(risk)이 상대적으로 적어서 정치적 안정을 추구하는 독재적 정책결정자에게 단기적으로 좋은 선택이 될 수 있으며, 과거 '고난의 행군' 시절 김정일 정권이 대표적 사례다.

다만 '지대추구'식 경제발전 방식은 중장기적으로 주민의 정치·경제적 욕구 증가를 효과적으로 억제하지 못하거나 경제적·비경제적 자원에 대한 독점적 권한이 새롭게 부상한 다른 정책 결정 그룹으로 확대·분점되는 등 권력 상층부의 응집력이 약화될 경우, '아래로

---

12) 지대추구적 성격·용어에 대해서는 박형중·임강택·조한범·황병덕·김태환·송영훈·장용석(2012), 「독재정권의 성격과 정치변동: 북한관련 시사점」, 통일연구원, KINU 연구총서 12-11, 86-99쪽 참조.

부터의 봉기' 또는 '위로부터의 붕괴'라는 전통적인 정권 불안정 상황에 직면할 가능성이 높다.

'개발추구' 방식은 정책결정자가 '개혁'을 통해 독점적 권리를 행사하던 경제적 · 비경제적 자원에 대한 진입장벽을 완화하여 비정책결정 그룹에게 접근을 허용함으로써 국가의 발전을 꾀하되, 이를 '정치적(집권) 정당성' 유지의 동력으로 삼아 정권 안정성을 유지하는 통치방식이다. 특히, 이러한 진입장벽 완화가 '경제적 자원'에만 국한된 상태에서 '주민의 정치적(의식) 성장' 억제를 동반할 경우, 이는 다시 '권위주의(독재)형 개발추구'[13] 형태로 구분할 수 있다.

하지만 '개발독재'로 불리는 박정희 시절 한국의 경제발전 사례에서 볼 수 있듯이 경제적 · 비경제적 자원에 대한 독점 · 우월적 권리를 행사하던 정책결정자가 경제발전을 위한 '개혁'을 추진하더라도 그 결과가 자신을 포함한 권력 핵심부의 기득권을 저해하는 상황까지는 만들지 않는 일종의 '통제된 개혁'을 추진하는 경향이 있으며, 이를 표현한 것이 〈그림 1.6〉이다.

즉 권위주의적 독재자는 '경제발전'을 위해 '개혁'을 추진하더라도 그 '개혁'의 과실(果實)이 자신의 이익을 극대화(t1)할 때까지는 개혁을 추진하지만, 아무리 그 '개혁'의 과실이 국민 대다수에게 돌아간다고 하더라도 자신들의 이익 감소를 감내하지는 않는 특징을 갖고 있다.

---

13) 아직까지 학문적으로 일반화되지는 않았으나 '동아시아 발전 모델'로 대표되기도 하며, 대한민국의 박정희 정권과 같이 국민에 대한 정치적 탄압이 수반될 경우 '개발독재국가'로 표현되기도 한다.

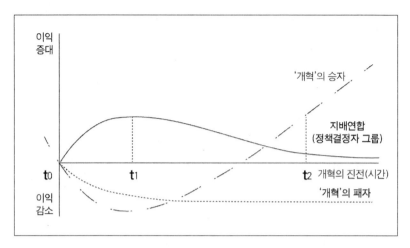

<그림 1.6> 부분개혁 모델

출처: 박형중·임강택·조한범·황병덕·김태환·송영훈·장용석(2012), 「독재정권의 성격과
정치변동: 북한관련 시사점」, 통일연구원, KINU 연구총서 12-11, 93쪽.

(2) 국가 주도 경제발전 성공·실패의 주요 결정요인

현재 북한이 막강한 군사력과 탁월한 중앙집권적 권력을 바탕으로 체제를 굳건히 단속하고는 있으나, 미국이 북한의 '경제 분야'를 취약점으로 공략하고 있는 상황을 고려할 때, 경제적 능력 발전은 권위주의적 독재자인 김정은이 체제 존속을 위해 관심을 가져야 하는 주요 '축'이 될 수밖에 없다.

다만, '경제발전'은 국가 주도로 추진해야 정권의 영속성을 꾀할 수 있다. 왜냐하면, 서구의 '야경국가'처럼 국가가 국방과 치안에만 집중한 상태에서 자유로운 경제발전을 허용한다면, 언젠가는 경제 분야에서 성장한 '이익 집단·세력'이 권력을 위협할 것이기 때문이며, 이는 정권의 영속성을 꿈꾸는 정책결정자의 '합리적 행위'로 볼 수 없다.

그렇다면, 김정은은 어떤 방식으로 국가 주도 경제발전을 꾀하고 있는가?

현재 극단적 독재 행태를 보이고 있는 김정은 정권은 시장과 주민의 의사에 의한 자연스러운 경제발전을 추진하기보다는 국가가 계획하고 의도한 방향에 맞춰 경제발전을 밀어붙이고 있다.

이는 과거 동아시아 발전국가(developmental state)들이 경제발전을 추구했던 방식과 유사한 측면이 있다. 특히, 권위주의 리더십이 주민의 정치적 욕구를 억제하는 가운데 경제적 욕구 충족에만 집중하고 있는 점은 매우 흡사하다.

따라서 필자는 현재 김정은 정권이 추진하고 있는 경제발전 정책의 중요 성공·실패 요인을 '동아시아 발전국가'[14] 모델에서 찾고자 하며, 아마도 김정은과 그의 권력 엘리트들이 '합리적 행위자'라면 그들이 국가 주도 경제발전을 추진하기 전 이 모델의 '핵심 요인'들에 대해 충분히 학습·연구했을 것이다.

동아시아 발전국가 모델에 대한 다양한 연구(Richard, Bryan & Dan, 2005; 조종화·박형준·이형근·양다영, 2011; 박형중 외, 2012)에 따르면, '관직 중시'와 '관-민 서열화'라는 유교문화를 가지고 있던 동아시아 발전국가들은 전문적 관료기구를 앞세워 ① 노동력과 천연자원, 그리고 소규모 내부 자본의 국내 분배[15] ② 투자 유치 등 외부 자본과 이의 국내 재분배 ③ 수출주도형 성장 등 비교우위를 창출할 수 있는 경제발전 전략의 구상과 실행 ④ 선진 국제사회와 후진 내수시장 간 수요·물자의 연결고리 역할을 하면서 특정 산업·기업을 육성하는, 이른바 외부의

---

14) 경제발전 추진에 있어 국가(정책결정자)의 역할에 주목한, 특히 제2차 세계대전 종식 이후 후발 국가로서 눈부신 경제성장을 보여준 일본·한국·대만 등의 경제발전을 모델화한 것을 이른바 '동아시아 발전국가 모델'이라고 일컫는다.
15) 가령, 국민의 저축예금을 재투자하는 것 등을 말한다.

충격16)과 불순물17)을 걸러내는 '친정권적 여과지' 역할 등 경제발전을 국가가 계획한 방향으로 끌고 나갔다.

특히, 일본·한국·대만·중국은 비록 국가별로 경로(徑路)와 경도(硬度)의 차이는 있으나 ① 인구증가에 따른 노동력 증가 ② 유교문화권의 높은 교육열에 따른 노동의 질 향상 ③ 높은 저축률과 적극적인 외국자본 유치를 통한 일정 수준 이상의 투자율 유지 ④ 선진국과의 교류 등을 통한 선진 지식·기술의 흡수·활용 ⑤ 국가 주도의 경제정책 추진18) 등을 기반으로 고속 성장을 이뤘다.

한편, '북한이 어떠한 형태의 경제개발 방법을 선택해야 하는가?'를 연구한 해가드와 놀랜드(Haggard & Noland, 2007)는 북한은 중국 및 베트남과 달리 대규모 노동집약적인 농업 분야가 존재19)하지 않아서 ① 노동자·농민에 대한 인센티브 부여와 함께 ② 도시 노동자가 해외 및 시장 활동으로 옮겨가야 생산성과 소득증대 등 경제난을 탈출할 수 있으며, ③ 국가가 개혁을 손쉽게 추진할 수 있도록 '독재적 정치구조'를 유지한 가운데 ④ 교육을 통한 노동의 질 향상 ⑤ 천연자원·경공업·미디엄테크를 이용한 수출을 통해 자본재·중간 생산물·식량·자본 도입 및 ⑥ 이를 장기적 성장에 도움이 되도록 재할당해야 한다고 강조한다. 또한, 비록 초기 단계일지언정 ⑦ 주민이 상업활동에서 벌어

---

16) 가령, 외국자본이 국내 산업을 무차별적으로 독식(흡수, 병합)하는 것 등을 말한다.
17) 가령, 저항의식, 자유주의적 사고 등 국가권력 유지에 부정적인 문화가 유입되는 것 등을 말한다.
18) 가령, 정부의 선택적 산업 육성, 금융정책, 수출형 산업구조 형성, 인플레이션 통제 등 정부가 장기적 경제발전계획을 계획·추진하는 것 등을 말한다.
19) 해가드와 놀랜드(2007)는 노동집약적 대규모 농업 분야가 존재했던 중국과 베트남은 농업 분야에 인센티브를 주는 개혁만으로도 생산성 증가는 물론, 도시로의 농업 노동자 이동 효과 등 산업화와 연결됨으로써 생산성과 노동자의 임금이 상승하는 개혁 효과를 얻을 수 있었다고 보았다.

들인 경화소득으로 수입 제품의 대금을 지불하는 등 서비스 부문의 시장화 확산이 국내-국외 시장 간 유통망을 연결 · 확산시킴으로써 해외의 투자 획득을 이끌어야 하며, 중국의 빠른 '개혁 · 개방 성공'에서 볼 수 있듯이 ⑧ 경제 부문의 적극적인 비군사화[20]가 중요하다면서 북한의 '선군정치'를 비판한다.

이러한 국가 주도 경제개발의 성공 · 실패 요소들을 좀 더 실체적으로 살펴볼 필요가 있다. 왜냐하면, 김정은이 '합리적 행위자'라면 '김일성 조선'의 영속성을 꿈꾸며 경제발전을 추진하기 전에 과거 권위주의 및 사회주의권 등 자신의 목표와 상황이 유사한 국가의 '경제발전' 성공 · 실패 사례를 연구하여 자신의 목표달성에 최적화된 경제정책을 설계했을 것이기 때문이다.

코르나이(Kornai, 1992)는 "고전적 사회주의 체제는 경제 부문에 대한 정치적 통제, 계획경제와 이를 지탱하는 경성예산(hard budget) 등의 경직성으로 인해 부족경제에 직면하고, 이로 인한 공식 · 비공식 사적 경제 영역이 확대한다"라고 주장한다. 그에 따르면, 부족경제에 직면한 사회주의 체제의 정치지도자들은 일부 자본주의 시장경제체제로의 전환 등 스스로 '위로부터의 혁명'을 선택하지만, 이는 사회주의 체제를 붕괴시키는 '아래로부터의 혁명'을 막기 위한 이른바 '사회주의 체제 안의 개혁'일 뿐이다. 하지만 이러한 '체제 안의 개혁'이 진행되는 과정에서 나타나는 '시장화'는 '보이지 않는 손(시장의 조절 기능)'의 요구 증가 등 사회주의권의 정치 · 경제 체제의 경직성과 충돌하면서 사회주의 계획경제가 붕괴되는 '혁명'으로 나아갈 가능성을 키운다.

---

20) 군산복합체의 민영화, 군 인력 · 설비 · 인프라를 민간용으로 대거 전환, 군의 인적규모 대폭 축소 등.

이러한 코르나이의 주장을 고려한다면, 체제 안의 개혁을 추진하는 사회주의권의 정치지도자는 "권력 상층부를 확고하게 틀어쥔 가운데 구성원들이 부족경제 속에서 진행된 시장화 등 새로운 환경에 경도되어 반체제적 사고를 갖지 않도록 새로운 이데올로기(지향점)를 제시하고, '보이지 않는 손'이 사회주의 계획경제의 근간을 흔들지 않도록 시장을 통제"해야 한다.

현재 북한도 과거 고전적 사회주의 국가들과 마찬가지로 부족경제에 직면해 있으며, 지속적으로 확산되는 시장화와 이에 수반되는 주민의식 변화는 김정은 정권의 불안요소 중 하나다. 특히 김정은 정권 출범 이후 과거와 같은 '부침'을 단 한 번도 겪지 않고 있는 '시장의 확산'은 언젠가는 분명히 정권의 영속성을 꿈꾸는 김정은에게 장애물이 될 것이다.

따라서 김정은은 시장화를 수용하면서 공산당 정권을 유지하고 있는 중국과 베트남의 사례를 주의 깊게 살펴보았을 것이다. 왜냐하면, 부분적 계획경제체제를 통해 공산당 일당 독재를 유지하고 있는 중국과 베트남이 이른바 '시장사회주의'라고 불리는 변형된 체제 속에서 '보이지 않는 손(시장)'의 자율적 조정 요구와 배치되는 정치(공산당 독재) · 경제(부분적 계획경제) 체제를 유지하고 있는 '현실 속의 실례'는 시장화의 확산 속에서 '김일성 조선'의 영속성을 확보해야 하는 김정은에게 '모방'의 욕구를 주기에 충분하기 때문이다.

이정구(2019)에 따르면, 중국은 1978년부터 '자원 배분 · 할당에서 시장 메커니즘을 더 많이 이용'하는 개혁 · 개방을 추진했는데, 이는 기존 국가의 계획 기능과 시장의 조절 기능의 상호 보충적 결합을 의미한다. 그에 따르면, '농업개혁을 앞세운 공업화'를 추진한 중국의 시장개혁 성공에는 1970년대 사실상 미국과 관계를 개선함으로써 국제 자본의 대중(對中) 투자 및 선진기술 도입 여건이 이미 형성되어 있었다는 점이 크게 작용했다. 하지만 중국의 시장개혁은 생필품의 지속적인 생산량 증가에 문제가 발생하면서 모순을 낳기 시작했고, 결국 '톈안먼(天安門) 사태' 같은 정치적 불안으로 발전했다. 즉 경직된 수매가격으로 인해 1985년부터 곡물의 생산량 증가가 정체되기 시작했으며, 이에 당국이 어쩔 수 없이 수매가격을 인상함으로써 결국 국가의 재정부담이 증가하게 된다. 그러나 농민들은 여전히 국가의 '계획(상대적으로 저가인 국가에 수매) 기능'보다 시장의 '조절(상대적으로 고가인 시장에 판매) 기능'을 더 선호함에 따라 국영가격과 시장가격의 차이는 더욱 확대되고, 이로 인해 연속된 국가 수매가격의 인상은 공업화에 필요한 노동비용 등 산업 전반에 원료비의 인상과 원료 확보 경쟁의 심화를 초래했다. 이는 인플레이션과 핵심 생필품에 대한 국가의 계획 기능 약화·포기를 촉발했으며, 국가 전반에 만연한 '부패'와 어우러져 주민의 생활수준 하락과 이에 대한 불만을 조장했다. 결국, 1970년대 후반 국가의 계획 기능과 시장의 조절 기능의 결합이라는 '시장개혁'은 모순에 모순을 낳아 1989년 톈안먼 사태의 밑바탕이 된다.

한편, 베트남은 1993년 미국과의 관계개선 이후 국제사회의 '대(對)베트남 융자 허용' 등 외부 자본의 유입 여건이 중국보다 훨씬 유리한 상황에서 '시장사회주의 개혁' 정책을 실행한다. 한국은행의 국제경제리뷰(제2018-20호)에 따르면, 베트남은 1986년 이후 농업 및 국영기업 개혁, 시장경제체제로의 이행, 대외교역 개방 등을 중국에 비해 급진적으로 추진하고 있으며, 세계 자본주의 경제체제로의 편입에 매우 적극적이다. 특히, 농업개혁을 통한 생산성 향상을 도모한 점은 중국과 유사하지만, 신속한 가격 자유화를 통한 자원배분의 효율성 제고와 자본 부족 문제 해결을 위한 외국인 직접투자 장려 등 적극적인 자본 유치 추진은 중국과는 사뭇 다른 특징이다.

하지만 베트남의 정치권력은 독재적 권력을 유지하고 있는가? 베트남은 외형상 여전히 공산당 일당 독재체제를 유지하고 있으나, 국민이 5년마다 선거를 통해 500명 수준인 국회의원을 직접 뽑는 등 정치체제가 국민의 눈높이를 반영하기 시작했다. 이는 개혁·개방과 경제성장 속에서 정치체제가 더 이상 과거와 같은 '공산당 일당 독재' 체제가 아니라는 것을 의미하며, 이러한 베트남의 정치체제 변화는 '김일성 조선'의 영속성을 꿈꾸는 김정은이 원하는 독점적 권력 유지와는 거리가 멀어 보인다.

이러한 중국과 베트남의 대(對)시장 정책들은 김정은에게 두 가지 과제를 부여하고 있다. 첫째, '사회주의 계획경제'의 고유한 특성에 기인한 '부족경제' 문제 속에서 시장화의 확산을 어떻게 적절히 소화해나가느냐 하는 것이며, 여기에는 비(非)생필품에 대해서는 '가격 자유화' 등 시장의 '유통'과 '조절' 기능을 어쩔 수 없이 허용하더라도 핵심 생필품 및 중요 생산원료에 대해서는 국가 수매가를 적용[21]함으로써 생필품의 인플레이션과 주민 생활수준의 급격한 악화가 발생하지 않도록 '시장에 적극적으로 개입해야 한다'라는 의미가 포함된다.

둘째는 시장화를 소화해나가는 과정에서 어떻게 '확고한 정치권력을 유지해나가느냐' 하는 것인데, 이는 외부 기술·자본의 도입·배

---

21) 시장화의 허용 속에서도 생필품에 대해 '국가 수매가'를 적용한다는 것은 주민의 기초적인 생활을 영위하는 데 꼭 필요한 물품에 대해서는 시장의 자율적인 조절 기능('보이지 않는 손')이 아닌 국가의 배급 기능이 적용되는 것을 의미한다.

분 과정에서 김정은 중심의 핵심 정치세력이 정치·경제적 자원의 독점 또는 독점적 배분권을 유지하는 것을 의미한다. 특히, 1970년대 후반부터 톈안먼 사태까지 중국의 '시장개혁' 사례는 지속적인 생산성 향상과 내부 통제력을 유지한 상태에서 선진기술과 자본을 수용·재분배하는 것이 얼마나 중요한지를 잘 말해준다. 즉 일정 기간 동안 생산량이 지속적으로 증가하지 않는 한 국가의 계획 기능과 시장의 조절 기능의 '조화'는 한계에 도달할 가능성이 크며, '생산성 증가'의 한계를 최대한 늦추기 위해서는 외부의 선진기술과 자본의 유입이 절실하다. 만약 정치권력이 내부의 정치·경제적 통제력을 확고하게 틀어쥐지 않은 상태에서 이의 도입과 분배가 추진될 경우, 국가 주도 '시장개혁'이 국가가 원하지 않는 방향으로 교란되고 이로 인한 주민의 동요가 발생할 수 있다.

따라서 김정은은 부족경제를 초래하는 계획경제의 경직성 속에서 시장의 조절 요구를 적절히 수용·관리하면서 부족경제에 대한 주민의 불만을 효과적으로 억제하는 한편, 자원 배분에 있어 국가의 독점적 권력을 유지함으로써 정치권력의 안정성을 유지하는 방안을 고민해야 할 것이다. 중국과 베트남의 사례에서 볼 때, 이러한 정책의 핵심은 '정치·경제적 통제력을 유지한 가운데 일정 기간 동안 지속적인 생산성 향상 국면을 유지'하는 것이다.

그렇다면, 일정 기간 '지속적인 생산성 향상 국면'을 유지하는 데 어떤 주요 결정 요소가 있는지 살펴보자. 한 국가의 경제발전은 여러 가지 의미로 해석할 수 있다. 가령 단순히 생산성을 높여 국민이 풍족하게 살거나 안정적인 경제성장률을 보장함으로써 지속적인 국가발전의 기틀을 마련하는 것을 의미할 수도 있는데, 현재 북한의 경제정책을 고려할 때 김정은은 내부 생산성을 높여 인민의 생활수준을 개선하는 데 우선적인 관심을 두고 있다.

하지만 내부의 생산력은 단순히 노동자에게 생산력 증대를 고취시키는 인센티브만 제공한다고 해결될 수 있는 것은 아니다. 특히, 초기 생산성은 그야말로 노동력의 추출만으로도 가능하나, 점차 '뭔가 새로운 요소의 투입'을 필요로 한다는 것은 과거 소련 등 사회주의 국가의 사례는 물론, 서구 자본주의 국가의 초기 경제성장 과정에서도 충분히 찾아볼 수 있다.

이러한 맥락에서, 초기 생산성 향상 또는 '지속적인 성장률 보장'에는 인적·물적 자본의 축적과 이의 감가상각률, 그리고 인구증가율이 중요한 요소라고 지목한 미국 경제학자 솔로(Solow)의 주장(1956)[22]을 주의 깊게 살펴볼 필요가 있다. 그의 주장에 따르면, 내부의 저축과 외부의 투자 등 자본의 투입을 통해 새로운 생산설비(물질적 자본)가 구비되고 이를 운영할 수 있는 노하우를 갖춘 인적 자본이 구축될 경우 생산성은 향상된다. 다만, 기계가 마모되듯 일정한 감가상각률이 새로운 생산설비의 투입 속도보다 높거나 높은 인구증가율이 생산성 향상의 효과를 초과(생산품의 분배율 하락)할 경우, 실질적인 주민 생활 개선 효과는 기대하기 어렵거나 오히려 악화된다. 결국, 인센티브 부여 등 노동생산성 향상과 함께 내부 저축 또는 외부 자본을 투입하여 생산설비(물질적 자본)를 구축하는 속도가 인구증가율과 설비의 감가상각률을 상회해야 지속적인 주민 생활 개선 효과를 볼 수 있다.

---

22) 비록 '솔로 모델'이 경제적 선진국가인 미국의 경제성장 과정을 설명한 것이기는 하지만, 생필품 등 수확체감의 법칙이 유효한 일반적인 생산활동 분야의 능력이 낙후된 국가가 경제를 발전시키기 위해 '어떤 요소가 필요한가?'에 대한 시사점을 주기에 충분하다고 본다.

따라서 노동력 추출 등 인센티브만을 투입할 경우 낙후된 경제를 발전시키는 초기에는 효과를 거둘 수 있으나, 점차 한계에 다다른다. 왜냐하면, 사람이 직접 밭을 갈다가 돈(자본)을 주고 구매·투입한 소가 밭을 갈 때 그 효과는 수십 배에 달하지만, 소 1마리가 밭을 가는 것과 소 2마리가 밭을 가는 것은 단순한 2배의 효과에 머무르는 등 자본 투입의 정체가 생산성 향상 효율을 감소시키기 때문이다. 솔로는 이를 '체감 생산함수(diminishing function)'라고 부르면서 이를 극복할 수 있는 요소로 '기술의 진보'를 꼽는다. 즉, 생산성 향상 효과가 한정되어 있는 소를 계속 확대·투입하기보다는 소에 비해 효과가 월등한 기계식 이양기를 개발하여 투입할 경우 생산성이 한 단계 더 높게 성장하므로 지속적인 기술의 진보와 자본의 투입이 수반되어야 생산력 향상을 지속할 수 있다는 것이다.

　　이러한 솔로 모델의 조언과 중국·베트남의 사례를 감안한다면, 현재 '인민 생활수준의 실질적 개선 효과 달성'을 주창하고 있는 김정은에게는 인센티브 등 자발적 노동생산성 향상 방안과 함께 초기의 생산성 확대를 지속시켜줄 인적·물질적 자본의 투입, 이의 동력이 되는 교육과 자본의 뒷받침, 그리고 현재와 미래의 차원 높은 생산성 확대를 보장하는 선진기술의 획득이 매우 중요하다. 또한 대내정책만으로 추출할 수 있는 인센티브 대책과는 별도로 대북제재 해제 등 국제적 환경과 연계되어 있는 '자본·기술의 획득' 등을 위해 뭔가 '특별한 대책'이 필요하다는 것은 충분히 직관할 수 있다.

　　한편, 과거 권위주의적 권력을 유지한 가운데 경제발전을 시도하는 과정에서 성공·실패한 여타 국가의 사례 역시 김정은에게는 좋은 벤치마킹 사례다. 즉 중국·베트남의 사례와 더불어 어떤 권위주의 국가는 왜 경제발전에 성공했고, 어떤 국가는 왜 실패했는지 그 이유·원인을 찾아내는 것은 경제발전을 추진하는 김정은의 경제정책 구상·실행에 꼭 필요한 사전 검토과제였을 것이다.

중앙아시아 카자흐스탄과 우즈베키스탄의 개발 독재를 연구한 성동기·최준영·조진만의 연구(2010)에 따르면, 권위주의적 특징을 유지한 가운데 경제를 발전시키기 위해서는 '권위주의 리더십에 거부감이 덜한 국민의식' 등 역사적인 정치문화, 풍부한 천연자원과 세계시장에 접근할 수 있는 경제 제도(이중환율의 폐기 등)가 중요한 역할을 한다.

말라위, 모잠비크, 마다가스카르 등 아프리카 남부 권위주의 국가들의 경제적 저발전 원인을 연구한 김영환·김경민(2017)은 풍부한 지하자원과 사회 기반시설의 유무가 경제적 발전의 필수 요소가 아님을 강조하는 한편, 쿠데타 등 정치적 불안정 상황의 반복, 강력한 리더십의 부재, 그리고 사적 이익을 위해 공권력을 활용하는 '부패'의 정도가 심할수록 경제발전 성과를 얻기 어렵다고 주장한다. 나아가, 전술한 세 가지 요소가 해외원조 및 해외 직접투자 등에 큰 영향을 미친다고 평가하는 등 '자본 유입' 같은 외부 요소도 경제발전의 중요한 요소임을 강조한다.

셋째, 신자유주의적 시각에서 경제적 발전의 성공과 실패에 관한 국가의 '조건'을 다룬 애스모글루와 로빈슨(Acemoglu & Robinson, 2012)은 "권위주의 국가도 강력한 중앙집권적 통제력이 있다면 한시적으로나마 경제적인 성과를 거둘 수 있다"라고 주장한다. 특히 권위주의 국가의 탄생이 '역사적 맥락에 기반한 우발적 결과'이기는 하지만, 그들도 '결정적 전환점'23)을 통해 착취적 정치·경제 제도가 포용적으로 변화하는 등 '창조적 파괴'24)와 '혁신적 기술 변화'가 국가 내부적으로 스스

고려 요소	의미
중앙집권적이고 강력한 리더십	정치적 안정, 핵심 권력 중심의 정책 선택 자율성, (단기적 실패를 두려워하지 않도록) '소신' 있는 경제정책 추진 분위기 형성 등 지속적 경제성장 추동 능력
역사적 맥락	'권위주의적 지배'를 수용하는 구성원들의 정치의식(문화)과 이를 지탱하는 국가 감시제도
외부 영향 요소	외부의 지원(인도적 생필품, 공적 개발원조 등) · 투자 등 자본 유입 환경, 제재와 이로 인한 내부 응집력 확대 동기 등
부패(성공 저해 요소)	경제활동에 필수적으로 수반되는 비경제활동 측면의 부가 비용, 사적 이익을 위해 동원되는 공권력의 남용 등
자발적 경제 제도	노동 유연 · 생산성, 자발적 이윤추구(인센티브, 혁신 기술 개발 · 투입, 획득이익 '소유'에 대한 확신) 여건, 정치 · 경제적 보상과 용인(정치 · 경제적 '보신주의' → 경제활동 속 실패를 두려워하지 않는 적극적 사고로의 전환) 분위기
기술 개발 · 발전 환경	균등한 교육 환경과 성장 선도기술 개발 동력 마련
경제적 세계시장 진입 환경	경제 제도의 세계무역(경제) 표준화(이중환율, 책정 가격 철폐, 시장가 적용 등), 무역을 통한 내부의 경제적 한계 극복 노력 등
구성원 간의 경제적 긴장(경쟁)	주어진 환경에서 구성원 간 '경제적 생존'을 위한 경쟁
자연환경	경제적 풍요를 가져다주는 윤택한 자연환경 또는 상시적 · 일시적인 혹독한 자연환경(재해)을 극복할 수 있는 여건 구축 여부

로 추동될 수만 있다면 권위주의 정치체제를 유지한 가운데 일정 기간 경제 성장도 가능하다고 주장한다.

하지만 이러한 '창조적 파괴'가 지속된다면 그 국가는 더 이상 '권위주의적 국가'로 불리지 않을 것이며 그 '창조적 파괴'는 권력의 중심

---

23) 산업혁명 등 세계 경제의 급격한 변화를 초래하여 기존 정치 · 경제 체제를 깨뜨리는 중대한 사건을 의미한다.

24) '결정적 전환점'을 통해 기득권층이 정치 · 경제적 특권을 잃는 상황이 도래하는 것을 의미한다.

부와 주변부 간의 권력 재분배 과정(지키려는 자와 획득하려는 자 간의 갈등) 등 '고통스러운' 변화와 변혁을 토양으로 하지만, 현재 김정은 정권은 그러한 '고통'을 감내할 생각이 없어 보인다.

지금까지 거론한 권위주의 권력의 경제발전 추진 간 성공·실패 결정요인들을 종합해보면 아래 〈표 1.3〉과 같으며, 비록 해당 국가의 자연환경과 민족적 특성, 경제적 기반 등 주변 환경이 천차만별이기는 하겠지만 일종의 '합집합'으로서의 '성공·실패 결정요인'으로 참고할 가치가 있다. 그리고 이는 합리적 행위자이자 독재적 권력을 유지하는 가운데 경제발전을 꾀하는 김정은과 그의 권력 엘리트에게 필요한 정보이면서 사전 연구·분석의 대상이기도 하다.

2) 외부의 '체제위협' 대응: NPT 체제하 '핵무장'의 딜레마

권위주의적 독재자들이 자신의 정권(체제) 유지를 위해 '외부적 위협'에 대응하고자 할 때 어떤 방법을 채택하는 것이 '합리적 행위'인가?

만약 권위주의적 독재자에게 외부의 체제위협, 즉 적대국 또는 갈등을 벌이고 있는 외부 세력이 군사적 또는 다른 방법으로 자신의 정권·체제를 흔들거나 붕괴시키려고 한다면, 그 대응 방향은 군사적 대응력을 갖추거나 다른 외부 '우호 세력'과 연계하여 외부 '위협 세력'에 대항하는 외교적 대응력을 갖추는 것이 가장 일반적이다. 이 모든 것이 여의치 않을 경우에는 자신의 정권·체제 유지를 위해 무언가를 포기하면서 외부의 '위협 세력'과 타협해야 한다. 결국, 군사적으로는 자신을 위협하는 외부 세력의 군사력에 필적할 만한 군사력을 갖춰 그들의 '위협'을 억지시키거나 현격한 국력의 차이로 인해 그것이 어렵다면 핵무기 같은 '비대칭 무기'[25]를 확보함으로써 군사적 대응력을 갖춰야 하며, 외교적으로는 그 외부 '위협 세력'에 반감을 갖는 또 다른 외부 '우호 세력'과 함께 '공동 전선'을 구축함으로써 외부 '위협 세력'의 위협 효과를 최소화하는 데 역량을 집중해야 한다. 그리고 군사 · 외교적 대응에 모두 실패한다면, 자신의 정권을 유지할 수 있는 수준에서 그 외부 '위협 세력'의 요구사항을 수용하면서 정권의 생명력을 연장해나가는 것이 합리적 선택이다.

북한은 한국전쟁 휴전 이후 계속해서 한미의 군사적 활동을 체제적 위협으로 느끼며 반응해왔다. 자신들이 먼저 도발했던 1976년 판문점 도끼만행사건과 2015년 DMZ 지뢰도발사건 이후 '유감'을 공식적으로 표현하며 '구차하게' 군사적 충돌을 회피해야 했을 때, 아마도 김일성과 김정은은 한미의 강력한 군사적 대응을 억지할 수 없는 자신들의 군사적 능력 부재와 공동으로 보조를 맞춰가며 상황을 자신에게 유리하게 이끌어줄 적극적인 외부 '우호 세력'이 없음에 위협을 느꼈을 것이다.

북한의 핵무장 추진과 이에 대한 미국의 알레르기적 반응, 그리고 최근 미중 갈등과 북 · 중 · 러의 대미 공동보조 움직임은 이러한 맥락에서 이해되어야 한다. 1990년대 소련이 허무하게 붕괴된 이후 미국은 정치 · 경제, 때로는 군사적으로 전 세계의 '패권'을 쥐고 있다고

---

25) 주로 재래식 무기로 불리는 '대칭 무기'의 경우, 상대방이 보유한 수만큼의 무기를 보유하면 전쟁 · 도발을 억제할 수 있으나, 형언할 수 없는 파괴력을 가진 핵무기는 상대방이 일정 수량 이상을 보유하게 되면 아무리 많은 핵무기를 대칭적으로 보유하더라도 효과적인 억지력을 가질 수 없다는 측면에서 '비대칭 무기'라고 표현한다.

해도 과언이 아닐 것이다. 물론, 최근 수년 들어 '부상'하는 중국과의 갈등이 눈에 띄기는 하지만, 여전히 그 '패권'은 미국에 있다는 점을 부정할 수 없다.

또한, 미국은 현재는 물론 미래에도 이러한 '패권'을 안정적으로 유지하기 위해 다양한 형태의 노력과 재원을 들여 전 세계 국가들이 활용할 수 있는 '공공재'를 공급하고 있으며, 자신의 이익 추구에 동조하는 국가들에게는 얼마든지 그 '공공재'를 이용하면서 '이익'을 추구하도록 허용하고 있다. 하지만 특정 국가·단체가 현재와 미래의 '패권'에 방해 요소가 된다면 주저하지 않고 그 '공공재'의 이용을 거부하면서 정치·경제·군사적 제재 등 강제적 수단을 동원한다.

'NPT 체제'는 미국의 현재와 미래 '이익'의 범주다. 즉, '비대칭 무기'인 핵무기가 이른바 불량국가·단체 또는 반미(反美) 국가로 유입된다면 현재와 미래 미국의 '이익(안보)'을 보장할 수 없다. 이러한 이유에서 미국은 막대한 재정을 지원해가면서 NPT 체제를 유지한다. 따라서 NPT 체제 밖에서 핵무기를 개발·보유함으로써 이 체제를 무력화 또는 약화시키는 국가·단체는 미국의 군사 또는 경제 제재의 대상이 된다.

그렇다면, 그동안 NPT 체제하에서 핵을 개발하거나 개발을 포기함으로써 자신들의 '이익 추구' 방향을 선택했던 전례들 속에서 과연 미국 주도의 국제 정치·경제 체제하에서 핵무장을 추진한다는 것이 무엇을 의미하고, 어떠한 국제정치학적 반응을 만들어내는지 찾아보자.

(1) 핵무장 포기를 통한 정권 유지 추구

남아프리카공화국은 다른 핵포기 사례와 달리 "국제사회의 강력한 경제제재나 압박보다는 자발적인 의사에 의해 핵무기를 폐기"한 사레이기는 하지만, 국제사회의 경제제재가 '자발적 포기(의사)'에 큰 영향을 미쳤다는 점은 부정할 수 없다.

황지환의 연구(2009)에 따르면, 남아프리카공화국의 핵무기 포기 이유는 크게 안보환경의 변화, 국제사회의 압박, 국내정치적 변화 등 세 가지다. 즉 주변국에서 소련군·쿠바군 철군 등 냉전 붕괴 이후 군사적 안보위협이 자연스럽게 감소했으며, 핵무장과 인종차별정책에 대한 국제사회의 제재로 인해 외채상환 위기26)까지 발생할 정도로 경제가 악화하는 등 안보를 위해 개발한 핵무기가 오히려 안보를 위협하는 상황이 발생했고, 새로운 리더십의 등장 등 민주화로의 정책 전환이 가능한 국내 정치환경 변화로 인해 스스로 핵무장 포기를 선택했다는 것이다.

이에 비해 우크라이나는 갑작스러운 소련의 붕괴로 자연스럽게 핵무기를 보유하기는 했으나, 경제발전을 위해 스스로 포기한 사례다. 소련의 갑작스러운 해체로 '준비 없는 독립'을 맞이한 우크라이나는 정치적 안정과 경제발전, 그리고 국민통합이라는 국가적 과제를 안고 있었으며, 이로 인해 우호적 대외관계 형성을 매우 중요하게 인식하던 차에 때마침 '핵해체 비용과 경제발전 자금'을 제공하는 미국의 '협력적 위협감축(Cooperation Threat Reduction, CTR)' 프로그램이 우크라이나를 자발적인 '핵무기 포기'로 유인했다.

결국, 핵무기 포기 당시 우크라이나는 "핵억지력을 통한 안보 추구의 실익보다 대외관계 악화와 이에 따른 정치·경제적 불안이 더 큰

---

26) 미국의 경제 제재는 1985~1989년 사이 남아공에 320억 달러의 외환 손실을 입혔으며, 110억 달러의 순자본 유출과 40억 달러의 수출 감소를 초래했다(신경희, 2012: 42).

국가이익을 해치고 있다"라는 인식27) 때문에 경제발전에 필요한 대규모 자본 지원을 위해 보유한 핵무기 포기를 과감히 선택하는 정치·안보적 안정 방안을 추구한 것이다.

한편, 리비아의 핵개발 포기는 '국제사회의 경제·외교적 제재'의 효과성을 주목하게 하는 사례다. 1990년대 중반부터 미국 등이 '리비아의 석유 및 천연가스 개발에 4천만 달러 이상 투자하는 기업'에 제재를 가함으로써 석유산업 이외에 별다른 경제발전 동력이 없는 리비아 경제는 급격한 둔화에 직면하게 되었으며, 여기에 핵무기 개발기술 확보의 난관과 미국의 선제공격 위협 등이 합쳐져 카다피에게 '핵개발 포기를 통한 정권 유지'를 선택하도록 압박한 것이다.

수많은 제재를 뚫고 사실상 독자적인 핵개발에 성공한 북한과 달리, 중간에 핵개발을 포기한 리비아의 사례에는 '제재의 실효성'에 대한 비교정치학적인 시사점이 내포되어 있다.

첫째, 핵무기 개발 포기 압박을 위한 경제 제재의 효과성 측면에서 경제구조를 고려해야 한다는 점이다. 리비아는 석유산업에 극단적으로 집중되어 있어 미국 주도의 '신규투자 제한'이라는 제재의 효과가 컸지만, 북한은 과거부터 석탄화학 중심의 산업구조일 뿐만 아니라 그나마 노후되어 이른바 '외과적 수술'식 맞춤형 제재의 표적이 될 만한 '아킬레스건'이 뚜렷하지 않다. 이러한 맥락에서 경제 제재 등 외부요소의 영향과 관련하여 황태희·서정건·전아영(2017)의 공동연구는 큰 의미가 있다. 황태희 등에 따르면, 무력행사 다음으로 가장 강력한

---

27) 하지만 이러한 선택은 2014년 '발칸의 화약고'라고 불리는 크림자치공화국과 세바스토폴이 우크라이나로부터 독립을 선포한 직후 러시아군이 진출하여 러시아로 편입된 사례는 '주권·영토 보존' 등 전통적 안보 측면에서 '핵무기의 역할'에 대한 새로운 논쟁거리를 제공하기에 충분하다.

대외정책 수단인 '경제 제재'의 효과는 제재를 가하는 제재국의 비용, 국제기구의 관여 정도, 피제재국 정치제도의 민주성 정도, 제재국과 피제재국의 경제적 의존도 등과 비례하며, 피제재국 정부는 외부의 제재 효과를 반감시키기 위해 자국 내부에 '외부의 제재는 부당'하다는 점을 선전하며 '주민 결집(정권 지지도 향상)'에 활용할 유인을 갖는다.

둘째, 제재에 대한 경험(내구성)의 중요성이다. 리비아의 산업구조는 1990년대 중반 이후 실행된 미국의 경제 제재를 견디지 못하고 2003년 '핵개발 포기'를 선택했으나, 북한은 한국전쟁 이후 서방세계와의 단절은 물론 1990년대 공산권의 붕괴 이후 '고난의 행군' 등의 위기를 극복하는 과정에서 이른바 '외부의 제재를 회피하거나 외부와의 협력을 이끌어낸 경험' 등 제재에 대한 내구성을 가지고 있다.

셋째, 제재의 완전성 문제다. 리비아는 석유산업에 초점을 맞춘 전방위 제재에 그대로 노출되어 있었으나, '아킬레스건'이 뚜렷하지 않은 북한에는 제한적이나마 '숨 쉴 구멍'으로 기능하는 중국과 러시아가 있다. 북한은 그동안 이를 '제재 극복 경험(내구성)'과 연결하여 제재 효과를 최소화하는 방법에 익숙해져 있다.

넷째, 군사적 공격에 대한 방패막('인계철선')의 중요성이다. 리비아는 '핵개발 완성 이전 미국의 군사적 공격' 가능성에 불안할 수밖에 없었으나, 북한에는 '대남 무력도발과 전면전으로의 확전 가능성'이라는 미국의 직접적인 군사적 공격을 억제할 수 있는 '카드(볼모, 한국)'가 있다. 이는 북한이 핵위기를 고조시킬 때마다 한국에 '불바다' 위협을 한 사례와 한국의 김영삼 전 대통령이 미국의 북한 영변 폭격 추진을 강력하게 반대한 전례에서도 충분히 감지할 수 있으며, 남북 간의 무력충돌 초기 대규모 사상자가 발생할 수밖에 없는 지정학적 특징은 미국의 대북 무력공격을 주저하게 만드는 큰 요소 중 하나임이 분명하다.

다음은 이란의 사례를 들여다보자. 리비아에 비해 이란의 사례는 아직까지 핵개발을 포기하지도 완성하지도 못한 진행 상태다. 이창위의 연구(2019)에 따르면, 이란은 1980년대 대(對)이라크 전쟁을 계기로 1987년경부터 핵개발을 본격화했다. 이러한 핵개발 추진은 미국의 '비확산 기조'에 부딪쳐 2003년 한때 '테헤란 선언(Teheran Declaration)'으로 해결되는 듯했지만, 2006년 이란이 '나탄즈 농축시설'의 봉인을 제거하고 우라늄 농축을 재개함으로써 다시금 위기가 불거졌다.

결국, 이러한 핵개발 활동 재개로 인해 '이란과 정상적 거래를 하는 제3국 기업이나 금융기관도 제재하는 2차 제재(secondary boycott)'[28]가 포함된 미국의 포괄적 제재가 시행되면서 이란의 경제는 원유 수출 감소, 외화 부족, 물가 폭등 등 심각한 파탄 상태에 이른다.

이후 2013년 온건개혁파로 분류되던 하산 로하니가 대통령에 당선되면서 새로운 돌파구를 맞기도 하는데, 로하니 대통령은 개혁개방 정책은 물론 대(對)이란 경제 제재의 제한적 또는 일시적 완화를 조건으로 우라늄 농축 프로그램의 단계적 폐기를 진행했으며, 2015년 7월 핵무기 원료 생산 중단을 위한 '포괄적 공동행동계획(JCPOA)'을 국제사회와 합의했다.

그러나 2018년 5월 미국이 '영구적으로 핵과 미사일 프로그램 개발을 중단하는 새로운 합의 도출'을 목적으로 JCPOA 등 기존 합의를 탈퇴하는 한편, 2019년 미국이 이란의 군부 실세(솔레이마니)를 암살한 직

---

28) 특정 국가·기업이 미국 정부의 제재 법안을 직접적으로 위반하지 않더라도 북한과의 간접적 거래 또는 자금흐름 등이 발견될 경우, 미국이 전 세계에 공급하는 '경제적 공공재(금융망, 무역망 등)'의 사용을 거부당함으로써 사실상 미국 주도의 자본주의 시장경제 체제에서 퇴출되는 것을 의미한다.

후 이란도 위의 핵합의를 탈퇴하는 등 핵갈등이 다시 점화되고 있다.

이란의 핵개발에 대한 미국과의 '합의-합의 파기(이행 거부)-핵물질 개발 재개' 과정은 앞선 리비아의 카다피 사례에서처럼 '핵무기 개발 포기'에 관한 미국과의 합의는 체제를 보장해주지도 않으며, 얼마든지 수정·변경 또는 번복될 수 있는 등 '신뢰'를 수반하지 않는다는 점을 역사적으로 보여줌으로써 '레짐 이익'에 충실한 김정은이 '체제와 정권의 영속성' 보장을 위한 미국과의 협상에서 양보를 주저(의심)하게 만드는 논리적 출발점이 되기도 한다.

(2) 핵무장 추진을 통한 체제 보장 도모

인도와 파키스탄은 미국의 경제적 제재가 없거나 제재가 시행되는 과정에서 완화 또는 철회됨으로써 핵무장에 성공한 사례다.

라윤도(2014)와 전광호(2018)의 연구에 따르면, 인도와 파키스탄은 중국 및 인도와의 전쟁에서 각각 패한 이후, 그리고 상호 간의 '적대적 행위'에 대한 불신으로 인해 안보확보 목적의 핵무기를 개발했다.

인도의 경우 1962년 인도-중국 전쟁의 패배와 1964년 중국의 핵실험에 자극받아 1974년 및 1998년 두 차례 핵실험을 강행했으며, 이는 다시 1998년 파키스탄의 핵실험으로 이어졌다. 이러한 측면에서 '뚜렷하고 명시적인 적대국' 유무가 '핵무기 보유 욕구'를 좌우하는 한 가지 요소라고 볼 수 있다.

하지만 인도와 파키스탄이 '핵무기 보유 과정'에서 겪은 고난의 정도는 크게 다르다. 즉, 인도는 대(對)중국 견제전략에 따라 인도를 포용해야 했던 미국의 태도 때문에 별다른 정치·경제·군사적 제재 없이 핵무기를 개발했다. 그러나 파키스탄은 미국의 '사이밍턴 수정안',

'글렌 수정안' 등 강력한 경제적 제재를 뚫고 핵무기를 개발하는데, 여기에는 리비아 카다피의 재정적 지원과 미국의 대(對)아프간 정책 기조의 변화가 중요한 역할을 했다. 파키스탄은 핵개발에 필요한 자금을 카다피로부터 조달하고 소련의 아프간 점령으로 인해 미국의 '파키스탄 활용성'이 높아지는 상황을 틈타 핵실험을 단행함으로써 암묵적으로 핵보유를 선언할 수 있었으며, 이후 대(對)테러 전쟁으로 또다시 파키스탄의 효용성이 높아짐으로써 미국 주도의 '제재의 칼날'을 피해갈 수 있었다.

앞선 사례들은 결국, 핵무장을 추진하는 국가에 대한 미국의 억지정책과 제재 수위·효과가 핵무장 성공·실패는 물론, 경제발전의 결정적 변수임을 말해주고 있다. 즉 전통적인 '주권적·영토적 안보'를 위해 핵무장을 추진한다는 것은 '비확산'이라는 세계적 '공공재'를 공급하는 미국의 다양한 정치·경제적 제재가 수반된다는 것을 의미한다. 또한 '핵무장' 전략이 경제 파탄 등 다양한 분야의 체제보장 전략을 장애물 속에 빠뜨리는 등 내부의 체제위협 요소에 대한 관리·통제 능력이 없는 권위주의적 독재자가 핵무장을 추진할 경우, 내부 불만 응집 등으로 체제 불안이 야기될 수 있다는 점을 시사한다.

따라서 NPT 체제 밖에서 '핵무장을 통한 체제보장 전략'을 실행하는 정책결정자들은 '미국의 제재를 변형·수정할 수 있는 협상 환경을 어떻게 만들어내는가?'와 그러한 환경을 만들어낼 때까지 '제재로 인한 경제적 파탄 속에서 어떻게 체제 내구성을 유지해나가는가?'라는 과제를 해결해야 한다.

또한, 앞선 핵무장 추진·포기 사례들은 미국의 강력한 제재를 뚫고 핵무기를 개발하기 위해서는 다수의 국민이 열망하는 '경제적 윤택함'을 거부하고 정책결정자가 자신의 '이익' 중심의 주권 수호에 매진할 수 있는 정치체제(환경)가 필수이며, 핵무장의 포기가 권위주의 독재체제의 영속성을 보장하는 것이 아니라는 점 또한 보여주고 있다.

(3) '외부 위협'에 대한 '공동 대응' 모색: 전략적 비선호 협력(SNPC)

'핵무장' 추진이 외부의 위협에 대응하기 위한 약소국의 군사적 대응이라면, 또 다른 외부 '우호 세력'과의 연대를 통해 외부의 '위협 세력'에 공동으로 대응하는 것은 외교적 차원의 선택지다.

이러한 맥락에서 북한의 대외관계 지향점(방향)을 '전략적 비선호 협력(Strategic Non-Preferred Cooperation)'이라는 개념으로 표현하고자 한다. 이는 북한의 핵무력 개발 과정에서 중국과 러시아가 가진 대북 입장(stance)을 표현하기 위해 고안한 용어로, '전략적 비선호 협력'이란 "주변국의 행태를 선호하지 않으나, 좀 더 큰 전략적 이익을 위해 주변국의 선호하지 않는 행태에 협력하거나 묵인"하는 것을 말한다. 이는 만약 북한과 국경선을 접하고 있는 중국과 러시아가 미국이 요구하는 대북제재에 따라 국경선을 완벽하게 통제했다면 북한이 핵을 개발하지 못했거나 개발 과정에서 심각한 경제난 등으로 내부적 한계에 직면함으로써 '북핵 문제'가 이미 어떤 식으로든 해결되었을 것이라는 합리적 추론에 근거한다.

어느 국가나 자신과 국경을 맞대고 있는 인접 국가가 '핵무장'을 하는 것은 안보적 측면에서 긍정적이지 않다. 더욱이 북한이 그동안 보여준 '외세 배격적이고 자기중심적인 행보'와 불규칙적인 '행동 패턴'을 고려한다면, 북한이 개발한 핵무력이 미래에 자신들을 겨냥하지 않을 것이라고 확신할 수도 없다. 따라서 중국과 러시아에 '북한의 핵

〈사진 1.1〉 대북제재하의 북중 국경지대(신의주 압록강 철교 인근) 교역 차량

주: 북한의 핵실험 및 미사일 시험 발사 직후 유엔 안보리의 대북제재안이 발표될 때마다 언론
의 관심은 북한 신의주와 중국 단둥을 연결하는 조중우의교(朝中友誼橋)의 물동량 변화에
집중된다. 위 사진은 조중우의교(철교) 인근 압록강변(신의주 지역) 유원지에서 물동량
적·하역을 위해 휴식·대기하고 있는 트레일러(빨간색) 모습

능력 보유'는 안보 측면에서 어떤 식으로든 긍정적이지 않으며, 핵능
력을 보유하려는 북한의 행보를 억제·무력화하는 것이 합리적 '선호'
다. 하지만 그럼에도 불구하고 북한이 핵능력을 보유할 수 있도록 직
간접적으로 도움을 주거나 묵인·동조했다면 그것은 '선호하지 않는
선택'이다.

앨리슨(Allison, 2017)이 상세히 설명했듯이, 현재 중국은 미래 패권
을 놓고 미국의 심각한 견제를 받고 있으며, 러시아는 과거부터 미국
의 다양한 제재를 받고 있다.

이러한 중국과 러시아는 전 세계의 유일한 초강대국인 미국이 스
스로 구축해놓은 '국제사회의 정치·경제적 공공재'를 앞세워 '무소불
위'식으로 자신들의 이익을 침해하려는 행동에 제동을 걸 수 있는 수
단으로 '북한의 핵무장 카드'를 선택할 수도 있다. 또한 이것이 만약
'북핵 문제 해결에 자원을 투입하는 과정에서 미국의 국력이 약화'되

는 것을 기대한 행동이라면, 그것은 지극히 전략적인 행동이다. 즉, 중국과 러시아가 북한의 핵무장을 선호하지 않으면서도 현재 갈등적 관계에 있으며 미래에도 갈등적 관계로 발전할 가능성이 높은 미국의 국력 약화를 도모하기 위해 전략적으로 미국의 대북제재에 적극적으로 참여하지 않는 것이라면 그것이 바로 북한과의 '전략적 비선호 협력(SNPC)'이다.

나아가, 국제사회에 확고한 부동의 패권국만 있다면, 전략적 비선호 협력(SNPC)은 존재하기 어렵다. '지키려는 자(패권국)'와 '도전하려는 자(패권 도전국)'가 있고, 도전하려는 자의 움직임과 능력이 지키려는 자에게 위협을 주기에 충분해야 하며, 지키려는 자의 이익과 갈등하는 '또 다른 도전하는 자(패권국과 갈등하는 제3국)'가 도전하는 자의 움직임과 능력을 충분히 느낄 수 있어야만 지키려는 자에게 도전하는 자들 간에 '전략적 비선호 협력(SNPC)' 관계가 구축될 수 있을 것이다.

하지만 'SNPC'는 항상 도전하는 자들 간에만 형성되는 것이 아니다. 즉, 지키려는 자가 도전하는 자를 충분히 억제하기 위한 수단으로 '또 다른 도전하는 자와의 협력'을 모색할 경우에도 형성될 수 있다.

따라서 'SNPC'는 단순히 중국과 러시아의 대북 입장에만 국한되지 않고, 향후 미국과 북한의 선택에 따라 미국이 취할 대북 입장에서도 구현될 수 있다. 즉, 미국이 중국과 러시아를 견제하기 위해 북한의 핵무장을 선호하지 않으면서도 '핵확산'을 제외한 북핵을 묵시적으로 용인한 가운데 대북 입장을 협력적 관계로 선회한다면 이 역시 '전략적 비선호 협력'으로 볼 수 있다.

어쨌든, 미국은 자신이 주도하는 국제적 시스템과 헤게모니가 약화하는 상황, 그리고 중국은 미국과의 패권경쟁에서 패함으로써 최소한 수십 년간 또다시 '절치부심(切齒腐心)'의 시간을 보내야 하는 상황은 절대 피하고 싶은 최악의 상황일 것이다.

결국, '체제 생존'과 정권의 영속성을 꿈꾸는 김정은이 지향하는 대외정책의 1차적인 목표는 '핵무력'을 완성하는 동시에 중국과 러시아 그리고 미국의 틈새에서 이러한 '전략적 비선호 협력(SNPC)' 관계를 구축 · 심화하는 것이다.

3) 소결론: 김정은의 '핵-경제발전 병진 노선'을 읽는 분석 틀

경제적으로 낙후된 권위주의 독재자가 NPT 체제 같은 미국 주도의 국제 정치 · 경제 체제하에서 외부로부터의 '체제(정권) 위협' 대응을 위해 핵무장 카드를 활용하는 상황과 내부의 '체제(정권) 위협' 억제를 위해 경제개발을 도모해야 하는 유인 등을 살펴보았다.

특히, 핵개발과 경제발전의 상충적 관계와 이를 극복할 수 있는 조건 · 환경, 합리적 정책결정자로서 해결해야 할 과제, 공산당 권력을 유지하는 국가 및 권위주의적 국가이면서 국가 주도의 경세발전에 성공 또는 실패한 사례들을 통해 경제발전 패턴 및 시사점도 발굴했다.

이를 바탕으로 이미 완성단계에 있는 '핵능력'(외부 체제위협 대응)과 달리 내부 체제위협 억제의 가장 큰 난제인 경제발전 정책의 성패를 위한 북한 김정은의 노력 여부를 체계적으로 평가할 수 있도록 설계한 것이 아래 〈표 1.4〉이며, 이 분석 틀은 김정은이 추진하는 국가 주도 '경제발전 정책'의 성과와 한계를 도출하는 데 사용될 것이다.

〈표 1.4〉 국제 정치 · 경제 체제하 김정은의 '경제개발 정책' 성패 분석 틀

통치전략의 목표	• 독재적 권위주의 권력 유지		• 외부의 위협으로부터 체제 생존	
국제정치 체제하 '핵-경제 개발'의 의미	• 핵개발 ≒ 국제사회의 정치 · 경제적 제재 수반 → 경제파탄 가능성 점증 • 제재 경험 유무 및 완전성, 경제 · 정치 구조에 따라 제재 효과에 차이 발생 • 외부의 군사행동을 억제할 수 있는 '볼모(인계철선)'는 핵개발에 유리한 환경 • '핵무장 포기' 합의 · 결정 ≒ 경제발전 지원 ≠ '레짐 이익' 차원의 체제 보장 • 정책결정자의 과제: 제재로 인한 '경제난' 속 체제 유지, 제재 완화 · 해제 환경 창출			
권위주의 독재자의 '경제발전' 추진 방식	구분	장점	단점	필수 조건
	미개발 추구	• 안정적 정권 유지 가능	• 외부 제재(수출 통제 등)에 취약	• 막대한 천연 부존 자원
	지대 추구	• 단기적으로 정권 안정성 유지에 유리	• 중 · 장기적 체제 불안 요인증대 우려	• 강력한 대내 억압 · 통제
	개발 추구	• 중 · 장기적 정권 안정성 모색 가능	• 독점 이익 점차 감소 • 한계 도래 시 새로운 체제위협 으로 발전	• 독재적 권력 유지를 위한 대내 '선택적 억압 · 통제' 정책(통제된 개혁)
국가 주도 경제개발의 중요한 성공 · 실패 '결정요인'	• 중앙집권적이고 강력한 리더십 • 부패 정도 • 외부 영향 요소(자본 유입환경, 제재 등) • 경제적 세계시장 진입 환경 • 자연환경		• 역사적 맥락('권위적 지배체제' 수용) • 자발적 경제제도(국가 제도적 측면) • 기술 개발 · 발전 환경 • 구성원 간의 경제적 긴장(인식적 측면)	

구분		개별적 거론	공통적 거론

국가 주도 경제발전 시 주목해야 할 '국가'의 역할	북한 연구 사례	• 노후 산업부문 잉여 노동력 활용
		  * 해외시장 확산 → 생산력 증대
		• 군사 부문의 경제분야 기여도 증대
		• 외부 정권교체 위협 불식을 위한 '전략적 비선호 협력' 관계 구축
			• 확고한 독점적 정치권력 유지
			• 자본 추출·도입 여건 마련
			  * 식량, 자본재, 외화 등
			• 경제발전을 위한 자본의 계획 (정권 주도)적 분배
			• 일정 기간 지속적인 생산력 향상 국면 유지
			  * 인센티브, 인적·물적 자본 확대, 선진기술 도입·개발 등

	중국 및 베트남 연구 사례	• 사회주의 계획경제의 특성인 '부족경제' 속 시장화의 적절한 관리 * 생필품의 시장-국정가 격차 관리 • 새로운 경제환경에 대한 거부감을 제거할 수 있는 이데올로기(지향점) 제시·선전	
	동아시아 개발국가 모델 연구 사례	• 전문 관료기구에 의한 강력한 경제발전 전략의 구상·실행 • 외부 자본·기술 도입 간 국내 산업 보호('친정권적 여과지')	

제2장

북한 김정은의
'통치(이익 추구) 전략'
찾아내기

합리적 행위자 이론의 효과적 적용 절차(표 1.2)에 따라 북한 김정은이 어떤 '합리적 준거점'을 가졌는지 알아보고, 이를 바탕으로 그가 구상하는 '통치(이익 추구) 전략'을 가정해보자.

1. 북한 체제와 김정은의 특징: 축적된 '경험과 인식'

1) 북한과 김정은의 특징 · 성향

(1) 북한의 체제적 특징

북한의 역사에서는 그야말로 민주적 경험의 토대를 찾아보기 어렵다. 북한 당국은 계급적 시각과 민족 자주의 시각에서 '단군릉'이 발굴되었다고 주장하는 평양과 고려의 수도였던 개성을 품고 있는 북한이야말로 한반도의 민족사적 정통성을 품고 있으며, 그 땅에서 살아온 농민 등 피지배계급이 지배계급과의 계급투쟁을 거쳐 탄생한 것이 현재의 '김일성 조선'이라고 선전하면서 12~13세기 농민들의 봉기를 가치 높은 역사적 유산으로 교육하고 있다.

하지만 실제 북한 주민은 수천 년간 지배해온 봉건왕조와 일제강점기를 거쳐 현재의 '북조선'이라는 권위주의적 통치체제에 진입했으므로 역사적 맥락에서 '민족 자주'는 몰라도 '주민 자주'라는 '정치적 DNA'는 찾아보기 어렵다.

〈사진 2.1〉 개성 시내에 있는 '고려시대 농민투쟁' 관련 선전 자료

따라서 북한 주민은 폭압적 정치권력에 '목소리'를 높여 대응하기보다는 순응하는 데 익숙하다. 1990년대 중반 수백만여 명이 굶어 죽은 '고난의 행군' 시절, 식량을 배급하지 않고 정권유지에만 급급하던 '김정일 정권'에 대해 그 어떠한 집단적 반발도 하지 않고 그야말로 '스러지듯' 사라진 북한 민중의 행태가 그들의 '정치적 DNA'를 잘 설명해 준다.

게다가, 북한 당국은 이러한 주민의 '순종적 성향'이 유지되도록 지속적인 주입(교육)과 이의 이행을 감시하는 정치사회적 감시망을 가동하고 있다. 즉, 북한 당국은 '유교적 문화'가 뿌리 깊은 역사적 특성을 활용하여 사회 전반에 '충효'29)를 강요하는 한편, 학교나 직장(군대) 등 주민이 거의 평생 몸담아야 하는 조직생활 속에서 매주 '생활총화'

---

29) 북한에서는 부모에 대한 효도가 국가로 이어지는 것이 충성이며, 주민은 주체사상에 의해 '사회정치적 생명'을 부여한 수령에게 충효를 다해야 한다는 것을 끊임없이 교육·주입받고 있다.

를 통해 독재권력에 대한 자신의 말과 행동을 스스로 비판하고 주변 동료의 잘못을 지적하며 비판하도록 강요함으로써 '김일성 조선'에 '순종적인 성향'을 지속적으로 주입하고 있다. 특히, 국가 보위기관부터 주변 동료 등 다층적인 감시·신고망을 통해 이의 이행 여부 감독 및 '순종적 틀'을 벗어난 행동에 대해서는 사회정치적 생명은 물론, 생물학적인 생명과 인권을 잔혹하게 유린하고 이를 공표함으로써 구성원들이 쉽사리 '일탈'을 꿈꾸지 못하게 만든다.

하지만 북한 당국의 이러한 통제 노력에도 불구하고 주민의 '순종적 성향'이 조금씩이나마 변화하고 있다는 점 또한 부정할 수 없다. 1990년대 '고난의 행군' 과정에서 '김일성 조선'에 대한 충효를 1차적으로 교육해온 가정(家庭)이 상당수 해체되었으며, 식량을 구하기 위해 직장에 출근하지 않고 '시장' 활동에 참여하는 과정에서 주기적인 정치사회화 과정인 '생활총화'는 빼먹기 일쑤였으므로 당국의 사상통제 노력이 이전 같은 효과를 거두기는 힘들었다(강민철, 2004). 또한, 북한 당국 역시 식량을 배급하지 못하는 상황에서 '먹고살기 위해 자발적으로 노력'하는 주민을 무조건 탄압하기보다는 '반체제적 행동' 등 꼭 필요한 사안에 대해서만 잔혹한 '물리력'을 행사하는 방식으로 통제 기제의 작동수준을 완화했다.

이는 결국, 1990년대 중반에는 아무 말 없이 굶어 죽었던 북한 주민이 2009년 11월에 단행된 '화폐개혁' 때는 관공서(인민위원회)에 몰려가 식량을 달라고 집단적으로 항의하는 모습(조선닷컴, 2010.2.11)으로 나타난다.

이 사례는 현재 북한 경제활동의 주류이자 '고난의 행군' 시절 가정의 '해체'와 조직생활의 '일탈' 경험은 물론 경제에 대한 '눈높이'가 이미 달라져 있는 30~50대가 향후 과거 같은 심각한 경제난이 다시 발생한다면 더 이상 과거처럼 '순종적'으로 반응하지만은 않을 것이라는 점을 시사하는 부분이다.

한편, 경제정책을 시행하면서 다른 이익집단의 눈치를 보지 않고 독립적인 결정 권한을 행사할 수 있는 중앙집권적이고 강력한 리더십은 국가 주도 경제발전 추진을 용이하게 한다.

김정은 권력공고화 과정의 정점이라고 할 수 있는 2013년 12월 '장성택 일파의 숙청'에 대해 당시 한국의 국정원장이 "장성택이 가진 석탄 등 이권사업에 대한 김정은과 타 기관의 불만이 고조되면서 발생한 이권 갈등"이라고 국회에 보고할 만큼 '수령'의 우월적 지위가 인정된 '김일성 조선'에서조차 권력이 분점되었을 경우, 각종 정책을 시행하는 데 있어 권력 엘리트 간의 견제와 눈치가 불가피했다.

그러나 현재 김정은은 김정일 사망 직후 군부 장악을 필두로 하여 이른바 '김정일 영구차 7인방'으로 불리던 아버지 김정일의 인맥을 모두 제거하는 등 권력분점 구조를 소수의 핵심 세력으로 재편함으로써 정책 선택에 있어 독립적 수준의 '자율성'을 이미 확보했다.

특히 북한에서 경제활동을 할 때 가장 중요한 것은 '경제활동의 원천이 되는 와크[30])를 당국으로부터 얼마나 많이 효과적으로 할당받는가?'와 이를 '어떻게 잘 활용(운영)하여 돈을 버는가?'이며, 이는 북한의 독특한 국가 운영방식에 기반하고 있다. 대부분의 국가에서 관료,

---

30) 북한은 각 기관·기업소별 운영·생산에 필요한 자원을 배분하면서 보통의 국가와 같이 '예산'을 할당하기보다는 특정 분야 또는 종목의 수출·수입권 등 '경제활동 특권'을 특정 기관에 할당하는 방식으로 운영비 및 자원을 배분하는데, 이를 '와크' 또는 '와꾸'라고 표현하며, 이는 북한의 '경제적 지대추구 국가' 성격을 잘 나타내는 사례다.

부처·기관을 운영하는 방식은 국가가 예하 부처·기관에 운영예산을 할당해주고 그 부처·기관 및 기업소가 획득한 성과를 흡수하여 재분배하는 형태이지만, 북한의 '자력갱생'은 운영예산을 할당해주는 것이 아니라 기관·기업소가 국가로부터 할당받은 '와크'를 활용(운영)하여 이윤을 창출하고 이를 소속 구성원의 부양과 '국가납부금(일종의 세금)'을 마련하는 데 사용하는 구조다. 따라서 만약 할당된 '와크'를 잘못 운영할 경우 해당 부처·기관 및 기업소의 구성원들은 궁핍한 생활을 면하기 어려우며, "수완이 좋은 리더를 만나야 굶지 않는다"라는 북한 말도 이러한 맥락이다.

이러한 북한의 경제적 자원배분 구조와 이를 통제하는 독점적인 권력구조를 고려하면, 김정은은 국가 자원의 할당 등 경제발전의 '원천' 배분에 독립적 권한을 행사하고 있다고 보아도 무방하며, 이는 곧 자신이 원하는 '자기 이익' 중심의 경제발전을 추진할 수 있음을 의미한다.

한편, 이러한 '와크'를 배분하는 과정에서 '부패'가 발생한다. 정치·경제적 이권을 가진 권력기관(부서) 또는 그 구성원이나 이들과 연계된 민간인인 '돈주(錢主)'들은 각종 '와크'를 합법적·비합법적으로 할당받는 과정에서 이익 일부를 권력기관에 '상납'하는 '부패 고리'를 유지하고, 수시로 당국에 '충성자금'을 헌납하면서 지속적인 권리 유지·확대를 위해 노력하고 있기 때문에 이들은 자신의 이익 보호를 위해 김정은의 '핵심 이익'을 침해하기보다는 북한 당국이 경제발전을 꾀하는 과정에서 '떡고물'을 수혜받는, 그야말로 당국의 의도에 순종하는 일종의 '협력적 하수인'들이다.

게다가, 김정은은 집권 초기부터 "일심단결의⋯ 독초인 세도와 관료주의, 부정부패 행위를 뿌리 뽑기 위한 투쟁" 언급 등 '부패척결'을 수시로 강조[31]하고는 있지만, 이는 자신을 중심으로 핵심세력을 재편하는 과정에서 나타난 권력 안정성 확보의 맥락이자 당·정·군 일꾼들의 개인적 착복과 나태한 행태를 비판하는 것일 뿐 현재 북한의 경제활동에 '윤활유' 역할을 하는 부패 고리의 완전한 척결을 의미하는 것은 아니다.

더욱이, 자신을 중심으로 한 '핵심 권력 엘리트'들이 독점하고 있는 '와크' 배분권 등 권익을 침해하는 수준까지 개혁을 진행하지 않는 권위주의 정권의 '부분 개혁적(그림 1.6)' 특징을 고려한다면, 이른바 '급행료' 등으로 불리는 '부패 관행'은 당분간 지속될 것이다.

한편, 탈북민층에서 "당·정·군 간부 집에서 수백 달러를 찾아내는 것은 아무 일도 아니다"라는 말을 쉽게 들을 수 있으며, 2020년 2월 29일 당 중앙위 정치국 확대회의 시 김일성 고급 당학교에서 발생한 부정부패의 책임을 물어 고위급 간부인 당 조직지도부장 리만건을 해임한 것에서도 볼 수 있는 것처럼 김정은 시대 들어 다수의 간부가 부정부패로 해임·철직된 사례들은 김정은이 '당·정·군 간부의 부정부패를 묵인할 수는 있으나, 필요할 경우 부정부패를 고리로 그들을 얼마든지 제거할 수 있는 통제수단'을 가지고 있음을 잘 말해준다.

(2) 북한 '최고 정책결정자' 김정은의 성향

보통 한 국가의 리더십을 평가할 때, 지도자 한 명의 성향에 집중하는 것보다는 정책에 영향을 미치는 권력 엘리트의 특성 모두를 함께

---

31) 2016년 12월 전국 초급당위원장 대회 및 2017·2019년 신년사 때 김정은의 언급 등

평가하는 것이 일반적이다.

하지만 북한의 경우 김정은에게만 집중해도 충분하다. 왜냐하면, 북한은 그들의 헌법 등 공식문서에 '김일성은··· 사회주의조선의 시조'라는 문구를 명시할 만큼 왕조의 적통인 김정은이 정책을 결정하는 데 갖는 위상은 절대적이다.

김정은은 1980년대 초·중반 김정일과 재일교포 출신으로 만수대예술단 무용수였던 고용희 사이에서 2남 1녀 중 차남으로 태어났다.

김정일의 요리사인 후지모토 겐지와 고용희의 언니로 어린 김정은을 키운 고용숙의 증언 등에 따르면, 김정은은 여덟 살 생일잔치 때 장군 계급장이 달린 제복을 선물로 받았고 군 장성들이 어린 김정은에게 경례하는 등 권력자처럼 대접32)받았다.

또한, 고용숙은 어린 시절의 김정은에 대해 "성질이 급하고 인내심이 없어 어머니인 고용희가 그만 놀고 공부하라고 꾸짖자 단식투쟁을 했다"라는 일화도 소개한다.

이러한 김정은은 10대 초반인 1996년부터 세 살 위의 친형 김정철, 여동생 김여정과 함께 부유한 시장자본주의 국가인 스위스 베른에서 유학생활을 하며 서방의 음악과 스포츠 등 대중문화를 경험한다. 유학 기간 중 주변 동료들의 평가와 고용숙의 증언을 종합해보면, 그는 유럽 각지를 여행하며 다양한 문물을 경험33)하는 등 10대의 대부분을 북한 주민의 일상생활과는 거리가 먼 호화로운 생활을 했다.34)

---

32) 고용숙은 김정은의 성장환경에 대해 "주변 사람들이 김정은을 그렇게 (권력자처럼) 대하는 상태에서 그가 보통사람으로 성장하기는 불가능했다"라고 증언한다.

33) 고용숙은 워싱턴포스트와의 인터뷰 시 김정은과 김정철, 그리고 김여정이 프랑스에 있는 디즈니랜드와 관광지인 리비에라, 그리고 이탈리아의 식당에서 찍은 사진 등을 공개했다.

일반적으로, 감수성이 예민한 10대의 경험이 평생의 가치관에 큰 영향을 미치므로 10대 김정은의 개인적 특성에 대한 증언을 좀 더 살펴볼 필요가 있다.

리버펠트학교 재학 시 친하게 지냈다는 호앙 미카엘루는 "김정은은 멍청이도 아니었지만 똑똑하지도 않았다. 수학은 곧잘 했으나, 대부분의 과목은 부진했고 축구와 농구가 주 관심사였다. 김정은은 자기를 표현하려고 애를 많이 썼는데, (스위스의 공용어인) 독일어를 못했고, 수업 시간에 질문받으면 많이 당황하여 선생님들도 가만 놔두는 편이었다. 그리고 주변에 '나는 대사의 아들이 아니라 북한 대통령의 아들'이라고 말하기도 했다"라고 김정은을 회상했다. 이에 미루어볼 때, 10대의 김정은은 자존심이 매우 강한 것이 특징이라면 특징이지만 여타 자본주의 사회의 일반적인 10대와 크게 달라 보이지 않는다.

이러한 증언을 기초로 김정은과 그의 아버지 김정일의 성장과정을 비교하면서 그의 특징을 도출해보면 다음과 같다.

첫째, 김일성의 첫 번째 부인인 김정숙의 아들이면서도 계모인 김성애의 등장으로 아버지(김일성)의 사랑과 관심을 갈구했던 김정일과 달리, 김정은은 김정일이 인생 후반기에 사랑한 여인(李相哲, 2017)[35]과의 사이에서 태어나 김정일처럼 '부정(父情)의 부족'을 고민하지는 않은

---

34) 스위스에 있는 김정은의 교우들은 "우리 같은 애들은 절대 가질 수 없는 TV, 비디오 리코더, 소니 플레이스테이션 같은 제품부터 요리사, 운전사, 개인교사까지 없는 게 없었다. 늘 거실에서 놀면서 성룡의 무술 영화를 많이 봤다. 그걸 엄청 좋아했다. 북한 얘기는 거의 안 했지만 어떤 향수병을 앓고 있는 듯 스테레오에서는 항상 북한 가요가 흘러나왔다"라고 증언한다.

35) 이상철에 따르면, 김정일은 뇌졸중이 발병한 이후 이미 2004년 사망한 고용희를 생각하며 눈물을 흘리는 경우가 많았다고 한다.

것으로 보인다. 따라서 김정일과 달리 권력의 중심에서 밀려날 것에 대한 고민이 상대적으로 적었을 것이며, 그로 인해 주변 정황을 살펴 타협적 결론을 도출하기보다는 '자기중심적 사고'에 기반한 행동에 익숙할 가능성이 크다.

둘째, 국가수반인 김일성의 공식적인 아들로서 공개된 유년기를 보낸 김정일과 달리, 김정은은 북한의 일반 주민과 격리된 채 20년 이상 '왕자'로 지내다가 하루아침에 최고지도자로 낙점되었다. 특히, 후계자 수업을 받으면서 백부 김영주, 계모 김성애, 이복동생 김평일 등과 '정치적 목숨'을 걸고 권력투쟁을 벌였으며 이러한 과정에서 자신을 '후계자'로서 크게 반기지 않았던 오진우 등 이른바 '빨치산파'의 환심을 얻기 위해 그들 앞에서 자신을 낮추고 그들을 예우하는 등 치열한 권력투쟁을 통해 최고 정점을 차지한 아버지 김정일과 달리, 김정은은 일순간 후계자로 낙점되는 등 아버지와는 다른 권력 획득 과정을 거친다.

이는 김정은의 '보스적 기질'과 '자기중심적 사고'에 기반한 거침없는 행동 패턴을 유추하게 하는 동시에 만약 주도면밀한 고려가 부족하거나 '거침없는 실행력'이 한계에 도달할 경우, 다소 비현실적이거나 즉흥적인 정책을 선택할 수도 있다는 점을 예측하게 하는 부분이기도 하다.

셋째, 김정일은 해방과 한국전쟁 시기 구소련의 시골 하바롭스크와 중국의 낙후지역인 동북 3성에서 잠시 생활한 것을 제외하면 생애 대부분을 북한에서 보냈으나, 김정은은 감수성이 예민한 10대를 '시장의 편리성과 효용성'을 느끼기 충분한 '부유한 시장자본주의 국가'에서 보냈다.

이는 3대 세습자 김정은이 '시장 친화적 인식'을 가질 가능성을 높여주는 동시에 세계에서 가장 못사는 나라 중 하나인 북한의 경제를 발전시키는 데 어떤 방법을 선호할지를 간접적으로 예측하는 데 도움을 주는 사례일 것이다.

어쨌든, 대다수 서방 국가들은 김정은이 후계자로 공식화된 초기에는 그에 대해 '경험이 부족하고 다혈질적인 성향을 갖고 있어 다소 즉흥적인 행동'을 할 것으로 예측했다.

이러한 예측을 입증하기라도 하듯 그가 현지 지도를 하다가 성과가 마음에 들지 않자 그 기업소의 사장을 총살[36]했다는 이야기도 들린다. 그리고 장성택, 현영철의 처형과정을 보면 잔인한 성품을 가진 것은 분명한 것 같다.

하지만 2009년 인민군 대장으로 후계 구도에 공식 데뷔한 이후 권력 엘리트 내의 수많은 거목을 하나하나 제거해나가면서 권력을 공고화하는 과정을 보면, 비록 잔인하기는 하지만 주도면밀하다는 점 또한 인정해야 한다.

특히, 주요 인사들의 발탁과 처벌을 반복하고 세습 정권 초기 국가보위부장(김원홍) 등 특정 인물에게 권한을 부여하면서 아버지 김정일이 남긴 정적들을 하나하나 제거해나가는 과정에서 나타난 특유의 '효과적 용인술(用人術)' 또한 인정해야 할 것이다.

또한, 후계자로 공식 등장한 직후 주북(駐北) 중국 대사관이 개최한 행사에 참석한 김정은을 직접 목격한 중국공산당 간부가 "다혈질적

---

36) 김정일 시대에는 현지 지도 장면을 '정사진'으로 공개했으나, 김정은 시대에 들어와서는 (음성이 소거된) '동영상'을 공개하기 시작한다. 이는 '구화(口話) 기능'을 통해 김정은의 언급 내용을 간접적으로 식별하는 데 도움이 된다.

이라는 주변의 평가와는 달리, 모임에 참석한 청중과의 대화를 주도하면서 분위기를 이끌 줄 아는 인물"이라고 전언[37]한 부분과 비록 길지 않은 시간이었지만 트럼프 및 문재인 대통령이 김정은과 직접 대화(회담) 후 그에 대해 "정말로 매우 개방적이고 훌륭", "인격적으로 훌륭하고, 매우 똑똑하며, 재미있고 훌륭한 협상가", "자기 국민을 사랑하고 그들을 위해 옳은 일을 하기를 희망"(이상 트럼프), "아주 젊은 나이인데도 상당히 솔직담백하고 또 침착한 면모", "연장자를 존중하고 배려하는 아주 예의 바른 모습"(이상 문재인)이라고 평가한 부분에서는 히틀러 같은 '선동에 유능한 달변가적 기질'도 감지[38]된다.

그리고 수십 년간 후계자 수업을 하다가 권좌에 오른 그의 아버지 김정일도 수십 년의 통치기간 동안 해내지 못한 '경제적 성과'[39]를 최근 수년 동안 수많은 제재를 뚫고 거두고 있다는 점은 비록 그가 '잔혹하고 즉흥적'이라고 평가받기는 하나, '자기중심적 행동방식에 기반한 거침없는 실행·추진력'을 가졌음을 주목하게 한다.

---

37) 당시 김정은이 주관한 연회에 참석한 중국공산당 간부를 면담한 서울 모대학 A 교수의 증언

38) 물론, 이러한 평가에 대해 김정은의 '계산되고 절제된 표현·행동'이라는 반론도 있을 수 있다. 하지만 몇 시간 만에 상대방이 그렇게 느끼도록 행동했다면, 그 자체가 그 개인의 능력이다.

39) 김정은 등장 초기부터 2010년대 후반까지 북한의 경제상황에 대해 '좋다', '나쁘다'라는 의견이 분분하다. 하지만 2016년 경제성장률 3.9%라는 한국은행의 추정치를 차치하더라도 시장에서 유통되는 물건의 종류와 개선된 품질, 공장 등 각종 기업소의 생산활동·욕구 확대, 상류층의 확대 및 하류층과의 소득격차 심화, 국제사회의 대북제재 심화에도 불구하고 안정적으로 유지되고 있는 식량 가격, 그리고 평양 만수대거리 같은 건설경기 등을 고려할 때, 향후의 안정성 여부와는 상관없이 경제분야에 큰 발전적 변화가 있다고 볼 수 있다.

2) 김정은의 '경험 · 인식': 김정일 시대와의 정책적 연속성

(1) 대외정책 측면

김정은이 후계자로 낙점될 당시, '김일성 조선'의 영속성을 꿈꾸던 그에게 가장 큰 대외적 측면의 고민거리는 대남 · 대미 관계였을 것이다. 왜냐하면, 김정은이 후계자로 공식 등극할 2009년 당시 '북핵 폐기'를 위한 한 · 미의 제재와 압박은 비록 '정권교체 의지가 없음'을 수차례 천명했음에도 불구하고 북한 체제를 무너뜨리기 위한 시도로 받아들여지기에 충분했기 때문이다.

그렇다면, 북한이 '체제 보위의 만능보검'이라고 선전하고 있는 '핵무기'에 대한 북한 내부의 인식은 어떠한가?

전 주영(駐英) 북한 공사 태영호는 '핵보유 필요성'에 대한 북한 내부의 교육자료들을 근거로 "북한은 핵을 가진 국가끼리의 충돌을 회피하는 강대국들의 인식을 중요하게 생각한다"(한반도 미래포럼 제54차 월례토론회, 2018.10.17)라며 다음과 같이 언급한다.

전 세계 공산당들은 2차 세계대전 직후 스탈린의 지시에 따라 전면적인 무장투쟁을 시작했고, 이에 김일성은 스탈린에게 남로당에 대한 전면적인 군사지원을 요청했으나, 스탈린으로부터 "핵을 가진 미국과의 충돌을 피해야 한다"라며 거부당했다. 반면, 미국 트루먼 대통령은 전 세계 공산당들의 전면적인 무장투쟁 활동에 대응하기 위해 공산주의자와의 대결을 의미하는 '트루먼 독트린'을 선포(1947)하지만, 1949년 소련이 핵실험에 성공하자 곧 '에치슨라인'으로 수정(1950. 1.)하는 등 '핵을 가진 국가끼리의 충돌'을 스스로 회피[40]한다. 또한, 미국의 핵위협으로 대만침공

---

40) 태영호 전 공사는 '한국전쟁은 결국 강대국끼리의 전쟁이 아닌가?'라는 질문에 "대리전인 한국전쟁은 남한이 무너지면 일본의 안전도 보장할 수 없다는 일본방어론에 기초한 맥아더의 강력한 요구가 없었더라면 대리전으로 확대되기 어려웠다"라며 핵을 가진 강대국끼리의 직접적인 전쟁은 발생하기 어렵다는 입장을

이 무산된 중국도 1967년 수소탄 실험에 성공한 이후 역시 '핵을 가진 국가 간의 전쟁'을 피하기 위해 '닉슨 독트린'(1969)으로 대표되는 '미-중 갈등 완화' 국면을 창출시켰다.

이러한 태영호 전 공사의 언급을 모두 무비판적으로 수용하는 것에 대해서는 학문적 논란이 있을 수 있지만, 북한에서 나고 자란 주민이자 북한 및 해외 공관에서 당국자와 외교관으로 근무하면서 수십여 년 동안 보고 듣고 교육받은 것을 근거로 이야기하는 점을 고려할 때, 최소한 '핵무기에 대한 북한 내부의 인식', 가령 북한이 "미국은 핵을 가진 국가를 상대로 전쟁을 피한다"라는 식의 인식을 갖고 있다는 점만은 별다른 학문적 논란을 필요로 하지 않는다.

북한의 공식 출판물에서도 태영호 전 공사의 언급과 유사한 '핵무기에 대한 경험적 인식'을 발견할 수 있다.

사실상 '개인적 출간'이 없는 북한 출판물에 김정일과 김정은의 실명이 명기되어 있다면, 당국의 의도가 충분히 반영되어 있다고 보아도 무방하므로 김정은의 '인식'을 간접적으로 도출하기에도 부족함이 없을 것이다.

2017년 발간된 『야전열차』(백남룡)는 김정일과 김정은의 핵개발 과정을 극화한 소설인데, 이 책에는 김정은이 김정일에게 핵개발 필요성에 대해 다음과 같이 언급한 것으로 기술되어 있다.

조선이 핵보유국으로 세상에 빛을 뿌리게 되었습니다. 저는 기어이 미국의 야망을 꺾어놓겠습니다. 역사에는 핵 대 비핵의 군사적 대결은 있었어도 핵 국가 대 핵 국가가 직접 맞붙지는 못했습니다. 미국은 조선 땅에서 전쟁이 터지면 대양 건너 미국 본토도 무사치 못하다는 것을 각

피력한다.

오해야 할 것입니다.

한편, 2018년 9월 발행된 『21세기의 태양 김정은 원수님』(재일본 조선사회과학자협회)이라는 책자에는 "영구적인 핵보유와 이를 토대로 한 경제성장이 병진 노선의 궁극적 목표"라고 표현되어 있는데, 이는 해외에 파견되어 있는 북한 외화벌이 일꾼들이 "우리가 언제는 제재를 받지 않은 적이 있습니까?"라는 언급과 함께 자주 반복하는 말 중 하나로, 앞선 북한 내부 교육자료들과 함께 종합해볼 때, 북한 내부에는 이미 "핵무기를 가지면 미국도 섣부르게 전쟁을 벌일 수 없기 때문에 시간을 벌어가면서 사회주의 경제강국을 건설할 수 있다"라는 학습이 충분히 진행되어 있음을 알 수 있다.

김정은이 '핵개발'을 놓고 갈등해온 한국 및 미국과의 관계에서 어떤 간접적 '경험'을 갖고 있는지를 그가 스위스에서 유학을 마치고 귀국한 것으로 알려진 1998년부터 후계자 수업을 시작한 것으로 판단되는 2009년[41] 이전까지 아버지 김정일이 보여준 대남 및 대미 관계의 특징들(행동 패턴)과 그 이후 김정은이 후계자 또는 통치자로서 보여준 북한의 행보 속 패턴들을 비교하면서 도출해보자.

〈그림 2.1〉과 〈그림 2.2〉는 김정은이 북한에 입국한 즈음인 1998년부터 후계자 수업 이전으로 판단되는 2008년까지 북한이 한국

---

41) 일본 언론(마이니치신문)에서는 김정은의 후계수업 시작 시점과 관련하여 2005년으로 추정하기도 하나, 이를 입증할 만한 객관적 증거가 부족하다. 다만, 김정은 찬양가인 「발걸음」이 2009년 5월경부터 해외 북한 공관·사업소에서 식별되고, 원산의 한 협동농장에서 '청년대장 김정은 동지'라는 문구가 2009년 9월 식별(이영종, 2010)된 점을 고려해볼 때 최소한 2009년부터는 후계수업을 시작한 것이 확실하다.

또는 미국을 상대로 벌인 주요 행동들을 한국 국방백서 부록의 '남북 군사관계 연표'에 표기된 사건·사고를 필자가 低(실제 행위가 수반되지 않은 각종 발표·위협 행위)-中(실무접촉 또는 NLL 월선 등 실제 회담·충돌 이전의 예비역 행위)-高(합의 도출 또는 군사적 충돌 등 실체적 결과 수반 행위)의 세 가지 수준으로 나누어 시간순으로 정리한 것이며, 당시 상황과 이전·이후 상황과의 승수·반감 효과를 고려하여 저(低)-중(中)-고(高)의 판단 기준을 증감했다.

먼저 대남 행동 패턴을 살펴보면, 첫째 핵무기 관련 행동들은 한국의 의사와 무관하게 진행되었음을 알 수 있다, 특히 한국 정부의 성향이 북한에 우호적일 경우, 한국이 북한의 핵무기 개발 관련 행동에 대해 이의를 제기하더라도 큰 갈등으로 발전하지 않는다.

둘째, 남북관계에서 긴장과 협력의 이원적 축이 뚜렷하다. 즉 긴장은 군부가, 협력은 내각 등 비군사적 당국이 주도하며, '긴장 행동'이 '협력 행동'에 주는 일시적인 영향 외에 큰 인과관계가 발견되지 않는데, 제2연평해전에 대한 유감 표명 및 서해상 우발적 충돌방지를 위한 후속조치(그림 2.1의 ㉮) 외에는 행동(action)과 대응행동(reaction)의 패턴을 찾기 어렵다.

셋째, 비군사적 당국이 주도하는 '협력 행동'에 영향을 미칠 수 있는 '긴장 행동'을 실행하는 데 있어 일종의 '군부 자율성'이 감지된다. 예를 들면, 2002년 제2연평해전 발생 이후 북한의 공식 유감 표명은 군이 아닌 당국자 명의로 발표되었으며, 해전 직후 시작된 '서해상 우발적 출동방지를 위한 세부조치 협의'가 2004년 완료될 때까지 북한군은 전투기의 이례적인 NLL 침범(2003), 8회(2003~합의 도출 시)에 걸친 군부업선의 NLL 월선 등 군사적 협상이 진행되는 해역에서 군사적 긴장을 지속적으로 고조시켰다.

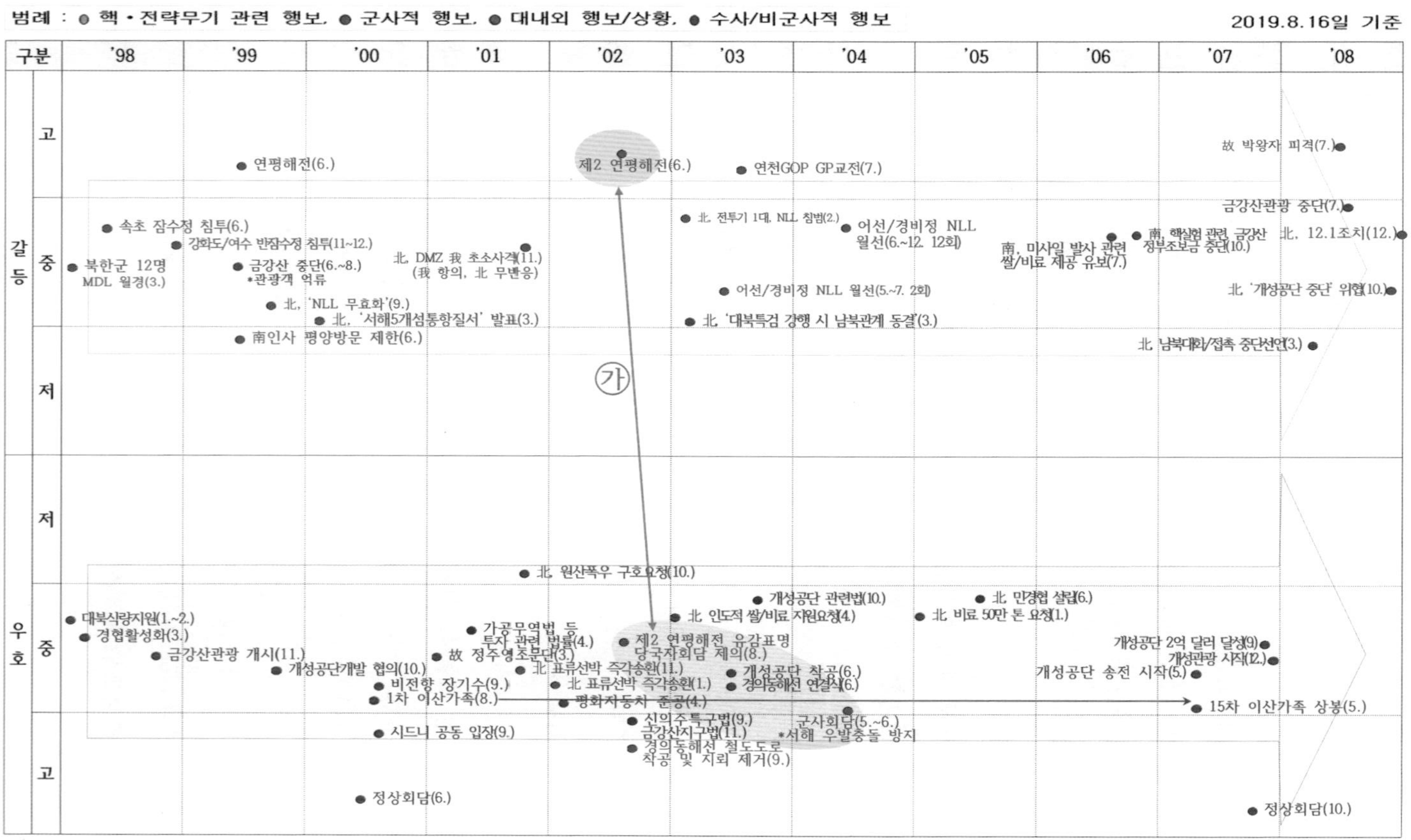

범례 : ● 핵·전략무기 관련 행보, ● 군사적 행보, ● 대내외 행보/상황, ● 수사/비군사적 행보

2019.8.16일 기준

구분	'98	'99	'00	'01	'02	'03	'04	'05	'06	'07	'08

갈등
- 고: 연평해전(6.) / 故 박왕자 피격(7.)
- 중: 속초 잠수정 침투(6.) · 강화도/여수 반잠수정 침투(11.~12.) · 금강산 중단(6.~8.) *관광객 억류 · 북한군 12명 MDL 월경(3.) · 금강산관광 중단(7.) · 南 핵실험 관련 정보초보 제공 유보(10.) · 北 개성공단 증근 위협(10.)
- 저: 제2 연평해전(6.) · 연천GP 교전(7.) · 北 전투기 1대, NLL 침범(2.) · 어선/경비정 NLL 월선(6.~12. 12회) · 어선/경비정 NLL 월선(5.~7. 2회) · 北 '대동강 경비 시 남북경계 등결(3.) · 南 미사일 발사 과련 北 12.1조치(12.) · 北 NLL 무효화(9.) · 北 '서해5개섬통항질서' 발표(3.) · 北 DMZ 내 초소사격(11.)(現 향의, 北 무대응) · 北 인사 평양방문 제한(6.) · 南인사 평양관광 허용 · 北 남북(軍)/경추 중단선언(3.)

(가)

우호
- 저: 北 원산특수 구호요청(10.) · 北 인도적 쌀/비료 지원요청(8.) · 北 여평해역 우리기업 제안(8.) · 제2 차자회담 당국자간 접촉(4.) · 北 안보관 관련병원(10.) · 개성공단 관련병(10.) · 北 안드형 실광(6.) · 北 비료 5만톤 요청(6.) · 北 맛꽃향 실림(6.)
- 중: 대북사업구상(1.~2.) *경협활성화(3.) · 금강산관광 개시(11.) · 개성공단개발 협의(10.) · 비전향 장기수(9.) · 가공무역방문 등 · 대북 관광투자 확대(4.) · 南 정수열 운동본부(3.) · 故 정주영 증언송환(11.) · 北 표류선박 증가송환(8.) · 평화적동식 운영(4.) · 서해교류협력(1.) · 개성공단 조기(6.) · 개성공단 착공(6.) · 개성공단 연결도(6.) · 개성공단 2억 달러 당성() · 개성공단 송전 시작(5.) · 개성관광 시작(2.) · 군사실무접촉(5.~6.) *경의동해 철도도로 철도동 및 지뢰 제거(9.) · 서해 유물층을 받지
- 고: 1차 이산가족(8.) · 시드니 공동 입장(9.) · 정상회담(6.) · 15차 이산가족 상봉(5.) · 정상회담(10.)

<그림 2.1> 김정은 '후계수업' 이후 북한의 대남행보

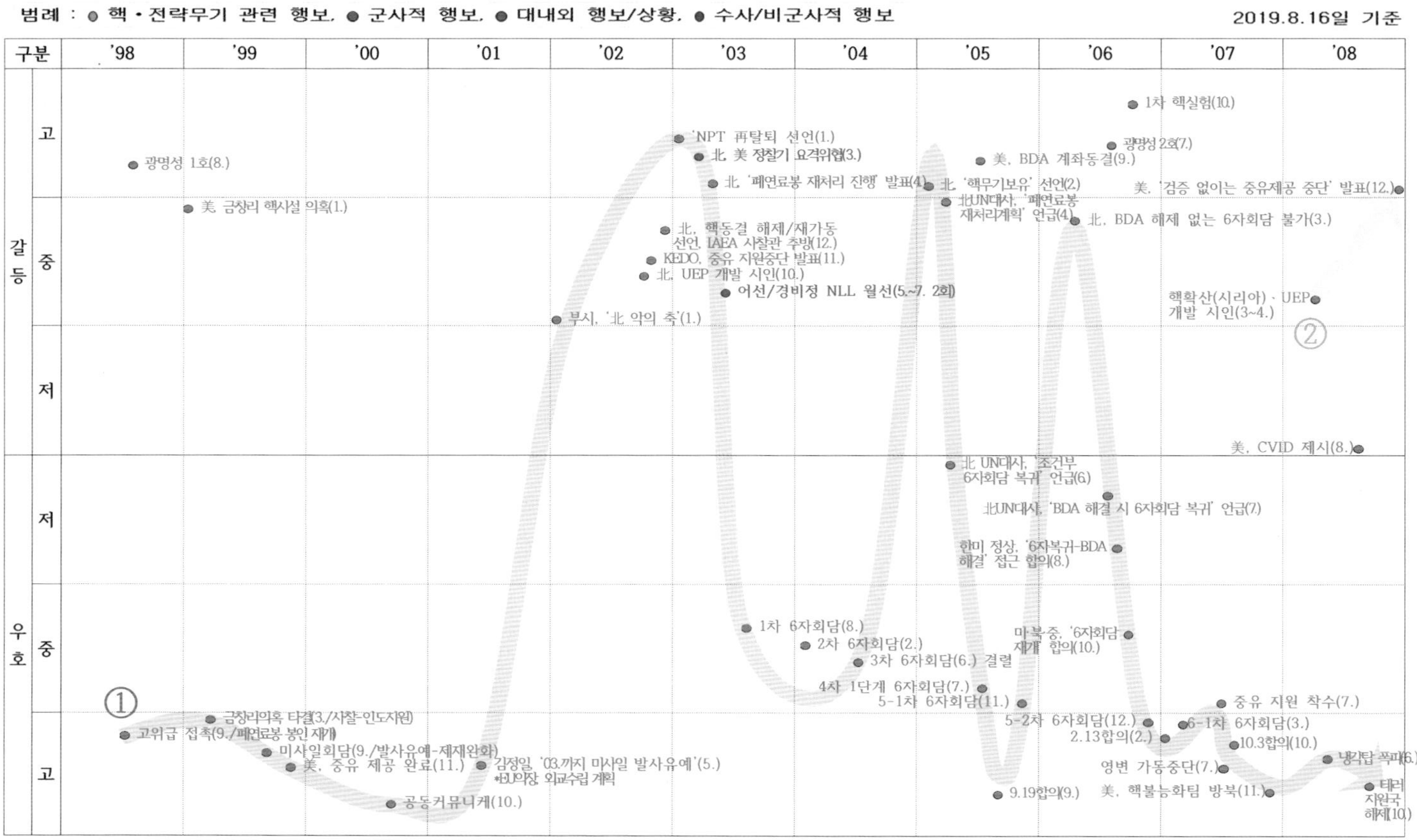

범례 : 핵·전략무기 관련 행보, 군사적 행보, 대내외 행보/상황, 수사/비군사적 행보
2019.8.16일 기준
구분
'98
'99
'00
'01
'02
'03
'04
'05
'06
'07
'08
갈등
고
중
저
우호
저
중
고
광명성 1호(8.)
美, 금창리 핵시설 의혹(1.)
부시, '北 악의 축'(1.)
'NPT 탈퇴 선언(1.)
北 美 정찰기 요격위협(3.)
北, '폐연료봉 재처리 진행' 발표(4.)
北, 핵동결 해제/재가동 선언, IAEA 사찰관 추방(12.)
KEDO, 중유 지원중단 발표(11.)
北, UEP 개발 시인(10.)
어선/경비정 NLL 월선(5.~7. 2회)
北, '핵무기보유' 선언(2.)
北UN대사, '폐연료봉 재처리계획' 언급(4.)
美, BDA 계좌동결(9.)
北, BDA 해제 없는 6자회담 불가(3.)
1차 핵실험(10.)
광명성 2호(7.)
美, '검증 없이는 중유제공 중단' 발표(12.)
핵확산(시리아) · UEP 개발 시인(3~4.)
美, CVID 제시(8.)
北 UN대사, '조건부 6자회담 복귀' 언급(6.)
北UN대사, 'BDA 해결 시 6자회담 복귀' 언급(7.)
한미 정상, '6자복귀-BDA 해결' 접근 합의(8.)
미·북·중, '6자회담 재개' 합의(10.)
1차 6자회담(8.)
2차 6자회담(2.)
3차 6자회담(6.) 결렬
4차 1단계 6자회담(7.)
5-1차 6자회담(11.)
5-2차 6자회담(12.)
2.13합의(2.)
9.19합의(9.)
6-1차 6자회담(3.)
10.3합의(10.)
중유 지원 착수(7.)
영변 가동중단(7.)
美, 핵불능화팀 방북(11.)
냉각탑 폭파(6.)
테러 지원국 해제(10.)
금창리의혹 타결(3./사찰-인도지원)
고위급 접촉(9./폐연료봉 봉인 재개)
미사일회담(9./발사유예-제재완화)
美, 중유 제공 완료(11.)
김정일, '03.까지 미사일 발사유예'(5.)
*EU의장 외교수립 계획
공동커뮤니케(10.)
①
②

〈그림 2.2〉 김정은 '후계수업' 이전 북한의 대미행보

이러한 행위는 비록 협상의 우위를 점하기 위한 행동일 수도 있지만, 군사적 긴장 고조가 최고지도부의 의중 하에 진행되는 '충돌방지 협상'에 부정적인 영향을 미칠 것이라는 점에서 일종의 군부 이익을 위한 행동으로 해석되기에 충분하다. 또한 이는 김정일이 군을 중심으로 '고난의 행군'을 헤쳐나오면서 강화된 선군정치의 결과로 보이는데, 이러한 군부의 행태는 김정일 사후 김정은이 군부 장악에 가장 먼저 눈을 돌려야 했던 이유이기도 하다.

다음으로, 대미관계의 주요 특징들(그림 2.2)을 살펴보면 첫째, 핵무기 개발과 관련하여 일종의 '패턴'이 발견된다. 즉 '논쟁·갈등거리'를 먼저 만들어(공개해)놓고(1단계) 일정 기간 갈등을 고조(2단계)시키다가 미국이 수용 가능한 조건을 제시(3단계)함으로써 대화·협상 국면을 창출하고 이를 바탕으로 실익(정치·경제적 이익, 핵무력 개발을 위한 시간 벌기)을 얻어내는(4단계) 일종의 행동(action)과 대응행동(reaction) 패턴이 뚜렷하다.

둘째, 대미 중요 협상 전의 이른바 '우방 강대국과의 협력 과시'다. 즉, 중요 대미 협상이 진행되기 전후에 최고지도자인 김정일이 미국과는 갈등적 관계에 있으면서 북한에는 다소 우호적 강대국인 중국과 러시아를 방문한다. 이는 중국이나 러시아와 실제로 어떤 협력 사항을 주고받았는지를 떠나 미국이 '북핵 협상의 지렛대를 자신들이 틀어쥐었다'라고 판단하고 향후 국면을 주도하려는 의지를 억제하는 중요한 효과를 창출한다.

결론적으로 김정은이 후계수업을 시작하기 전 김정일 시대 북한의 대남·대미 관계는 〈그림 2.1〉과 〈그림 2.2〉에서 보듯이, 이른바 '외줄 타기' 속 실리를 획득하는 모습을 보여주고 있다.

북한의 3대 세습자 김정은은 이러한 대남·대미 행동 패턴 및 그 결과들과 '한국을 군사적 볼모로 잡고 있는 상황에서 완벽한 핵능력을 갖추면 미국도 자신들을 군사적으로 어떻게 하지 못한다'라는 북한 내부의 지정학적 인식을 바탕으로, 자신의 '김일성 조선'을 위협하는 미국의 안보위협에 대항할 수 있는 거의 유일한 군사적 수단인 '핵무기'의 필요성을 절감했을 것이다. 또한 '고난의 행군' 속에서도 한국과 미국을 상대로 '경제적 지원 획득'과 '시간 벌기' 등 실익을 챙겨가며 '핵능력'을 개발해나가는 아버지 김정일의 행동들을 보면서 '핵무장이 충분히 가능하다'라고도 판단했을 것이다.

이러한 경험적 '인식'은 김정은 집권 이후 대남·대미 관계에서도 그대로 나타난다. 즉, 김정은은 아버지 김정일의 대남·대미 행보를 바라보면서 학습한 일종의 '패턴'들을 2009년 이후 형성된 국제환경에 맞게 변형·발전시켜 구사한다.

〈그림 2.3〉과 〈그림 2.4〉는 김정은이 후계자로 공식 등장한 2009년 이후의 대남 및 대미 관계를 앞의 〈그림 2.1〉, 〈그림 2.2〉와 같은 방식으로 도식화한 것이다.

김정은이 후계자로 공식 등극한 2009년 이후 나타나는 북한의 대남 행동 속 특징들은 첫째, 과거 아버지 김정일이 미국을 대상으로 구사해온 행동 패턴, 즉 '갈등 소재 발굴 → 긴장 고조 → 도발 → 관망(생각기) → 대화 제의 → 실익 획득' 행태가 반복됨을 알 수 있다. 특히, 한국의 행동을 빌미로 하거나 스스로 만들어낸 '갈등사안'에 한국이 반응하고 이에 북한이 다시 대응하는 행동(action)-대응행동(reaction) 패턴이 명확하다.

과거 대미 행동에서 나타난 패턴이 대남 행동으로 옮겨간 것은 당시 한미 정부의 '대북 공조' 입장에 따른 것으로 판단된다. 즉, 북한의 핵개발을 놓고 갈등하던 미국이 2009년부터 '북핵 문제를 포함한

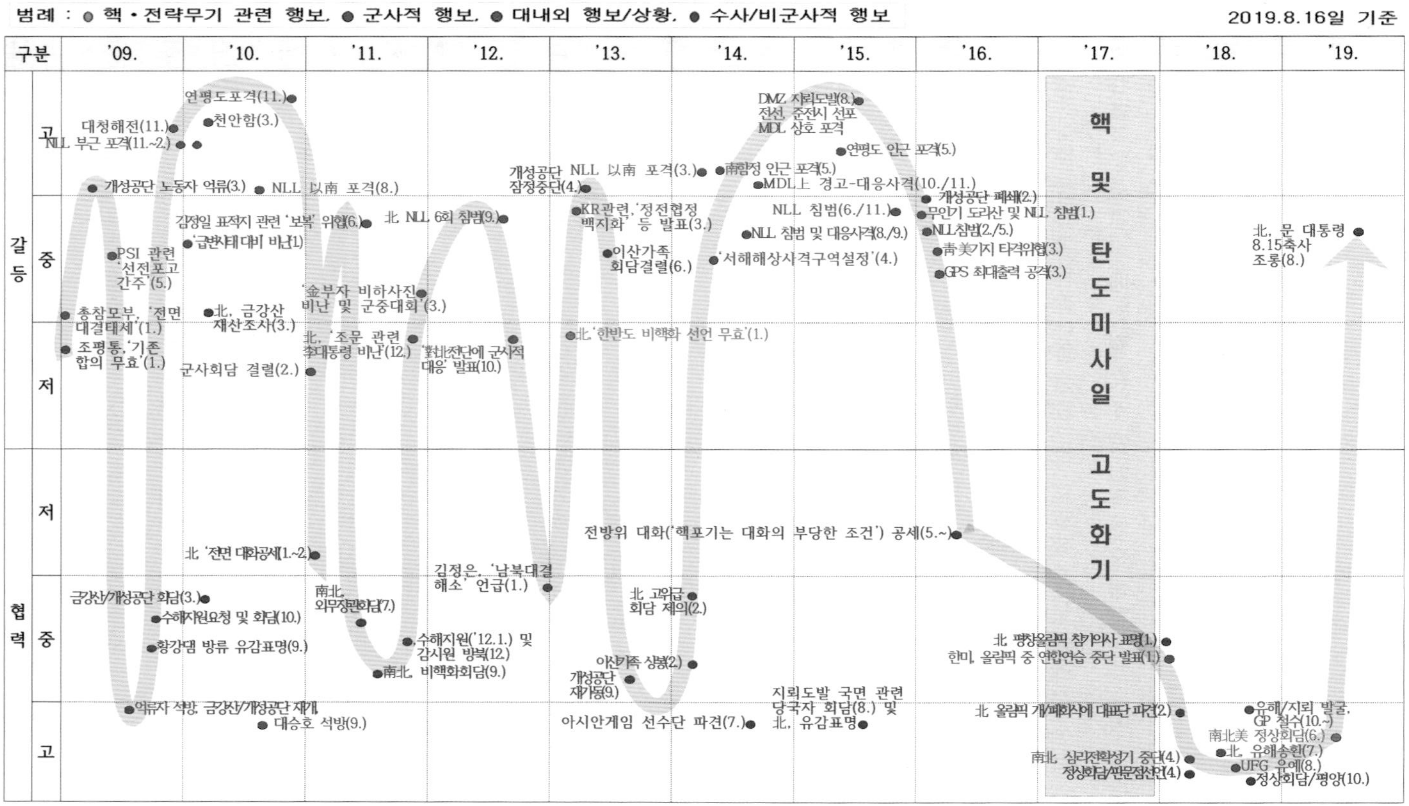

범례 : ● 핵·전략무기 관련 행보, ● 군사적 행보, ● 대내외 행보/상황, ● 수사/비군사적 행보

2019.8.16일 기준

구분	'09.	'10.	'11.	'12.	'13.	'14.	'15.	'16.	'17.	'18.	'19.

'17. 구간: **핵 및 탄도미사일 고도화기**

<그림 2.3> 김정은 '후계수업' 이후 북한의 대남행보

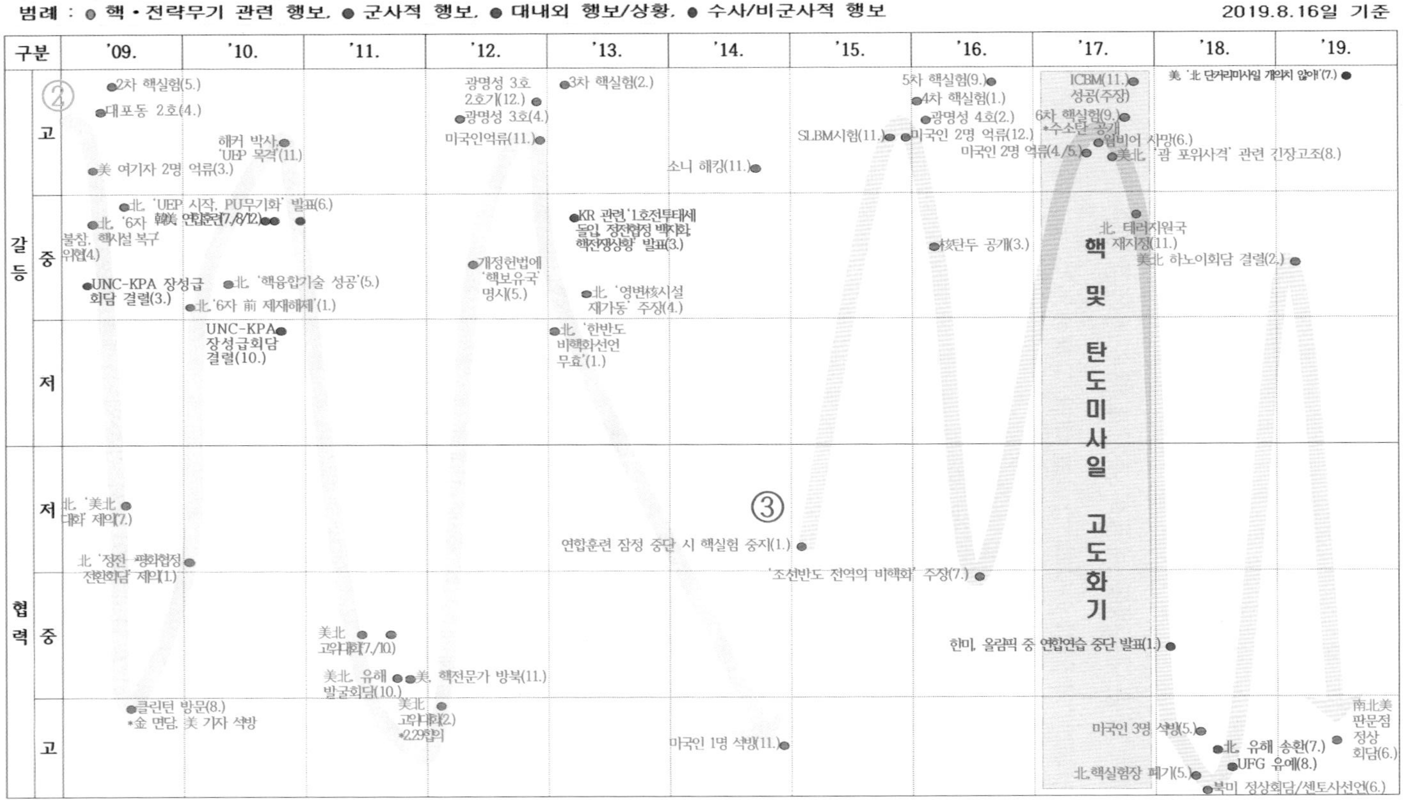

범례 : ◉ 핵·전략무기 관련 행보, ● 군사적 행보, ● 대내외 행보/상황, ● 수사/비군사적 행보

핵 및 탄도미사일 고도화기

〈그림 2.4〉 김정은 후계수업 이후 북한의 대미행보

모든 한반도 문제에는 남북관계가 우선'임을 표방한 이명박 정부에 대북접촉(협상)의 우선권('미국과 대화 이전 한국과 먼저 대화')을 부여한 것이 첫 번째 이유이며, 이명박 정부가 긴장과 협력의 축을 별도로 추진한 이전 한국 정부와 달리 미국처럼 '선(先)변화(핵포기) 후(後)대화' 같은 북핵 폐기 입장을 고수한 것이 두 번째 이유다.

또한 '행동-대응행동 패턴'의 주기가 매우 짧아진 것은 젊은 지도자 김정은의 '거침없는' 성격, 그리고 대남 문제에는 대미 문제와 달리 군사·수사적 위협·행보 등을 효과적으로 사용할 수 있다는 '수단의 다양성'에 기인한 것으로 해석된다.

둘째, 기존대로 핵개발 행보, 특히 핵실험과 '위성'을 표방한 장거리미사일 발사는 한미의 대북 행보와 상관없이 자신들의 내부 일정에 따라 진행하는 기존의 특징이 유지되고 있다.

셋째, 김정은 후계체제의 안정과 관련된 특징들이 식별된다. 즉, 김정은이 후계수업을 시작한 지 얼마 지나지 않아 단행한 화폐개혁 (2009. 11.)이 실패한 이후 자신들의 '식량 및 비료 지원 요구'에 응하지 않은 한국에 마치 '화풀이'라도 하듯 긴장을 급격하게 고조시키면서 '천안함 사태(2010. 3.)'를 저지른다. 필자는 화폐개혁의 실패와 이로 인한 혼란 등 세습체계 구축 간에 발생한 '악재(惡材)'를 전환하는 과정에서 2010년 '천안함 사태'가 발생한 것으로 보고 있다.

이명박 전 대통령의 회고록(2015)과 당시 임태희 대북특사의 언론 인터뷰(월간조선, 2019년 1월호 및 2월호) 등을 중심으로 당시 상황을 재구성해보자.

2009년 초부터 임태희 당시 대북특사는 김양건 당시 조선노동당 대남담당 비서와 동남아 국가에서 접촉했다. 남북정상회담 개최를 위한 접촉이었으며, 주요 대화 소재는 '남북이 정상회담을 진행할 수 있을 정도로 상대방에 대한 인식(신뢰 형성)이 변해 있는가?'와 대북 식량·비료 지원 의향 및 규모였다.

당시 남북 간의 인식 속에는 일종의 '불신'이 자리 잡고 있었다. 즉, 한국은 북한에 "지원의 획득만이 아닌 비핵화와 점진적 변화(개혁·개방)에 대한 진정성이라는 한국의 의도를 수용할 준비(변화)가 되어 있는가?"를 정상회담의 전제조건으로 삼고 있었으며, 북한은 이와 반대로 "이명박 정부가 출범 초기의 강경한 대북 입장을 버리고 6·15, 10·4 선언 같은 기존 남북합의를 성실히 이행하겠다"라는 입장으로 선회해야 한다고 요구하면서 이에 대한 증표로 식량과 비료를 제공할 것인가를 중요하게 바라보고 있었다. 결국, 남과 북은 서로의 입장 '변화'를 대화의 전제조건으로 내세운 것이다.

이어 여러 차례의 실무급 접촉이 이어졌으며, 때로는 김양건이 임태희에게 '수십만 톤 규모의 식량과 비료를 제공하겠다는 의향서 작성'을 요구하기도 한다. 특히 식량뿐만 아니라 비료 지원까지 요구한 점은 당장 당해연도의 식량난 개선뿐만 아니라 향후 1~2년 동안 활용할 식량 계획이 반영된 의도로 보아야 한다. 왜냐하면, 북한에서는 비료가 그해의 작황을 2배 가까이 늘려준다는 인식이 팽배한데, 만약 비료 1톤을 투입할 경우 1톤이던 기존의 소출량을 2톤까지 늘려준다고 생각하며 이는 다음 해의 식량 계획 고려 시 반영되는 수치이기 때문이다.

결국, 남북 특사들은 '정상회담을 위한 입장의 변화가 있다'라고 판단하고 11월 7일 개성에서 남북정상회담을 위한 예비접촉을 갖지만, 개성에서 만난 남북의 실무진들은 경악한다. 왜냐하면, 정상회담 추진 과정에서 남북 특사들이 인정·수용한 서로의 '변화 의지'를 전혀 찾아볼 수 없었기 때문이다. 오히려, 상대방에게 '너희들이 우리와 대화하기 위해 입장을 바꾸겠다고 하지 않았는가?'라며 서로를 비난하는 형국이 반복될 뿐이었으며, 1주일 뒤(11월 14일)에 다시 개최된 2차 접촉에서도 상황은 별반 다르지 않았으며 남북정상회담은 끝내 무산된다.

하지만 북한 지도부에게는 정상회담의 대가(수십만 톤 규모의 식량과 비료) 획득이 절실했다. 왜냐하면, 불과 보름 뒤에 있을 '화폐개혁' 직후 주민에게 배급해야 할 '실탄(식량)'이 부족했기 때문이다. 이러한 맥락에서 볼 때, 1~2차 개성 실무회담 중간(11월 10일)에 발생한 대청해전은 2차 실무회담 전 한국의 '입장 변화'를 강제하기 위한 압박 전술의 성격이 크다. 즉 당시 미국발 금융위기(리먼브러더스 사태)의 파급영향 등 경제에 민감한 이명박 정부에 '한반도의 군사적 불안정 상황 도래 시 경제위기를 촉발할 수 있다'라는 점을 경고·압박했던 것으로 보이며, 대청해전 당시 북한군이 치열하게 교전한 1·2차 연평해전과 달리 상대적으로 미약한 수준의 대응을 했다는 점은 이러한 추론에 설득력을 제공한다.

결과적으로, 북한은 화폐개혁 계획 수립 시 주민에 대한 식량배급 준비량에 반영(계산)된 수십만 톤 규모의 '식량·비료'를 한국으로부터 지원받지 못한 상태에서 화폐개혁을 단행한 것이며, 예상 범위를 뛰어넘는 주민과 '시장'의 반발에 불과 두 달여 만에 화폐개혁 실패를 인정하고 박남기 당 계획재정부장을 처형한다.

그리고 이러한 화폐개혁의 실패는 한창 진행 중이던 3대 세습체제 구축작업에 어떤 식으로든 악영향을 미쳤을 것이다.

이에 북한 지도부는 마치 화폐개혁 실패로 인한 내부 혼란과 '3대 세습체계 구축작업' 차질 상황을 화풀이하기라도 하듯, 세습 후계자(김정은)의 치적 확보 노력의 중심을 대남 군사적 행보에 집중한다. 즉, '김대장(김정은)은 포병전술의 대가'라는 선전 수식어에 걸맞게 화폐개혁으로 혼란이 확대되는 내부 상황 속에서 '대청해전'을 빌미로 삼아 2009년 12월부터 서해 NLL 부근 해상에 포격을 반복하기 시작했다. 이는 한국 내부의 심각한 국론분열('적절한 대응'에 대한 논란)을 조장하는 한편, 인근에서 활동하는 선박들이 '북한의 포격을 피할 방법'을 구상하도록 강요하는데, 이는 결국 '천안함 폭침'의 결정적 변수가 된다.

현재까지 알려진 바로는 북한 잠수함에서 발사한 CH-02D 어뢰가 천안함의 하부(수중)에서 폭발하여 이로 인해 발생한 '버블 제트(bubble jet)'가 천안함을 침몰시켰다.

하지만 잠수함이 망망대해에서 활동 중인 수상함을 어뢰 공격으로 침몰시킨다는 것은 생각보다 그리 쉽지 않다. 왜냐하면, 수상함을 어뢰로 공격하기 위해서는 사전에 수상함의 기동 패턴 등 복잡한 '사격 제원'[42]을 계산해내야 하는데, 반대로 수상함은 잠수함에 공격당할 위험 때문에 일정한 방향[針路]과 속력으로 항해하는 것을 지양하면서 수시로 진행 방향과 속력을 불규칙하게 변경[變針-變速]한다. 그리고 만

---

42) 해전에서는 공격하는 함정이 움직이는(機動) 상태에서, 역시 움직이고(機動) 있는 적에게 무기를 발사해야 하기 때문에 상호 간에 복잡한 기동문제를 해결한 상태에서 무기를 발사해야 한다. 즉, '공격 성공률'을 최대화하기 위해 사전에 상호 기동문제 등을 계산하는 것을 '사격 제원 산출'이라고 표현한다. 한편, 어뢰는 보통 직진하면서 적함에 충돌할 때 폭발하는 '직주어뢰'와 일정 범위 내에서 탐지된 적함을 따라다니며 일정 거리 내에서 폭발하는 '유도어뢰'로 나뉘며, 유도어뢰라고 할지라도 최초 발사 이후 추적 장치가 작동되기 전에 탐지 범위 안에 적함이 있어야 추적(유도)기능이 정상 작동한다.

약 수상함이 안전한 수심이 확보된 넓은 바다에서 수시로 변침(變針)-변속(變速)한다면, 어뢰 공격을 위한 잠수함의 '사격 제원 산출(계산)'은 더없이 어려워진다.

그러나 2010년 3월 26일 오후 9시경 천안함은 넓은 바다가 아닌 백령도 인근 해상에서 활동하고 있었으며, 만약 이것이 북한의 NLL 부근 해상 포격 이후 "불시 포격(공격) 시 최고 해발 184m인 백령도(업죽산) 후사면에서 적의 포탄을 회피할 목적으로 좁은 해상에서 활동"(동아일보, 2010.4.2)한 것이라면, 이는 북한 잠수함이 상대적으로 손쉽게 '사격 제원'을 획득하는 데 결정적 계기가 되었을 가능성이 크다.

이러한 맥락에서 2009년 12월부터 시작되어 이듬해까지 진행된 북한의 서해 NLL 해상 포격은 애초부터 한국 해군 함정을 공격하기 위해 치밀하게 계산된 행동이었을 가능성이 크다고 본다.

후계 구도와 연결할 수 있는 특징들은 또 있다. 2008년 김정일의 뇌졸중으로 급작스럽게 추진된 후계 구도의 불안정성을 반영하듯 2009년부터 한미 연합훈련, 특히 미군의 실제 병력·물자들이 한반도에 진입하는 KR / FE 연습에 대한 북한 총참모부 및 최고사령부의 '전시 (선포) 위협' 등 반발 강도가 이전에 비해 크게 높아진다. 아마도 당시 북한 지도부는 '핵능력이 완벽하지 않은 상황에서 한미가 김정일의 와병과 권력승계 준비가 부족한 김정은'이라는 상황을 '최고지도력 공백'으로 오판하지 않을까 고민했을 것이며, 이는 리영호와 장성택을 숙청하고 2016년 3월 김정은이 국무위원장으로 등극하는 등 후계 구도가 안정된 이후부터는 이른바 '전시(戰時) 협박'이 급감하는 대목에서도 방증된다.

나아가, 여섯 차례에 걸친 핵실험으로 수소탄 등 핵탄두 개발이 완료되고 미국 본토까지 이를 투발할 수 있는 ICBM 개발에 성공한 2017년 이후에는 마치 핵보유국의 '자신감'을 반영하듯 '전시 협박' 대신 한국의 미사일 요격체계를 무력화할 수 있다고 거론되는 저(低)고도-고(高)에너지 탄도미사일과 '대구경 조종 방사포' 등 신형 전술무기로 한국을 압박하고 있다.

한편 대미관계(그림 2.4)에서의 특징들을 살펴보면, '갈등 소재 발굴 → 긴장 고조 → 도발 → 관망(생각기) → 대화 제의 → 실익 획득'의 반복과 주요 대미 협상 전후에 중국과 러시아를 방문하는 등 과거 김정일이 결행했던 기존 '패턴'들이 그대로 나타나고 있다. 특히, 김정은의 후계수업 이전(그림 2.2)과 이후(그림 2.4)의 대미관계 패턴을 보면 북한이 설정한 '핵무력 개발의 목표와 단계'를 도출할 수 있다. 즉, 북한의 핵개발 행보는 플루토늄 프로그램(그림의 ①) → 농축우라늄 프로그램(그림의 ②) → 핵탄두 다종화 및 투발수단 확보(그림의 ③)로 단계화되어 있으며, Pu 및 HEU 프로그램 시행 시기는 '개발기'(그림의 ①+②)로, 트럼프 미국 대통령과의 협상 국면과 연계된 핵탄두 다종화 및 투발수단 확보 시기(그림의 ③)는 '핵보유국 지위 획득을 위한 협상여건 조성기'로 구분할 수 있다.

따라서 1차 핵실험은 Pu 프로그램의 마무리[43]이고, 3차 핵실험은 UEP 프로그램의 마무리이며, 4~6차 핵실험 및 '화성-15형' 시험 발사(2017. 11.)는 핵탄두 다종화 및 투발수단 개발의 마무리 행동으로 볼 수 있다. 특히, 선행 단계가 마무리되는 시점에 후행 단계를 위한 '갈등 소재 발굴 → 긴장 고조 → 도발 → 관망(생각기) → 대화 제의 → 실익

---

43) 2차 핵실험(2009. 5.)도 Pu탄인데, 이는 Pu탄의 완결성 증대보다는 후계 구도를 시작한 김정은을 위한 '치적 쌓기' 차원으로 봐야 한다.

획득' 패턴에 착수함으로써 새로운 단계의 목표달성을 위한 시간 벌기를 추진했음을 알 수 있다.

결론적으로 〈그림 2.1〉~〈그림 2.4〉에서 나타나는 북한의 대외행동 패턴의 유사성을 볼 때, 김정은은 아버지 김정일의 대남·대미 행동 패턴들을 벤치마킹해가면서 대외 행보를 보이고 있으며, 강력한 대북제재 속에서 '핵탄두 개발'에 성공한 김정일의 대남·대미 행보는 김정은이 미국 등의 강력한 대북제재 속에서 주변국 및 남북관계를 활용하는 방법 등 '핵능력 완성'과 '경제개발'을 동시에 추진하는 데 충분한 '교훈'을 주었다.

(2) 대내정책 측면

대내정책은 크게 주민에 대한 통제 등 사회 분야와 주민의 먹고사는 문제 같은 경제 분야로 나눌 수 있다. 이 중 북한의 주민 통제 정책은 비록 주민이 반체제적 활동과 사고(思考)를 하지 못하도록 억압하는 데 방점을 두는 등 기조에 큰 변화가 없기도 하지만, 경제가 어려우면 먹고사는 실생활을 중심으로 통제를 완화했다가 경제 상황이 호전되면 다시 강화하는 등 경제 사정과 연동되어 있다고 해도 과언이 아니므로 경제정책의 변화추이를 통해 사회 분야 정책의 변화도 충분히 감지해낼 수 있다.

북한 경제는 크게 세 분야로 나뉜다(박영자, 2017). 첫째는 '수령'의 통치자금 마련과 이의 지출과 관련된 '궁정경제'로, 수령의 직계가족 및 가신(家臣)들이 개입되어 있다. 둘째는 보위기관, 군부(이른바 '제2경제'), 대남 기관들이 관련된 '특수경제'인데, 이는 세관 운영(국가보위성), 무기 거래와 수산물 거래권[軍], 개성공단과 금강산 및 원산·평양 관광(대남·대외 기관) 등을 통한 외화벌이와 대내 사업권 등으로 유지된다. 셋째는 내각이 담당하는 '인민경제'인데, 내각 산하 각 기관의 무역회사와 공장·기업소 등이 계획경제의 틀 속에서 할당된 '와크'를 바탕으로 운영되는 '공식경제', 그리고 합법적 '종합시장' 운영 등을 매개로 사적 시장과 연계된 '사적[44] 경제(장마당 경제)'로 구분된다.

필자는 이러한 맥락과 함께 독자들의 이해를 돕기 위해 북한의 경제영역을 궁정경제와 특수경제, 그리고 인민경제 중 공식 경제를 '공식 경제부문'으로, 이외의 경제영역을 '사적 경제부문'으로 구분하고 국가가 공인한 '종합시장'은 '공식 시장'으로, 그렇지 않은 시장은 '사적 시장'으로 구분했으며, 이를 도식화한 것이 〈그림 2.5〉이다.

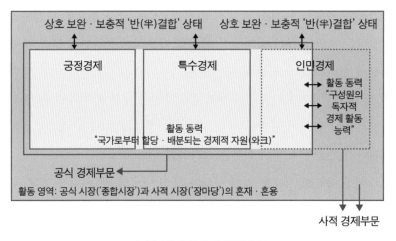

〈그림 2.5〉 북한의 경제영역 구분

---

44) '사적'의 의미는 생산물과 상업활동의 산출물 등이 국가의 계획에 포함(반영)되어 있지 않음을 뜻한다. 다만, 공식 시장의 '공식'은 '사적'의 반대 의미가 아니라 당국이 공식적으로 허용하여 관리(세금징수 등)하고 있다는 점을 의미한다.

공식 경제부문은 국가로부터 할당받은 자원('와크')을 원천으로 운영되며, 사적 경제부문은 시장활동 참여자 등 구성원들의 독자적인 자원·능력을 기반으로 운영되는데, 공식 경제부문과 사적 경제부문의 활동 영역은 서로 분리된 것이 아니라 원료와 노동력 및 자금의 조달·판매 등에 있어 공식 및 사적 시장을 매개로 연결되어 있는 '상호 보완·보충적 반결합' 상태다.

북한 경제는 인구의 지속적인 증가와 함께 1970년대부터 김일성 우상화 등을 위한 '궁정경제(39호실)'의 등장·확대, '인민경제' 대비 자원 배분에 우월한 지위를 가진 '특수경제'의 확대 등 이른바 '와크'로 대변되는 자원배분 왜곡 현상의 심화·누적, 그리고 1980년대 들어 본격화된 사회주의 계획경제의 구조적 한계에도 불구하고 후계체제 공고화를 위해 벌인 대규모 전시성 건설·토목 공사 등으로 생필품을 생산하는 경공업 분야에 자원이 제대로 배분되지 못하면서 물품 부족 현상이 심화되었다. 또한 1990년대 사회주의권의 붕괴는 그나마 명맥을 이어가던 대외무역을 곤두박질치게 하면서 배급체계 와해 등 공식 경제부문이 급격히 몰락한다. 그리고 그 빈자리를 사적 경제부문이 채워나감으로써 '시장'의 역할은 성장하게 된다.

이를 북한의 시대별 경제 상황과 당시 당국의 '대(對)시장 정책' 추이를 중심으로 좀 더 살펴볼 필요가 있다. 왜냐하면, '사회주의 낙원'을 자처하는 북한 당국이 자본주의 경제의 대표적 특징인 '시장'이 이렇게 확산되는 동안 과연 어떠한 정책을 선택했으며, 그럼에도 불구하고 왜 그러한 상황이 현재까지 이어지고 있는가를 살펴보는 것은 김정은이 경제정책을 설계할 때 무엇을 고려했는가를 찾아내는 데 매우 중요한 의미를 갖기 때문이다.

과거 재래시장이던 인민시장과 농촌시장은 1958년 '농민시장'이라는 이름으로 공식 허용되었으며, 비록 합법적이지만 양곡을 제외한 '잉여농산물'만 거래할 수 있는 인민 생활의 보조적인 '사적 경제활동' 공간이었다. 하지만 앞서 설명한 '부족경제' 속에서 시장 등 사적 경제부문은 그 보조적 역할에 변화를 맞게 된다.

북한 당국은 '부족경제'로 자연스럽게 활성화된 사적 경제부문의 성장을 그대로 두기보다는 공식 경제부문으로의 흡수를 추진하는 등 사적 경제부문의 성장을 반복적으로 견제하는데, 이는 주민이 당국의 배급이 아닌 시장 등 사적 경제부문의 역할에 의존할수록 주민에 대한 강력한 사상 · 이동 통제에 틈이 커지기 때문이다.

즉 북한 주민은 탁아소, 학교, 직장 등 태어나면서부터 거의 평생 당국이 통제하는 '조직'에 몸담은 상태에서 생필품 배급은 물론, '조직'에서 실시하는 '생활총화'를 통해 주변 동료의 언행을 감시하고 자신의 언행에 유의하는 지속적인 사상 교육 · 통제를 받으며, 이 '조직'에 매일 출퇴근함으로써 이동을 통제받아야 한다. 하지만 이러한 통제를 받아야 하는 주민이 각자의 조직에 있어야 할 시간의 일부 또는 전부를 '통제되지 않는 시장'에서 보낸다는 것은 앞서 말한 '조직'의 통제영역 밖에서 활동하는 것을 의미한다. 따라서 공식 경제부문의 생산력이 회복되는 기미가 있으면, 성급하게 자발적으로 생산력을 높이고 있는 사적 경제부문을 공식 경제부문으로 흡수하는 방식으로 '김일성 조선'의 권력에 순응하는 주민의 의식변화를 추동하는 사적 경제부문을 통제함으로써 주민 통제력 복원을 시도한다.

이러한 과정들을 좀 더 세부적으로 살펴보자.

2000년대 들어 '햇볕정책'으로 인해 한국인이 상대적으로 자유롭게 북한을 왕래했을 때, 당시 북한의 노년층으로부터 "그래도 수령님 계실 때가 좋았다!"라는 말을 수시로 들을 수 있었다(오영진, 2004).

이는 김일성이 대내 경제 상황을 직접 다루던 1970년대까지 최소한 '먹고사는 문제'는 견딜 만했다는 것을 우회적으로 표현한 말인데, 실제로 북한은 1980년대 '부족경제'에 빠져들기 전 이를 대비하기 위해 1970년대 공식 경제부문의 규모의 확대를 시도한다.

즉 약 1천만 명 규모였던 인구가 전후 이른바 '베이비부머(Baby Boomer)'로 인해 1970년대 중반 들어 약 1,500만 명 수준으로 증가(UN, 2013)함에 따라 기존 계획경제 규모로는 주민에게 적정한 배급을 공급할 수 없게 되자 경제규모 확대에 필요한 자금(외자)을 도입하는 한편, 도입한 자금을 점진적으로 상환하기 위해 '양입정출(量入定出)' 원칙[45]에 맞춰 천연자원 수출량을 늘렸다.

하지만 당시 두 차례에 걸친 '오일쇼크'로 가격이 급등한 원유가격 대비 석탄 등 북한의 주력 수출 상품인 천연 지하자원의 상대적 가격이 하락함에 따라 수출 수익이 급감했고, 이로 인해 경제규모 확대를 위해 도입한 자금 상환에 반복적으로 실패함으로써 결국 1984년 디폴트를 선언하는 등 공식 경제부문의 규모 확대에 필요한 자금을 지속적으로 획득하는 데 실패한다.

이에 북한 당국은 지속적인 경제발전 자금을 획득하기 위해 1984년 일본 조총련계 자금을 목표로 한 '합영법'을 도입했지만, 경제 분야의 유연성에 비해 정치적 경직성이 월등히 큰 북한 체제의 특성으로 인해

---

45) 북한은 계획경제 체제의 기본원칙으로, 연 단위 계획에 따라 내수에 필요한 물품의 수량이 정해지면 이를 충족할 수 있는 재원·원료를 확보할 수 있을 만큼의 수출물량을 정한다.

이 또한 실패하게 되었다. 특히, '디폴트 선언'으로 인한 경제규모의 확대 실패는 1979년 및 1980년 사회주의 완성도를 높이기 위해 성급하게 단행한 화폐개혁과 협동농장의 국영농장화[46]로 인한 생산력의 급격한 하락과 어우러져 북한 경제를 깊은 '부족경제'의 늪으로 빠뜨린다.

이에 김정일은 심각한 내부 생산능력의 하락 폭을 최소화하기 위해 1984년 8월 3일 평양시 경공업제품 전시장을 시찰하면서 "폐자재 및 부산물을 이용한 인민소비품 생산운동을 전 군중적으로 확대 · 실시하라"라고 지시한다.

이는 '8 · 3 인민소비품창조운동'이라는 대중운동 방식으로 전개되는데, '8 · 3 인민소비품'이란 생필품 부족문제를 해결하기 위해 각급 기관 · 기업소 및 협동농장 등 다양한 생산조직이 가내 작업반 또는 부업반을 조직하여 자체의 유휴 자재 · 생산설비 또는 폐기 · 부산물을 이용하여 생산하는, 국가의 계획경제 상에는 존재하지 않는 제품(통일부 북한정보포털)을 말하며, 국가계획 밖의 생산을 국가가 합법적으로 승인했다는 점에서 의미가 있다.

더욱이 이 운동은 1980년대 후반으로 갈수록 점차 공식 경제부문의 공장 · 기업소에서 원부자재를 빼돌려 개인(불법)적으로 생산 · 판매하거나, 8 · 3 인민소비품 직매점에서 대량으로 물건을 구입하여 농촌 등에 중간 수수료를 붙여 판매하는 불법적인 상행위로도 연결[47]되는

---

46) 북한은 김정일이 후계자로 공식 등장한 1980년 제6차 당대회 때 '협동농장의 협동적 소유를 전 인민적 소유로 전환할 것에 대한 방침'을 제시하는 등 농업 단위의 국유화 방침을 기본입장으로 채택했다.

47) 국민대학교 한반도미래연구원의 홍순직 박사의 연구에 따르면, 8 · 3 인민소비품은 1988년 국영상점망 소매 상품 유통액의 9.5%까지 증가하기에 이른다.

등 북한 주민의 경제 관념을 '사회주의 계획경제의 틀' 밖으로 끌고 나왔다는 점에서도 그 의미가 크다고 하겠다.

하지만 1990년대 들어 사회주의권이 붕괴되어 그나마 명맥을 이어가던 대외무역이 급격하게 곤두박질하고, 사회주의권의 붕괴 속에서 체제생존을 위해 채택한 '우리식 사회주의' 기조에 따른 반시장 정책(1992년 화폐개혁)으로 인해 생산력이 감소함으로써 북한 당국의 배급능력은 사실상 붕괴된다. 특히, 중국이 계획경제 체제하에서 '현물 교환' 위주의 연 단위 '청산결제' 방식에 익숙한 북한에 '경화결제' 방식으로의 전환을 요구한 것이 북한의 대외무역 급감의 한 가지 중요한 원인이었으며, 당시 계획경제 및 청산결제 방식에 익숙했던 북한 관료들은 가격은 물론 품질에 대한 개념 자체가 부족했으므로 파급 영향이 더욱 컸다.

이러한 자원 배분의 불균형과 시장통제 등 체제 보존을 위한 '우리식 사회주의'의 강조는 대외무역량의 급격한 하락과 어우러져 '원자재 조달 실패 → 내부 생산능력 급감 → 국가의 배급능력 악화 → 경제·생활난 심화 및 공식 경제부문에서의 잉여 노동력 발생 → 시장의 역할·영역 점증' 순으로 대내 경제에 영향을 미치게 되었으며, 여기에 홍수 등의 천재지변이 합쳐져 1990년대 중반 국가적 재난 수준의 '고난의 행군'으로 이어진다.

이후 북한 당국은 2000년대 초반 북한 전역에 300~350여 개로 확대된 '시장(장마당)'을 통제하기 위해 장마당 관리기관을 사회안전성(치안기관)에서 보위부(체제 보위기관)로 이관(1999)하기도 하지만, 사실상 배급제가 붕괴된 상태에서 주민에 대한 '생필품 공급처' 역할을 하는 시장을 과거처럼 강력하게 통제할 수 없었으므로 이의 지속적인 성장을 막지 못했다.

그러나 1990년대 후반 들어 한국 김대중 정권의 '햇볕정책'으로 인해 북한의 경제가 그야말로 '기사회생'하면서 '시장의 역할'은 다시금 변화의 상황을 마주한다.

당시 북한 당국은 한국과 국제사회에서 지원한 대규모 식량·물자·자금을 바탕으로 인도적 문제를 개선하는 한편, 수해로 붕괴된 평원선 등 각종 도로·철도 및 항만을 보수하거나 발전소의 재건, 농지 정리 및 물길 공사 같은 이른바 '공식 계획경제의 기반시설' 일부를 복구하는 등 비정상적일 정도로 축소된 공식 경제부문의 규모 확대를 다시 모색한다.

이후, 북한 당국은 2002년 당시로서는 매우 개혁적인 '7·1 경제 관리개선조치'[48]라는 경제정책을 통해 시장활동을 공식적으로 허용하면서 세금을 공식화함으로써 국가 재정 상황을 개선하는 한편, 시장에서 유통되고 있는 물품과 자금의 유통 규모 및 경로를 파악하는 등 시장의 자금과 물품 유통능력을 점진적으로 공식 경제부문으로 흡수[49]를 추진함으로써 '당국의 배급능력 신장과 이를 통한 사회 통제력 강화'를 시도한다. 2003년 3월에는 '내각조치 24호'를 통해 장마당 같은 사적 시장을 '종합시장'으로 합법화하여 시장 참여자들로부터 공식

---

48) '7·1 경제관리개선조치'가 북한의 시장화에 큰 기폭제가 된 것은 사실이지만, 당시 '시장의 합법화'는 '생산물'의 유통에만 집중하는 등 자본·노동·토지 같은 '생산요소'에 대한 허용(사실상 합법화)까지는 진행되지 않았으므로 '실질적 시장화'로 보기에는 한계가 있다.

49) 이는 시장의 합법화와 비국가적 생산능력을 신장하는 동시에 세금징수와 돈주 및 자금·상품의 흐름을 효과적으로 관리함으로써 궁극적으로 당국의 시장통제를 용이하게 하는 방식으로 진행된다.

적인 세금(국가부담금, 매대 자릿세 등)을 징수하는 한편, 종합시장에서 곡물 및 공산품의 판매를 허용하는 등 시장을 공식 경제부문의 일부로 편입시킨다.

하지만 이러한 '사적 경제부문의 흡수를 통한 공식 경제부문의 규모 확대' 기도는 '2차 북핵위기'와 1차 핵실험(2006) 등 '핵개발'로 인해 대미갈등이 급격히 고조되어 경수로와 중유 등 '외부의 지원'에 문제가 발생(지원 중단)하면서 또다시 실패하게 된다.

물론, 뒤에 나올 〈그림 3.3〉에서도 볼 수 있듯이 당시 한국의 노무현 정부로부터 상당한 규모의 자금과 현물을 지원받았지만, 북한의 잇따른 핵·미사일 프로그램 실행으로 인해 미국 등 국제사회가 대북제재 수위를 점차 높임에 따라 전력·에너지를 포함한 경제발전의 4대 선행부문 개선에 실패하여 공식 경제부문의 생산력 정상화에는 근본적 '한계'가 있었으며, 이는 북한의 경제성장률 통계에서 잘 나타난다.

한국은행에서 공개한 통계자료에 따르면, 북한의 경제성장률은 '고난의 행군' 시기이던 1995년 -4.4%로 바닥을 찍은 후 '햇볕정책'으로 경제가 회복기를 걷던 2000년 0.4%를 거쳐 2005년 3.8%까지 상승했으나, 이후 BDA 북한 계좌 동결(2005) 등 미국의 대북 경제제재가 다시 강화되기 시작하면서 점차 하락하여 2010년 다시 -0.5%까지 떨어진다. 이는 이른바 '고난의 행군' 이후 '햇볕정책'의 '파급력'과 미국 대북제재 강화의 '파괴력'을 단편적이나마 잘 보여주는 수치라고 할 수 있다.

또한, 점차 시장이 확대되면서 계획경제의 틀 속에서 국가가 규모와 흐름을 통제할 수 있는 공식 경제부문과 '국가계획'에 포함되지 않아 통제가 어려운 사적 경제부문 간의 경계가 점점 모호해지고, 기관·기업소에 출근하면서 당국의 사상적 통제와 계획경제 부문의 정상 작동에 종사해야 하는 주민이 시장에서 상업활동에 종사하는 등 개인 경제활동이 확산되었다. 그런 한편, 공식 경제부문인 일부 기관·기업소조차 계획된 물품 대신에 이익을 극대화할 수 있는 비계획 물품으로 생산품목을 임의 변경하여 생산 및 그 수익금으로 할당된 '국가납부금'을 납부하는 등 경제정책이 애초 당국의 의도와 다르게 진행되자 2006년경부터 '7·1 경제관리개선조치' 시행을 중단하고 시장도 점진적으로 통제하기 시작한다.

특히, 3대 세습체제 구축작업이 강화되기 시작한 2009년 5월에는 "시장을 당의 의도대로 관리 운영할 데에 대하여"라는 지시문을 통해 각 인민반에 "시장은 비사회주의의 서식장이요, 자본주의의 본거지"이므로 철저하게 통제·관리되어야 한다고 강조하면서 구체적인 통제 대상50)까지 적시하기에 이른다.

결국, 북한의 '사적 경제부문의 역할 확대'는 2009년 11월 단행된 화폐개혁으로 인해 잠시 된서리를 맞게 되지만, 화폐개혁은 오히려 북한 주민의 인식 속에 자리 잡고 있는 '시장화'의 큰 조류를 더 이상 거스를 수 없음을 명확하게 보여주는 '시금석'이 된다. 왜냐하면, 화폐개혁이라는 당국의 '반시장화 정책'에 사적 경제부문과 주민이 반발했으며 이에 당국이 이를 인정하고 정책실패를 선언했기 때문이다.

당시 화폐개혁은 비록 구권 화폐의 신권 교환에 한계를 두기는

---

50) '차판 장사와 도매 장사, 국가적으로 못 팔게 된 상품을 판매하는 행위, 기관·기업소에서 개인 장사꾼들이 장사하도록 조성시키고 기업소 자체로 장사판을 벌이는 현상, 평성시장이 전국 도매시장이 되는 현상, 시장 자체적으로 판매소를 만들고 시장 주변의 장사행위가 지속되는 현상, 손구루마 끄는 사람들이 많은 현상' 등

했지만, 주민의 월급을 대폭 인상하여 구매력을 향상시켰음에도 사적 경제부문이 공식 및 사적 시장에서 유통되던 물품들을 일거에 회수·저장하는 등 '시장가격의 불안정성'에 민감하게 반응했다. 결국 당국이 두 달 만에 화폐개혁 실패를 인정하고 공식 및 사적 시장의 역할과 기능을 묵인토록 하는 등 향후 시장(활동)에 대한 주민의 '믿음'을 증진시킴으로써 오히려 오늘날 '시장의 지위와 역할'이 더 크게 성장할 수 있는 계기가 되었다.

이러한 '인민 생활 악화 → 외부 지원·자금 획득(시도) → 공식 경제부문의 생산력 성장 도모 → 사적 경제부문의 흡수 시도'라는 반복 과정을 '인구 대비 1인당 GNP'로 설명한 것이 아래 〈그림 2.6〉이며, 그에 따른 '공식-사적 경제부문 간의 역할 변화' 추이를 설명한 것이 〈그림 2.7〉이다.

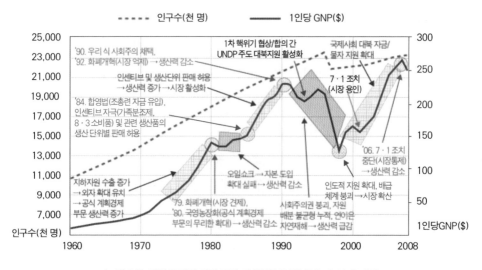

〈그림 2.6〉 김정은 집권 이전 공식 경제부문의 '확대(추진)-실패' 과정

〈그림 2.6〉은 한국의 통계청 등이 공개한 연도별 북한 인구수와 1인당 GNP의 '변화 추이'를 보기 쉽게 점선 그래프로 표현했으며, 북한 경제분야에 대한 필자의 다년간 연구를 기초로 경제의 생산성 성장·하락 국면을 '공식 경제부문의 확대 시도-실패의 과정·원인'으로 개념화하여 작성한 것이다.

표의 적색 점선(인구수)과 녹색 실선(1인당 GNP)이 가까워지는 것은 '인구 대비 생산물이 많다'라는 것을 의미하므로 인민의 생활수준이 호전되고 있음을 나타내고, 멀어지는 것은 '인구 대비 생산물이 적다'라는 것을 의미하므로 인민의 생활수준이 악화되고 있음을 나타낸다. 이 그래프를 보면 북한 당국은 '인구수' 연결선(적색 점선)과 '1인당 GNP' 연결선(녹색 실선)이 가까워지는 등 외부 자본 도입 또는 내부 인센티브 부여 및 시장(생산품의 사적 판매 허용 등) 활성화 등을 통해 생산력이 증가하여 인민 생활이 개선되면 점진적 시장통제책(7·1조치) 또는 급진적 시장통제책(화폐개혁)을 통해 사적 경제부문을 공식 경제부문으로 흡수(추진)하다가 자본도입 등 생산력 향상 동력 유지에 문제가 생겨 한동안 인민 생활 수준이 악화되는 국면이 다시 나타나고, 다양한 이유로 인해 다시 내부의 생산능력이 향상되면 공식 경제부문의 규모 확대 및 사적 경제부문 흡수를 다시 추진하는 '현상'이 반복적으로 나타나고 있음을 알 수 있다.

〈그림 2.7〉을 보면, 이러한 현상이 왜 반복되는지 그 이유를 '시장의 역할' 측면에서 좀 더 쉽게 이해할 수 있다. 〈그림 2.7〉은 지난 수년간 북한 경제 관련 자료 수집 및 그 흐름을 연구·분석한 결과에 따라 1970년대부터 최근까지 진행된 '공식 경제부문의 확대 시도-실패'의 흐름을 '시장의 역할(국가의 주민 통제력 약화)'로 개념화하여 작성한

것이다. 이 표를 보면, 북한 당국이 사회주의 경제체제와 북한 체제의 고유한 특징에 기인한 부족경제로 인해 주민에게 생필품을 보급하지 못하게 되면 어쩔 수 없이 주민의 의식변화와 사상통제 이완 등 '사회 통제력'을 약화시키는 '시장의 확산'을 용인했다가 외부의 자본 유입 및 내부 노력동원 극대화 등으로 공식 경제부문의 생산력이 어느 정도 성장하면 '화폐개혁' 등을 통해 '시장' 등 사적 경제부문을 공식 경제부

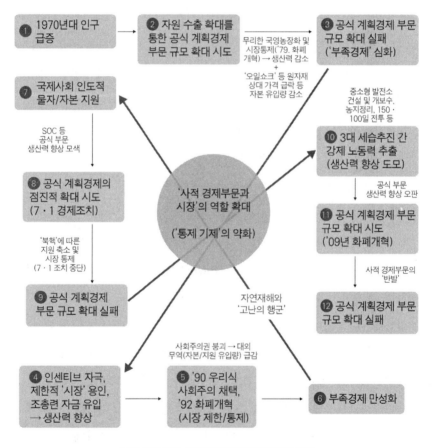

〈그림 2.7〉 북한 사적 경제부문의 역할 변화 과정

문으로 흡수함으로써 '사회 통제력'을 복원하려고 반복적으로 시도했음을 알 수 있다.

결국 북한 당국의 기존 경제정책 속에는 체제적 한계로 인한 공식 경제부문의 생산력 하락과 이로 인한 부족경제 발생 → 주민의 생계를 보장하는 시장 등 사적 경제부문의 자발적 확대와 사회 통제력의 약화에도 불구하고 어쩔 수 없이 시장의 확산을 용인하는 북한 당국의 조치 → 공식 경제부문의 기능 복원을 위한 '외부 자금' 도입·유입 및 내부 동력(인센티브) 추출을 통한 생산성 향상 모색 → 사적 경제부문을 공식 경제부문으로 흡수하는 방식으로 공식 경제부문의 규모 확대를 시도하는 일종의 '패턴'이 담겨 있다.

이러한 '패턴'은 김정은이 후계수업을 시작한 2009년 '화폐개혁'으로 다시 현실화되었으며, 불과 두 달 만에 초라한 실패를 목격한 김정은은 '시장' 등 사적 경제부문의 역할과 이의 통제에 대해 많이 고민했을 것이다. 특히, 사적 경제부문을 공식 경제부문으로 흡수하려는 '성급한 시도'가 실패를 반복한 전례와 경험들은 시장 친화적 인식을 가진 그에게 '비록 시장의 활성화가 권력의 영속성 추구의 장애물이 될지언정 공식 경제부문의 생산능력이 충분히 성장한 이후에야 이의 흡수를 추진해야 앞선 실패들을 극복할 수 있다'라는 점과 시장의 역할 확대를 용인하더라도 '주민의식 성장'이라는 권력유지의 장애물은 대시장 정책과는 별도로 강력하게 통제해야 한다는 교훈을 주었을 것이다.

3) 북한의 정보수집 능력과 해석 패턴

한 국가의 정책 결정을 '합리적 행위자 이론'으로 살펴보기 위해서는 그 국가의 정보수집 능력·조직에 대한 연구를 선행해야 하며, 수집된 정보를 어떻게 해석하는 데 익숙[51]한지에 대한 연구도 진행해야 한다. 왜냐하면, 앞서 '합리성 논란'에서 살펴보았듯이, 정보의 해석에서도 '모든 부분을 치밀하게 고려하기 어려우며, 과거의 경험으로 축적된 방식으로 정보를 해석하는 경향'(제한적 합리성)이 적용되기 때문이다.

북한은 문화교류국(구 225국) 등의 정보기구와 사이버조직(유동렬, 2018), 그리고 외무성 등 다양한 정보수집·분석 조직을 운영하고 있으며 조직별로 수집·분석한 결과는 당중앙위원회 3층에 있는 서기실이 종합하여 최고지도자에게 보고(태영호, 2018)하는 것으로 알려져 있다. 그리고 이러한 정보수집·분석 작업은 장기·전략적 관점에서 '해외 전문가 집단의 활동(포럼 등)에 장기적으로 참여'하는 방식으로 수집(태영호, 2018)하기도 하며, 수시 단기적 시각에서 국제사회의 북한 관련 관심분야와 여론 등을 수집하기도 하는데 후자는 사이버조직이 수도하는 것으로 판단된다.

〈표 2.1〉은 2019년 5~11월 사이에 북한 경제 관련 기사를 인터넷으로 보도하는 「NK경제」에 접속한 '북한 인터넷 IP' 사용자의 '검색어'와 당시 국내 언론 등에서 보도되거나 이슈화되었던 북한 관련 사건·사고들을 검색하여 순번(①~㉕)으로 연결(매칭)한[52] 것인데,

---

51) 이러한 '정보 해석 패턴'은 '직간접적 경험'의 영향을 받아 나타난 '과거 행보'를 분석하는 과정에서 대부분 파악될 것이다.

〈표 2.1〉 북한 IP 사용자의 2019년 「NK경제」 홈페이지 주요 검색어

시기	주요 검색어(참고사항)	당시 남북 관련 사건 및 보도
5월	① 블록체인, 암호화폐, ② 경비행기, 중국 관광객	① 북, 평양에서 블록체인 콘퍼런스 개최 (4.22~23)
6월	북한, 로동신문, ⑤ 북한 사이버, 대동강, 김책공업종합대학, ④ 북한 목선, 조선의 오늘, ③ 북한 과학기술전당, 통일부, 북한 개고기, 세종연구소, 논문, 사회주의, 남북 교류협력시스템, 조선중앙통신, 북한인권 백서, 2차 북미정상회담 결렬, 김일성종합 대학, 김책, 우리민족끼리, ⑦ 판문점 트럼 프 김정은, 국방부	② 북('조선의 오늘'), '경비행기 관광' 개시 보도(5.1) ③ KBS, 대동강 쑥섬에 있는 과학기술전 당을 '주체 건축물'로 보도(6.1) ④ 북한 어선 탑승 목선, 삼척항 귀순 입항 (6.15) ⑤ 남('조선비즈'), '북한 사이버 해커들의 청와대 공격 정황' 보도(6.20)
7월	북한, ⑨ 북한 헌법, 북한 종교, 로동신문, ⑬ 북한 경제발전구, ⑪ 북한 잠수함, 국 무위원회, 북한 헌법 전문, ⑫ 대동강 맥 주, 국내 스타트업, 북한 외무성, 아주통일 연구소, 북한 사상, 북한 스마트폰, 우리민 족끼리, 김책, 최덕신(월북 예비역 군인이 자 외교관) ⑧ 최인국(최덕신의 아들), 역 사의식, 북한 가뭄, 메인프레임, 스토브, 사회주의는 과학이다. ⑥ 개성 성균관, ⑩ 이재석(글로벌 전자상거래 플랫폼 카페24 대표), 극동정보대학	⑥ 태영호, 조선일보에 "개성에도 성균관 대학이 있다는 사실을 아십니까?"라는 칼럼을 통해 북한 체제 비판(6.22) ⑦ 한·미·북 판문점 회동(6.30) ⑧ 최덕신의 아들 최인국 자진 입북(7.6) ⑨ 북('내나라'), 2019년 개정 헌법 공개 (7.11) ⑩ 카페24, 휴대폰 본인확인서비스 등 전 자결제 시스템 정비·업그레이드(7.15 ~31) ⑪ 북, SLBM 3발 탑재 가능한 3천 t급 신 형 잠수함 공개(7.23)
8월	북한 경제, ⑭ 양자컴퓨터, 평양2425(북 한 스마트폰), 아리랑171(북한 스마트폰), 빗썸, 대동강 맥주, ⑱ 북한 외무성, ⑱ 류 경호텔 내부, 로동신문, 평양, 강진규(NK 조선 기자), 공공기관 교육, 우리민족끼리, NK, 조선의 오늘, ⑰ 평안남도 순천시, 북 한 관광, ⑯ 북한 발사체, ⑮ 한국 정찰위 성, 탈북민, 북한	⑫ 남, "대동강 맥주가 맛있었다"라는 말을 종북사건으로 비화한 영화(앨리스 죽이 기) 개봉(7.28) ⑬ 북('경제연구'), '경제발전구 토지이용 관리' 관련 논문 발표(7.30) ⑭ 시장조사 전문 기관(가트너), '양자컴퓨 터를 꿈의 컴퓨터'로 극찬(8월 초) ⑮ 靑(김현종), '한반도 상공 각국 정찰위성

---

52) 예를 들어, 북한 IP 사용자가 「NK 경제」 인터넷 홈페이지에서 '블록체인(①)'을 검색했던 시기에 한국의 언론에서는 '북 평양에서 블록체인 콘퍼런스 개최(①)' 관련 기사가 보도되고 있었다.

9월	북한, NK경제, 평양2425(북한 스마트폰), 로동신문, ⑳ 가상현실, ㉑ 평양 고려호텔, NK, NK뉴스, 국가안보전략연구원, ㉒ 빅데이터, 조선의 오늘, 북한 경제, 북한 관광, 북한 메아리(선전매체), 최덕신 아들, 북한 외무성, 북한경제전망, ㉓ 교육용 로봇	감시망과 한국의 독자적 정찰위성 보유 필요성' 언급(8.12)
		⑯ 북, 단거리 발사체 2발 발사(8.16)
		⑰ 동아일보, '평남 순천지역 우라늄 오염으로 불치병 환자 다수' 보도(8.21)
10월	북한 스마트폰, 로동신문, 평양2423(북한 스마트폰), 조선의 오늘, ㉔ 경제특구, 북한 경제, 길동무(북한 스마트폰) 북한 사이트, 북한 IT, 북한 컴퓨터, 대동강, 북한경제, 국가안보전략연구원, 한국 군사위성	⑱ 북(외무성), 남측의 'F-35A' 도입 비난 성명(8.23)
		⑱ 독일('슈테른'), 류경호텔 개관 추진 등 현장 취재(8.30)
		⑳ IT조선, 서울 KT스퀘어에서 '넥스트 가상현실(VR)' 콘퍼런스 개최(9.2)
11월	북한, 로동신문, ㉕ 북한 해커, 고급중학교, 고려호텔, 조선의 오늘, 평양, NK뉴스, 김일성대, 아리랑메아리(북한 선전매체), 김책공대, 동남아시아	㉑ 통일민중활동가인 이금주, 방북(7.31~8.7) 중 촬영한 평양 고려호텔 사진 등 북한 여행기 공개(9.16)
		㉒ 한국기업평판연구소, 그동안 수집한 빅데이터 분석 결과 발표(9월 중 지속)
		㉓ 한국로봇산업협회, 코리아나호텔에서 '2019 로보월드 기자간담회' 개최 및 교육용 로봇 업체 소개(9.26)
		㉔ 경기도, '한반도 공동 경제특구' 관련 연구자료 발표(10월 초)
		㉕ 미, '북 해커 공격 대비 15개국 연합훈련 계획' 공보(10월 말~11월 초)

이를 보면 북한(북한 IP 사용지)이 북한 또는 북한과 관련된 한국 및 주변국의 기사 · 평가들을 체계적으로 수집하고 있음을 알 수 있다.

수집 내용을 분야별로 보면, 크게 북한 관영통신 보도에 대한 댓글과 주변국의 평가 기사, 2차 북미정상회담 결과 등 북한 이슈에 대한 국제여론 및 댓글, 북한 관련 연구자료 및 IBM의 고성능 서버 모델 등 기술정보, 당시 북한 내부 사건 · 사고 및 주요 보도에 대한 댓글과 관련 여론 동향, 북한 내부적으로 생산한 주요 상품에 대한 기사 및 평가 등을 모니터링하는 것으로 나타났다.

특히, 2017년 이후 이러한 북한의 인터넷 사용량과 검색 활동이 과거에 비해 3배 증가(동아일보, 2020.2.11)[53]하는 등 인터넷 사이트를 통한 정보수집 활동이 더욱 활발해지고 있음을 고려하면 이러한 '사이버 공간상 정보수집' 활동은 더욱 강화되고 있다고 보아도 무방할 것이다.

또한, 2008년 김정일의 뇌졸중 발병 이후 국내에서 '신병 이상설'이 보도되자, 3일 만에 배경을 조작(계절에 맞지 않는 숲)하거나 장애가 생긴 왼손을 주머니에 넣은 정사진을 관영 매체를 통해 보도하는 등 과거부터 북한은 한국 등의 언론에서 최고지도자의 '건강·신병 이상설'을 보도하면 수일 이내에 관영 매체에 최고지도자의 모습을 보도하는 행태를 반복해왔다. 이는 북한 내부 인원들도 한국의 언론 기사를 제한적으로나마 인지할 수 있다는 점을 고려한 '내부 동요' 방지용이라는 의미[54]가 크지만, 어쨌든 북한이 한국과 주변국의 언론 기사 및 북한 관련 각종 연구자료를 모니터하는 등 정보를 수집하고 있다는 것을 암시한다.

특히, 이러한 정황 증거들은 북한이 자신과 관련된 제 분야 정보를 수집·분석하고 이를 각 부서와 서기실을 통해 최고지도자에게 보고함으로써 북한 정책결정자들이 정보를 왜곡하여 분석·인식할지언정 정책 선택에 필요한 정보가 부족하지 않다는 것을 방증한다.

---

53) 미국 사이버보안업체 '레코디드 퓨처'는 인터넷 IP 분석 등을 통해 2017년 이후 북한의 인터넷 사용량이 과거에 비해 3배로 증가했다고 발표했다.

54) 이러한 측면에서 2020년 4월 있었던 '김정은 사망'설 유포 시 북한 당국이 20여일 후에야 김정은의 모습을 공개한 것은 다소 이례적이라고 볼 수 있다. 이는 '최고지도자 유고'설에 대한 주민의 반응 등 그 파급력이 과거 김정일 시대처럼 크지 않은 것으로 보는 등 일종의 체제 내부의 안정성에 대한 자신감이 반영된 것으로 분석된다.

하지만 '그 정보를 어떻게 해석하는가?' 같은 해석 경향에 대해서는 직접적인 증거를 찾아내기 어렵다. 다만 동일한 정보라고 할지라도 각자가 가진 경험적 인식에 따라 다르게 해석될 수 있는 등 기존에 경험적으로 누적된 '인식'에 익숙한 해석 경향을 보이는 특징(제한적 합리성)이 있으며, 그러한 해석 경향은 '행동'으로도 나타난다는 점에서 김정일과 김정은의 대외적 행보 속 '경험적 행동 패턴'을 설명한 앞선 〈그림 2.1〉~〈그림 2.4〉에서 읽어낼 수 있을 것이다.

지난 10여 년간 북한의 '행동'에 나타난 '정보 해석 경향과 특징'을 몇 가지 도출해보면 다음과 같다.

첫째, 자신의 '불비한 여건'에도 불구하고 다분히 긍정적인 방향으로 해석하는 경향이 식별된다. 혹자는 '확증 편향'[55]이라고 비판할 수도 있지만, 어쨌든 불비한 여건 속에서 대안을 찾아가며 현재까지 체제를 유지한 것을 보면 아무런 근거 없는 '긍정적 해석'은 아닐 것이다.

특히, 미국 등 서방세계 전문가들이 "북한의 핵·미사일 기술 완성에는 많은 난관이 있다"라고 의견을 제시했음에도 불구하고 북한의 기술자들은 매우 짧은 시간에 현재 같은 고도의 기술을 현실세계로 끌어냈다.

물론, 이러한 정보 해석 성향은 체제와 개인의 생존 등 '부여된 목표'의 절박성에 영향받았을 것이나, 어쨌든 '주어진 정보'를 비관적으로 해석하기보다는 '성공·달성하기 위해 필요한 것은 무엇인가?'라는 질문에 최적화된 '긍정적 해석 성향'을 가지고 있다고 보아도 무방할 것이다.

---

55) 원래 가지고 있는 생각이나 신념을 확인하려는 경향성으로, 흔히 "사람은 보고 싶은 것만 본다"라는 말로도 표현된다.

둘째, 앞의 〈표 2.1〉에서 볼 수 있듯이, 자신들의 행동에 대한 한국과 주변국들의 반응 및 자신들에 대한 연구물들을 체계적으로 수집하는 것에서 미루어볼 때, 자신들의 행보에 대한 '외부의 평가'를 주의 깊게 살펴보면서 '현재 전략적 위치'와 외부에서 고려하는 '대북 지렛대'가 무엇이 있는지를 분석하는 등 '공개자료'를 활용하여 향후 행보의 대안과 진행 방향을 모색하는 '프로세스'가 정착되어 있다.

이러한 판단은 북한이 인터넷을 통해 활발한 정보수집 활동을 전개하고 있으며, 우리를 포함한 주변국의 언론에서 충분한 정보를 제공받고 있다는 판단에 기초한다. 가령 북한이 '신형 미사일'을 시험 발사했다면, 한국 및 주변국의 언론, 그리고 한국군(합참)에서는 '그 발사체가 무엇이고 시험에 성공했는지, 그 미사일을 요격하는 데 필요한 능력을 한국군이 보유하고 있는지, 그리고 북한의 미사일 기술 발전에 대응하기 위해 한국군의 전력발전이 어떻게 이루어져야 하는지' 등 기술적인 수준의 정보에서부터 '주변국과 유엔 등 국제사회의 반응과 논평 및 향후 예정 행보' 등 전략적 수준의 정보까지 그야말로 쏟아내듯 인터넷 등에 공개하는 것이 현실이다.

셋째, 김정은 등 이른바 '최고 존엄'과 관련된 정보에 대해서는 그야말로 '알레르기적 반응'을 보이는 경향이 뚜렷하다. 현재 북한의 유일 지도체제는 북한 주민과 당국자들에게 "'최고 존엄'에 손상을 입히는 그 어떠한 행동을 해서도 안 되지만, 주변에서 벌인 그러한 행동에 반응하지 않고 묵과한 것만으로도 '심각한 물리적 처벌'을 받을 수 있다는 인식을 각인"시켰다. 2003년 대구 유니버시아드 경기에 참가한 북한 응원단들이 현수막 속 김정일(최고지도자) 사진이 비에 젖는 것을 보고 눈물을 흘리며 현수막을 거둬들인 '장면'은 '최고 존엄'에 대한 북한 사람들의 '무조건적 반응' 행태를 잘 보여준다.

넷째, 북한은 주변국의 대북 행보(정보)에 민감하고 강렬하게 반응하는 성향을 가지고 있다. 하지만 그러한 외형적 모습과 달리, 비록 자신들의 준비 부족으로 일정표가 수정될 수는 있어도 목표달성을 위한 자체적인 행보만큼은 자신들의 계획대로 묵묵히 진행하는 특징이 있다. 1·2차 북핵협상 등 치열한 대미 협상 속에서도 다종(多種)의 핵탄두를 개발해낸 것이 이를 방증하며, 이는 한국과 주변국들이 대북정책을 고려함에 있어 북한의 대외적 '의견 표명·반응'에 일희일비하며 민감하게 반응할 필요가 없음을 시사하는 대목이다.

2. 김정은이 구상하는 '통치전략'

1) '합리적 행위이론'에 따른 김정은의 '통치전략' 가정

김정은의 성장환경을 기반으로 그의 개인적 특성들을 도출하는 한편, 북한 체제의 내적 특징들을 통해 김정은이 과연 어떤 '합리적 준거점'을 가질 것인지를 살펴보았다.

이를 다시 한번 정리해보면, 김정은은 이른바 '남에게 지기 싫어하는 보스 기질'을 바탕으로 '자기중심적 사고'에 기반한 거침없는 실행력을 가진 것으로 평가된다. 또한 부유한 시장자본주의 국가에서의 10대 생활 경험 등 성장환경을 보았을 때는 '시장 친화적인 사고(思考)'를 바탕으로 세계에서 가난한 국가 중 하나인 북한의 경제를 발전시키고자 하는 욕구를 충분히 가질 것으로 판단된다.

　나아가, '고난의 행군' 속에서도 대미·대남 관계의 '외줄 타기'를 통해 실리와 시간을 벌어가며 핵탄두를 개발해낸 아버지 김정일의 행보를 보면서 '외부의 체제위협 요소 대응을 위한 핵무장을 충분히 해볼 만하다'라는 인식을 가졌을 개연성이 크며, 실제로 김정일 시대 대미·대남 행보의 '특징'들은 김정은 시대에도 그 맥락을 유지하고 있는 것으로 나타난다.

　또한, 김정은이 후계자로 등극할 당시 북한의 경제(내부 체제위협 요소)는 시장 등 사적 경제부문의 역할 확대 속에서 공식 경제부문의 생산력 개선이 추진되는 등 경제부문의 국가통제력이 커져가기는 했으나 충분히 성장하지는 못한 상태였으며, 화폐개혁 실패라는 '쓰라린 경험'은 그에게 '공식 경제부문의 생산력 개선이 충분히 진행되지 않은 상태에서 시장 등 사적 경제부문을 흡수·통제할 경우, 심각한 사회적 혼란이 초래될 수 있다'라는 교훈을 주었을 것이다. 특히, '시장'은 김정은에게 '김일성 조선'의 영속성 확보를 위해 필요한 '수단'이자 반드시 통제되어야 할 미래의 '장애물'로 인식되었을 것이며, 대(對)시장 정책의 기조 변화와 상관없이 강력한 대(對)주민 정책의 필요성을 충분히 느꼈을 것이다.

　한편, 그에게는 '자신이 필요로 하는 정보'를 충분히 수집할 수 있는 조직과 인력이 구축되어 있는 등 전 세계 경제발전 사례의 수집·분석을 통해 당시 북한의 상황에 최적화된 경제개발 계획을 수립할 역량이 이미 구비되어 있다. 그리고 과거부터 자신들이 필요로 하는 정보와 자신들에 대한 주변국의 연구·평가들을 수집해왔으며, 자신들에게 필요한 것이 무엇인지를 찾아내는 '긍정적 시각'으로 정보를 해

〈표 2.2〉 합리적 행위자 이론과 김정은이 구상하는 '통치전략' 가정

단계	합리적 행위자의 행동 국면		김정은의 '통치(이익 추구) 전략' 구상 · 배경
①	핵심 정책결정자 식별과 영향 요소 도출 (합리적 준거점 도출)	정책 결정자의 특징	• 주변 타협적이기보다 자기중심적인 강한 추진력 • 시장 친화적인 인식
		정보수집 능력과 해석 성향	• 대남 · 대미 관계에서 '기존 패턴'(갈등-긴장 고조-도발-관망-대화 -실익 획득) 유지 • 충분한 정보수집 조직 · 인원 및 목표달성에 필요한 정보의 사전 수집 의지 · 경향 보유 * 경제발전 사례연구를 통해 북한 상황에 최적화된 대안 마련(개발) 여건 구비
		체제의 내적 특징	• '레짐 이익'을 위한 급진정책 추진 가능(장애물 미미)
②	목표 식별 및 추진 방향 분석	궁극적 목표	지향하는 최선: 대내 · 외 안보위협 없는 '정권 안정성' 확보 수용 가능한 차악: 안보위협 속 단기적 정권 안정성 유지 수용 불가능한 최악: 체제 · 정권 붕괴
		목표달성 여건 (환경) 및 선결조건 (단계적 목표)	정치: 강력한 정치적 통제력 달성 · 유지 대외: 핵무력 완성 → 외부 위협 제거 및 협상 국면 창출 → 경제 발전에 유리한 환경 구축 경제: 공식 · 사적 경제부문 혼재 상황 재편 → 국가 주도 경제 발전 여건 마련 사회: 주민의식 변화 → 강력한 사회 통제력 유지 · 강화 ⇒ 모든 분야별 '주어진 환경(여건)'과 궁극적 목표달성의 선결 조건(단계적 목표)에 대한 지속 연구 · 보완 필요
③	목표달성 과정 (재)평가	분야별 정책추진 성과와 목표달성 여건	• 정책 선택의 결과로 '만들어진 환경' 분석 • 돌발변수와 궁극적 목표달성의 상관관계 도출
④	'궁극적 목표' 달성(추진) 간 제한 · 시사점 도출		• 내부 '동학(動學)'과 '국제정치 환경(체제)'을 연계한 해석

석하는 경향을 가지고 있다는 점을 볼 때, 김정은은 경제발전 추진에 필요한 정보수집·분석 과정을 충분히 거쳤을 개연성이 매우 높다.

게다가, 북한에는 '수령'인 그가 선택한 정책을 강행함에 있어 그 것이 아무리 급진적인 정책이라 할지라도 내부 견제가 미미한 수준일 수밖에 없는 정치구조와 문화가 정착되어 있다. 그리고 비록 충분치 않은 수준이기는 하지만 이른바 '와크'로 대변되는 경제적 자원의 배분권 또한 독점하고 있는 등 그가 의도한 방향과 분야에 경제적 역량을 집중할 수 있는 기반도 갖추고 있으며, 만약 그의 의도·방향에 동조하지 않는 관료들이 있다면 '와크'와 연계된 부패고리를 활용하여 얼마든지 그들을 처벌·통제할 수 있는 환경도 구축되어 있다.

이러한 김정은과 북한의 체제적 특징들을 바탕으로 '레짐 이익'에 충실한 김정은이 정권의 영속성을 위해 구상할 것으로 판단되는 '통치전략'을 도식화하면 〈표 2.2〉와 같다.

2) 김정은이 직접 공표한 통치 '목표'와 달성 수단

헌법 전문에 "조선민주주의인민공화국은 위대한 수령 김일성 동지의 사상과 령도를 구현한 주체의 사회주의 조국"이라고 명시할 만큼 북한 정권은 '김일성 조선의 영속성'(김영수, 2018)을 꿈꾸고 있으며, 이것이 김정은의 궁극적인 '통치 목표'일 것이다.

하지만 김정은이 김정일 사후 권력을 세습한 이후에 공식 발표한 '연설(발표)문'에서 제시한 그의 '통치(이익 추구) 전략'을 좀 더 구체적으로 찾아봄으로써 앞서 합리적 행위자 이론을 통해 가정한 그의 '통치전략'과의 유사성 여부를 비교해보자.

물론, 북한의 공식 발표문에 표현된 김정은의 '목표'가 주민 선동을 통한 체제결속 등 일종의 정권안정을 위해 과장되거나 거짓으로 포장되어 있을 수도 있다. 하지만 유일 영도체계가 지배하는 북한에서 '수령'이 모든 주민에게 공표한 연설문 속의 '통치전략'은 북한의 당·정·군 간부와 주민에게 일종의 '과업'으로 인식되고 있다는 점을 고려한다면, 최소한 그 목표의 '지향점'을 판단하기에는 부족함이 없다.

김정은은 아버지 김정일과 달리, 집권 이후 수차례에 걸쳐 직접 연설 및 발표를 했다. 이를 구체적으로 살펴보면, 당 중앙위 책임 일꾼들과의 담화(2012. 4. 6.), 김일성 탄생 100주년 대중연설(2012. 4. 15.), 당 중앙위 전원회의(2013. 3. 31.), 당 창건 70주년 열병식 및 평양시 군중연설(2015. 10. 10.), 7차 당대회 중앙위 사업총화(2016. 5. 7.), 조선소년단 8차 대회 연설(2017. 6. 6.),[56] 당 7기 3차 전원회의(2018. 4. 20.), 당 중앙위 7기 4차 전원회의(2019. 4. 10.), 최고인민회의 14기 1차 회의 시정연설(2019. 4. 12) 등이다.

먼저, 김정일 사망 이후 당 정비 등을 위해 실시한 4차 당대표자회 직전에 실시한 당 중앙위 책임 일꾼들과의 담화(2012. 4. 6.) 속 김정은의 '목표'를 살펴보자.

이날 김정은은 서두에 자신의 '목표'인 사회주의 강성국가의 요원(遙遠)함과 함께 국가경제와 인민 실생활의 발전 필요성을 언급한다.

우리는 력사의 온갖 시련을 헤치고 빛나는 승리의 한길을 걸어왔지만, 우리가 가야 할 혁명

---

56) 조선소년단 8차 대회 연설문에는 조선의 미래에 대한 김정은의 언급이 거의 없다. 따라서 이 책에서는 별도로 언급하지 않았다.

의 길은 아직 멀고도 간고합니다. 인민대중 중심의 우리식 사회주의를 고립압살하려는 제국주의자들과 반동들의 악랄한 책동으로 정세는 의연히 첨예하고 긴장하며 우리 앞에는 경제와 인민생활문제를 원만히 해결하여 사회주의의 우월성과 위력을 더욱 높이 발양시키고 사회주의 강성국가를 건설하여야 할 중대한 과업이 나서고 있습니다.

특히, 경제분야에서 기존에 식별되던 '인민경제 선행부문' 또는 '생산력 증대'의 강조에 추가하여 세계적 기술발전 추세에 부합한 '미래 북한의 경제구조'에 대해 언급하기도 한다.

우리 앞에는 나라의 경제를 지식의 힘으로 장성하는 경제로 일신시켜야 할 시대적 과업이 나서고 있습니다. (중략) 최첨단 돌파전을 벌려 나라의 전반적 기술장비수준을 세계적 수준으로 끌어올리며 지식경제시대의 요구에 맞는 경제구조를 완비하여야 합니다.

나아가, 그는 이러한 지식경제시대를 이끌 인력양성을 위한 교육체계 개선을 요구한다.

교육사업에 대한 국가적 투자를 늘이고 교육의 현대화를 실현… (중략) 사회주의 강성국가 건설을 떠메고 나갈 세계적 수준의 재능 있는 과학기술 인재들을 더 많이 키워내야 합니다.

한편, 이러한 목표달성을 추진하는 과정에서 대두되는 '외부의 압력'에 대응해나가는 수단으로 군사력의 강화와 독자적인 첨단무기 개발 필요성을 역설하는데, 그 구체적 수단으로 '군인들의 평시훈련 강화'와 '최첨단 과학기술'을 제시한다.

군력이 약하면 자기의 자주권과 생존권도 지킬 수 없고 나중에는 제국주의자들의 롱락물로, 희생물로 되는 오늘의 엄연한 현실… (중략) 전시에는 싸움을 잘하는 군인이 영웅이지만, 평시에는 훈련을 잘하는 군인이 영웅… (중략) 훈련을 실전의 분위기 속에서 진행하여… (중략) 쇠소리가 나는 일당백의 만능병사로 튼튼히 준비하여야 합니다. (중략) 국방공업의 자립성을 더욱 강화하고 국방공업을 최첨단 과학기술의 토대 우에 확고히 올려세워야 합니다. (중략) 우리식의 최첨단 무장장비들을 더 많이 개발하고 최상의 수준에서 질적으로 생산보장…

또한, 유일적 영도체계 강화와 모든 당 사업이 '당중앙'인 김정은을 중심으로 돌아가야 한다는 점을 강조한다.

당의 유일적 령도체계를 세우는 사업을 당 사업의 주선으로 틀어쥐고 끊임없이 심화… (중략) 전당에 당중앙의 유일적 령도 밑에 하나와 같이 움직이는… (중략) 혁명의 리익의 견지에서, 당과 국가, 인민 앞에 책임지는 립장에서 분석판단하고 당중앙에 보고하며 결론에 따라 처리…

둘째, 며칠 뒤인 2012년 4월 15일 김일성 100회 생일 기념 대중연설에서의 표현들을 살펴보자. 이 연설에서는 김일성-김정일에 대한 김정은의 평가와 '핵탄두' 보유에 따른 자신감이 반영되어 있다.

김일성 동지께서는… (중략) 나라의 자주권과 민족만대의 번영을 위한 강력한 군 담보를 마련… (중략) 김정일 동지께서는 우리 혁명의 가장 준엄한 시련의 시기… (중략) 전대미문의 사회주의 수호전을 연전 연승으로 이끄시었으며 우리나라를 세계적인 군사강국의 지위에 올려세우는 거대한 역사적 업적… (중략) 군사기술적 우세는 더는 제국주의자의 독점물이 아니며 적들이 원자탄으로 우리를 위협공갈하던 시대는 영원히 지나갔습니다.

하지만 경제부문과 군인들의 전투동원 태세에 대해서는 김정은의 '아쉬움'이 묻어난다.

온 인민이 다시는 허리띠를 조이지 않게 하며 사회주의 부귀영화를 마음껏 누리게 하자는 것이 우리 당의 확고한 결심… (중략) 경제강국 건설과 인민생활 향상을 위하여 꾸려놓으신 귀중한 씨앗들을 잘 가꾸어 빛나는 현실로 꽃피워… (중략) 인민군 장병들은… (중략) 혁명적 본성을 잃지 말고 만단의 전투동원태세에서 우리 당이 강성국가 건설 위업을 총대로 굳건히 담보…

연이은 두 연설에서 군사 분야를 잘 비교해보면 논리의 허점이 발견된다. 즉, "핵무기를 갖고 있어 위협받지 않는다"라고 하면서도 "미국 등으로부터 북한을 지킬 군인들의 싸움 준비와 첨단무기는 아직 부족하다"라고 주장[57]하고 있는 셈이다.

셋째, 김정은은 1년 뒤인 2013년 3월 31일 당 중앙위 전원회의에서 이른바 '핵-경제 병진 노선'을 발표하면서 '최단시간 내 인민 생활 안정, 원자력 발전 추진, 우주위성 발사, 지식경제로의 전환 및 대외무역 다각화, 핵보유국 지위 획득 추진' 등을 사회주의 강성국가 건설의 구체적 과업으로 제시한다.

넷째는 2015년 8월 DMZ 지뢰 매설로 인해 남북 간 정규 군사력의 충돌 위협이 심각한 수준까지 고조된 직후 실시된 당 창건 70주년 열병식(2015. 10. 10.) 연설이다. 이날 김정은은 이전의 연설과 달리 미래 비전에 대한 언급 없이 '외부의 전쟁 위협에 맞설 태세 완비'("미제가 원하는 그 어떤 형태의 전쟁에도 다 상대해줄 수 있으며 조국의 푸른 하늘과 인민의 안녕을 억척같이 사수할 만단의 준비") 측면의 강조에만 치중한다.

---

57) '북한을 보호할 첨단무기의 부족'에 대한 김정은의 인식은 1년 뒤인 2013년 3월 31일 당 중앙위 전원회의에서 발표된 '경제건설과 핵무력 건설 병진' 정책에서도 나타난다. 결국, 이 병진 노선은 "국방비를 추가로 늘리지 않고도 전쟁억제력과 방위력의 효과를 결정적으로 높임으로써 경제건설과 인민 생활 향상에 힘을 집중할 수 있게 한다"라는 것이며, 이는 '아직까지 핵무력이 완성되지 않았다'라는 것을 방증하는 사례.

다섯째는 '정권의 안정'을 의미하는 국무위원장 및 당위원장에 오르기 직전인 2016년 5월 7일 7차 당대회에서 발표한 중앙위원회 사업총화문이다. 여기서는 김정은이 갖는 '북한의 미래'를 좀 더 구체적으로 알 수 있다. 이 사업총화문은 크게 과거에 대한 평가('주체사상, 선군정치의 위대한 승리'), 미래에 대한 비전과 과업 제시('사회주의 위업의 완성을 위하여', '세계의 자유화를 위하여', '당의 강화발전을 위하여'), 통일 방안('조국의 자주적 통일을 위하여') 등으로 구성되어 있는데, 먼저 과거에 대한 평가 부분에서는 '김일성 조선'에 대한 김정은의 역사 인식과 세계관을 엿볼 수 있다.

김일성 동지는… (중략) 민족의 존엄과 영예를 빛내이고 이 땅 우에 자주, 자립, 자위의 사회주의 국가를 일떠세워 주체혁명 위업의 승리를 위한 만년 기틀을 마련… (중략) 김정일 동지는… (중략) 우리 혁명이 류례없이 준엄하던 시기에… (중략) 조국과 인민의 운명을 위기에서 구원하고 민족번영의 새 시대, 주체혁명 위업수행의 새로운 전성기를 열어…

즉, 김정은은 "김일성이 세워놓은 조선에 닥친 최대 위기를 김정일의 선군정치로 극복해왔다"라고 보는 것이다. 이러한 인식을 좀 더 살펴보자.

1980년대… (중략) 국제무대에서 제국주의자들과 사회주의 배신자들의 책동으로 여러 나라들에서 사회주의가 련이어 무너지는 비극적인 사태… (중략) 우리의 사회주의를 압살하기 위한 책동을 악랄하게 감행… (중략) 주체의 궤도에 따라 승리적으로 전진하고 조국통일의 밝은 전망이 열리고 있던 시기에… (중략) 김일성 동지께서 서거… (중략) 제국주의자들과 그 추종세력들의 정치군사적 압력과 전쟁도발 책동, 경제적 봉쇄는 극도에 이르렀으며 혹심한 자연재해까지 겹치여 경제건설과 인민 생활에서 형언할 수 없는 시련과 난관… (중략) 력사에 류례없는 고난의 행군, 강행군… (중략) 김정일 동지께서… (중략) 선군정치를 전면적으로 실시… (중략) 국제적인 제재와 봉쇄 책동에 매달리면서 우리나라를 핵 선제타격 대상으로까지 정하고 침략책동에 광분… (중략) 우리 당은 선군시대의 요구에 맞게 국방공업을 우선적으로 발전시키면서… (중략) 위대한 장군님을 잃는 민족의 대국상… (중략) 조선로동당은 조성된 정세와 혁명발전의 요구에 따라 경제건설과 핵무력 건설을 병진시킬 데 대한 전략적 로선을 제시… (중략) 급변하는 정세에 대처하기 위한 일시적인 대응책이 아니라 우리 혁명의 최고 리익으로부터 항구적으로 틀어쥐고 나가야 할 전략적 로선…

이상에서 보듯이, 김정은은 "김일성 조선은 외세로부터 끊임없이 견제와 제재를 받아왔으며 이를 국방공업과 핵무력으로 견뎌왔다"라고 보고 있다. 이러한 인식은 '지난 시절 이룬 성과'를 평가하는 부분에서 더욱 두드러지게 나타난다.

우리식의 새로운 주체무기 개발사업을 힘있게 벌여 국방공업발전에서 최첨단의 전망을 열어놓았습니다. (중략) 국방공업부문에서는 정밀화, 경량화, 무인화, 지능화된 우리식의 첨단 무장장비들을 마음먹은 대로 만들어내고… (중략) 수소탄 시험을 성공적으로 진행… (중략) 우리나라를 세계적인 핵강국의 전렬에 당당히 올려세우고 미제의 피비린내 나는 침략과 핵위협의 력사에 종지부를 찍게 한 자랑찬 승리… (중략) 자립적 국방공업, 혁명공업으로 강화 발전되었습니다.

이는 김정은이 '자신의 조선'을 지켜내는 데 '핵무기'를 얼마나 중요하게 생각하고 있는지를 잘 보여주는 대목이다.

그렇다면, 김정은이 지향하는 '김일성 조선의 미래'에 대해서는 어떤 그림을 갖고 있는지 살펴보자. 미래에 대한 비전을 제시하는 '사회주의 위업의 완성을 위하여' 부분은 '온 사회의 김일성-김정일주의화', '과학기술강국 건설', '경제강국 건설, 인민경제 발전전략', '문명강국 건설', '정치군사적 위력의 강화' 등 5개 단락으로 구성되어 있는데,

이 중 '온 사회의 김일성-김정일주의화'와 '정치군사적 위력의 강화' 단락에서 자신이 꿈꾸는 '조선 정권'의 성격에 대해 언급한다.

인민정권을 강화하고 그 기능과 역할을 높이면서 사상, 기술, 문화의 3대 혁명을 힘있게 벌일 데 대한 우리 당의 총로선을 철저히 관철… (중략) 모든 면에서 사회주의와 자본주의의 차이를 하늘과 땅처럼 만들어야 합니다. (중략) 자강력 제일주의는 자체의 힘과 기술, 자원에 의거하여 주체적 력량을 강화하고 자기의 앞길을 개척해나가는 혁명정신… (중략) 투쟁방식은 자력갱생, 간고분투입니다.('온 사회의 김일성-김정일주의화' 단락)

사회주의 국가정치제도를 공고히 발전시켜 인민 대중의 정치적 자주성을 철저히 보장하며 사회의 정치사상적 통일을 끊임없이 강화하여야 합니다. 인민정권 기관들은… (중략) 누구나 사회주의제도를 참된 삶의 품으로 여기고 사회주의를 위하여 몸 바쳐 투쟁하도록 하여야 합니다.('정치군사적 위력의 강화' 단락)

즉, 김정은은 인민정권 형태의 사회주의 강국을 지향하고 있으며, 국제사회의 대북제재 등 외교환경의 불비를 고려하여 외세에 의존하지 않고 자체적인 내부 동력으로 이를 달성하겠다는 의지를 천명한 것이다.

다음 '과학기술강국 건설' 단락에서는 이러한 '목표'를 달성하기 위한 개략적인 방법론을 제시한다.

짧은 기간에 나라의 과학기술발전에서 새로운 비약을 이룩하며 과학으로 흥하는 시대를 열고… (중략) 과학기술의 주도적 역할에 의하여 경제와 국방, 문화를 비롯한 모든 부문이 급속히 발전하는 나라입니다. (중략) 남들이 걸은 길을 따라만 갈 것이 아니라… (중략) 년대와 년대를 뛰어넘으며 비약해나가야 합니다. (중략) 핵심기초기술과 새 재료기술, 새 에네르기기술, 우주기술, 핵기술… (중략) 주 타격 방향으로 정하고 힘을 집중하여야 합니다. (중략) 과학기술과 경제의 일체화를 다그치고 나라의 경제를 현대화, 정보화하는 데서 과학기술 부문이 주도적인 역할…

나아가 '경제강국 건설, 인민경제 발전전략' 단락에서는 앞서 언급한 과학기술을 바탕으로 생산력을 높여야 한다고 강조한다.

경제강국 건설은 현시기 우리 당과 국가가 총력을 집중하여야 할 기본전선… (중략) 경제부문은 아직 응당한 높이에 이르지 못하고 있습니다. (중략) 필요한 물질적 수단들을 자체로 생산 보장하며 과학기술과 생산이 일체화되고 첨단기술산업이 경제성장에서 주도적 역할을 하는 자립경제 강국, 지식경제 강국이 바로 사회주의 경제 강국입니다. (중략) 국가경제발전 5개년 전략의 목표는 인민경제 전반을 활성화하고 경제부문 사이 균형을 보장하여 나라의 경제를 지속적으로 발전시킬 수 있는 토대를 마련하는 것입니다.

결국, 김정은은 과학기술 개발을 통해 내부 생산력을 제고하고, 군수경제에 비해 크게 뒤떨어진 인민경제의 발전을 통해 현재의 '심각한 제재 국면'을 돌파하고자 하고 있으며, 2020년까지 추진하고 있는 국가경제발전 5개년 전략을 통해 그 첫 단추를 채우려고 하는 것이다. 특히, 외교관계의 과제를 언급하는 '세계의 자주화를 위하여' 단락에서는 김정은 자신이 목표로 한 사회주의 강국을 실현해나가는 과정에서 '자주적인 핵보유국'에 걸맞은 외교활동을 주문한다.

자주성을 지향하는 모든 나라와 민족들은 제국주의자들의 교활한 량면술책과 기만적인 원조에 그 어떤 기대나 환상도 가지지 말아야… (중략) 자주의 강국, 핵보유국의 지위에 맞게 대외관계발전에서 새로운 장을 열어나가야 합니다. (중략) 대외사업 부문에서는… (중략) 핵보유국의 지위를 견지하는 원칙을 지켜야 합니다. (중략) 경제건설과 핵무력 건설을 병진시킬 데 대한 전략적 로선을 항구적으로 틀어쥐고 자주적인 핵무력을 질량적으로 더욱 강화해나갈 것입니다.

또한, 실제로 북한은 이 연설문 발표 이후부터 2017년 11월 29일 ICBM급 장거리 미사일인 화성-15형의 시험 발사에 성공하기까지 단거리 탄도미사일 위주의 기존 시험 발사 패턴(2014~2016.3, 26회 68발)을 바꿔 중장거리 탄도미사일을 30회(37발)에 걸쳐 시험 발사하는 등 '핵보유국의 지위' 주장에 필요한 핵능력의 완성(핵탄두+투발수단)을 끊임없이 추진한다.

한편, 핵무장에 대한 그의 기조는 북한이 화성-15형 미사일 시험 발사에 성공한 이후 바뀐다. 그야말로 '핵능력이 완성되었으니 경제에 집중하겠다'라는 점을 분명히 하는 동시에 '핵보유국'으로서의 자신감이 묻어나오는데, 그 첫 언급은 2018년 4월 20일 개최된 당 중앙위 제7기 3차 전원회의 시 연설이다.

> 2013년 3월 전원회의에서 제시한 경제건설과 핵무력 건설을 병진시킬 데 대한 우리 당의 전략적 노선이 밝힌 역사적 과업들이 빛나게 관철되었다는 것을 긍지 높이 선언… (중략) 현 단계에서 전당, 전국이 사회주의 경제건설에 총력을 집중하는 것, 이것이 우리 당의 전략적 노선… (중략) 핵개발의 전 공정이 과학적으로, 순차적으로 다 진행되었고 운반타격 수단들의 개발사업 역시 과학적으로 진행되어 핵무기 병기화 완결이 검증…

이는 지난 2013년 이른바 '핵-경제 병진노선'을 채택하면서, 그리고 2016년 7차 당대회에서 "핵-경제 병진 노선이 조성된 정세에 따른 일시적 노선이 아니다"라는 점을 분명히 한 언급을 철회하고 마치 "핵을 완성했으니 경제부문에 모든 역량을 집중하겠다"라고 천명하는 듯한 느낌마저 든다. 또한 김정은은 아래와 같이 부언한다.

국가경제발전 5개년 전략 수행기간에 인민경제 전방을 활성화하고 상승궤도에 확고히 올려세우며 나아가서 자립적이고 현대적인 사회주의경제, 지식경제를 세우는 것… (중략) 당의 새로운 혁명적 노선에 관통되어 있는 근본핵, 기본원칙은 자력갱생", "과학으로 비약하고 교육으로 미래를 담보하자!

이는 사회주의 경제건설의 단계적 목표 제시와 "외부의 지원에 기대지 않고 스스로 과학기술을 발전시켜 현재의 경제적 문제를 극복해야 한다"라는 방법론을 제시하는 동시에 이를 뒷받침할 교육의 역할을 강조한 것인데, 이러한 김정은의 단계적 목표와 달성방법에 대한 인식은 이후에도 지속된다.

한편, 미국 트럼프 대통령과의 '하노이 회담'이 결렬된 직후인 2019년 4월 10일 개최된 당 중앙위 제7기 4차 전원회의에서 김정은은 '자립적 민족경제'를 강조한다.

우리나라의 조건과 실정에 맞고 우리의 힘과 기술, 자원에 의거한 자립적 민족경제에 토대하여 자력갱생의 기치 높이 사회주의 건설을 더욱 줄기차게 전진… (중략) 자력갱생, 자급자족의 기치 밑에 굴함 없는 공격전… (중략) 자력갱생과 자립적 민족경제는 우리식 사회주의의 존립의 기초, 전진과 발전의 동력이고 우리 혁명의 존망을 좌우하는 영원한 생명선… (중략) 절약투쟁을 강화… (중략) 우리 당의 과학교육 중시, 인재중시정책을 철저히 관철… (중략) 경제강국 건설이 주되는 정치적 과업으로 나선 오늘 자력갱생을 번영의 보검으로 틀어쥐고… (중략) 사회주의 건설의 일대 양양기를 열어놓자는 것이 제7기 4차 전원회의의 기본정신…

이날 김정은의 언급에서 '자립적 민족경제' 외에 '자력갱생', '과학', '교육' 등 기존 핵심 키워드에서의 변동은 없어 보이며, 이틀 후에 개최된 최고인민회의 제14기 1차 회의 시정연설(2019. 4. 12.)에서는 '하노이 회담' 결렬에 따른 위기감과 자신감이 동시에 배어난다.

국가건설과 활동에서 자주의 혁명노선을 철저히 관철… (중략) 그 어떤 도전과 난관이 앞을 막아서든 우리 국가와 인민의 근본리익과 관련된 문제에서는 티끌만 한 양보나 타협도 하지 않을 것이며… (중략) 국가활동과 사회생활 전반에 인민대중 제일주의를 철저히 구현… (중략) 당의 령도를 백방으로 보장… (중략) 경제적 자립은 국가건설의 물질적 담보이고 전제… (중략) 사회주의 민족경제 건설에서 우리 당과 공화국 정부가 내세우고 있는 전략적 방침은 인민경제를 주체화, 현대화, 정보화, 과학화하는 것… (중략) 자립경제발전의 기본 동력은 인재와 과학기술…

특히, 핵을 놓고 벌이고 있는 미국과의 협상 국면에 대한 평가도 담겨 있는데, 미국이 핵협상 타결안(案)으로 제시하고 있는 '일괄적 핵 폐기 방안'에 대한 거부 의사를 분명히 하고 있다.

새로운 조미관계 수립의 근본 방도인 적대시 정책 철회를 여전히 외면하고 있으며 오히려 우리를 최대로 압박하면 굴복시킬 수 있다고 오판… (중략) 미국이 지금의 계산법을 접고 새로운 계산법을 가지고 우리에게 다가서는 것이 필요… (중략) 제재 해제 문제 때문에 목이 말라 미국과의 수뇌회담에 집착할 필요가 없다. (중략) 적대세력들의 제재 해제 문제 따위에는 이제 더는 집착하지 않을 것이며, 나는 우리의 힘으로 부흥의 앞길을 열 것…

이상의 내용을 종합하여 김정은이 공표한 '김일성 조선'에 대한 미래상과 이의 달성 수단 등 그의 '통치 목표'를 도식화하면 〈그림 2.8〉과 같다.

이를 앞의 〈표 2.2〉, 즉 합리적 행위자 이론의 '합리성 논란'을 극복하기 위해 고안한 분석 틀에 따라 가정한 김정은의 '통치전략'과 비교해보자.

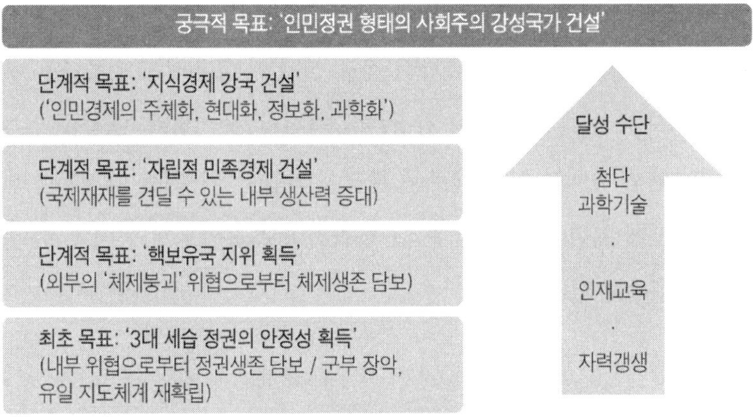

〈그림 2.8〉 김정은 시대에 공표된 그의 '통치 목표'와 달성 수단

〈표 2.2〉에서는 김정은의 '최선의 궁극적 목표'로 '대내·외 안보 위협이 없는 정권 안정성을 확보'하는 것으로 보았으며, 이의 달성 수단으로 강력한 정치권력 유지(정치적 측면), 핵개발을 통한 외부의 체제 위협 제거(대외적 측면), 국가 주도 경제발전 여건 마련(경제적 측면), 강력한 사회 통제력 달성(사회적 측면)을 가정했다.

그리고 김정은의 공개/연설문에서 식별되는 그의 '궁극적 목표'는 인민정권 형태의 사회주의 강성국가 건설이며, 이를 달성하기 위해 3대 세습 정권의 안정성 획득(정치적 측면), 핵보유국 지위 획득(군사·대외적 측면), 자립적 민족경제 건설(경제적 측면), 지식경제 강국 건설(경제·사회적 측면) 등 단계적 목표가 제시되어 있다. 또한 이러한 단계적·궁극적 목표달성을 위해 자력갱생, 인재교육, 첨단 과학기술을 활용할 것임을 밝히고 있다.

결과적으로, 합리적 행위자 이론의 대안적 분석 틀로 도출한 김정은의 '통치전략'과 김정은이 공표한 연설문 속에 제시된 '통치 목표'

및 '달성 수단'이 매우 흡사하다는 것을 알 수 있는데, 이는 앞서 제시한 '합리적 행위자 이론의 효과적 적용 절차'의 효용성이 입증하는 증거인 동시에, 이를 고려하여 김정은이 자신의 '통치전략' 달성을 위해 주어진 환경 속에서 어떤 새로운 환경을 만들어냈는지를 살펴본다면, 김정은 시대 북한의 변화를 좀 더 객관적이고 올바르게 읽어낼 수 있음을 말해주고 있다.

제3장

독재자 김정은의
통치전략과 추진 결과

1. 후계자 등극 시 그에게 '주어진 환경'

한 국가의 정책결정자가 정책을 선택할 때는 일종의 프로세스(그림 1.2)를 가질 것이며, 그 정책 구상의 출발점은 정책결정자가 직면한 '주어진 환경'일 것이다.

'주어진 환경'은 그들의 '목표 구상·설정'에도 영향을 미치지만, 그 목표달성을 위해 추진할 정책을 선택하는 데도 영향을 미친다. 즉 정책결정자가 '자신의 목표'에 도달할 수 있는 최단선의 경로를 선택하는 것이 합리적이지만, 주어진 환경이 목표달성을 위한 정책을 곧바로 선택할 수 없는 상황이라면 정책결정자는 '목표'달성에 유리한 '새로운 환경'을 조성하기 위한 중간 단계의 정책을 선택할 수밖에 없을 것이다.

따라서 '주어진 환경'은 정책결정자에게 '정책 선택의 자율성' 측면으로도 이해될 수 있다.

3대 세습 후계자 김정은에게 '주어진 환경'은 그가 아버지에 비해 충분치 않은 후계수업 기간을 거쳐 '김일성 조선의 3대 세습자'로서 북한을 떠안을 당시의 '통치환경'이며, 이 통치환경이 그의 '통치전략' 구상과 이의 달성을 위한 수단(정책) 선택에 어떤 영향을 미쳤는지 살펴보자.

1) 대내적 환경

김정일은 '2012년 강성대국 선포 예정일(4. 15.)'을 목전에 둔 2012년

11월 17일 사망한다. 비록 3대 세습 후계자인 김정은이 2010년 9월 27일 공식 등장하고 그 이전에 이미 후계수업을 시작하기는 했으나, 수십 년 동안 후계 기간을 통해 권력투쟁을 마무리하고 권력을 공고히 한 김정일에 비해 그 경력은 턱없이 부족했다.

"김정은이 군 생활을 통해 포병전술의 대가로 자리매김했으며, 국가안전보위부장으로서 내부 권력투쟁에 뛰어들어 권력을 공고화시키는 과정을 거쳤다"라는 주장도 있으나, 그러한 경험이 있고 없음을 떠나 김정일 사후 군 실력자들의 숙청과 장성택 일파의 제거 과정이 있었다는 점만으로도 김정일 사망 당시 김정은의 권력은 공고화되지 않았다고 보는 것이 타당하다.

2008년부터 김정일의 뇌졸중이 심화되기 시작한 것을 고려하면, 김정은은 늦어도 2009년부터는 후계자 수업을 시작한 것으로 보인다. 늦게 후계자 수업을 시작한 만큼 당시 김정은에게 가장 중요한 것은 '살아있는 권력 김정일'이 생존해 있는 동안 후계자로서의 권위를 획득할 수 있는 '치적'을 가능한 한 많이 쌓는 일이었을 것이다.

김정일이 그러했듯이, 세습 후계자인 김정은도 조기에 '후계자 치적' 쌓기 등 자신의 통치환경 조성을 위해 노력했으며, 당시 북한의 공식 발표와 주요 사건들을 중심으로 '3대 세습체제' 구축작업의 관심 사안들을 도출하면 다음과 같다.

첫째, 전력문제 개선 등 경제적 체질 개선이다. 당시 북한은 경제적 체질 개선에 노력을 집중하고 있었는데, 2008년 신년 공동사설에서 "강성대국 건설의 주공전선은 바로 경제전선"이라고 강조하면서 인민경제의 선행 부문과 기초공업 부문의 회생을 주문했다. 선행부문이란 전력(에너지)·석탄·금속·철도운수 부문을 일컫는데, 북한 당국은 이들 4대 부문이 정상화되지 않고는 경제 재건이 불가능하다고 보았기 때문이다. 2008년 4월 열린 최고인민회의에서 4대 선행부문에 대한 예산지출을 전년 대비 약 50%나 증가시켰다고 발표하고 김정일이 사망 전까지 평양에 주로 전력을 공급한다는 '희천발전소'를 수차례 반복 방문한 것도 전력부문의 체질 개선이 시급했다는 것을 방증한다.

하지만 최근까지도 신년 공동사설 및 김정은의 연설(발표)문에 "선행부문의 획기적 개선이 필요하다"라는 문구가 등장하는 점들을 보면, 김정일이 사망할 때까지 4대 선행부문에 대한 획기적 개선은 없었다고 보는 것이 타당하다.

둘째, 사회주의 체제에 기반한 대(對)주민 통제력의 복원이다. 북한은 2009년 들어 '150일 전투', '100일 전투' 등으로 명명된 노력동원운동을 전개하는데, 이는 일견 북한의 생산자원에 대한 '실태조사' 및 정상화 추진 등 생산성 증대를 위한 노력으로 보이기도 한다. 하지만 노력동원운동에는 '시장의 지속적인 역할 확대' 이후 상당수 주민이 국가가 지정한 기관·기업소에 출근하여 주기적 사상 통제(생활총화)에 순응하고 사회주의 계획경제의 틀 속에서 '기능'하기보다는 시장활동을 통해 개인적 이익 축적에 더 관심을 갖는 등 사회 전반에 '비사회주의적 현상'이 만연함에 따라 주민을 국가가 지정한 직장에서 생계활동과 사상통제를 받도록 하는 등 '사회주의 계획경제'의 범주라는 국가의 통제범위 안으로 끌어들이려는 의도가 담겨 있다.

또한 북한 당국은 2009년 11월 화폐개혁을 전격 단행하는데, 이 화폐개혁이 '시장'의 통제를 염두에 두고 있던 점을 미루어볼 때, 당시 북한 지도부는 시장의 지위와 역할 성장을 3대 세습의 위협요소로 인식한 것으로 보인다.

하지만 여기서 주목해야 할 점은 북한 주민의 '눈높이' 변화다. 과거 '고난의 행군' 시절 대규모 아사자가 발생했을 때 '정권에 대한 조직적인 반발'은 없었다. 아마도 당시 북한 주민의 의식 수준은 '조직적 반발'을 꿈꿀 수 있는 상황이 아니었을 것이다. 그러나 2009년의 북한 주민은 지난 시기 남북교류 활성화 등을 거치면서 경제 관념과 경제활동의 중요성, 그리고 국제사회의 '전략적 인내' 시기를 통해 '제재를 회피하면서 경제적 이익을 추구하는 노하우' 등을 습득한 상태였으며, 화폐개혁 당시 그들의 반응은 지난 '고난의 행군' 시기 주민과 분명히 달랐다.

특히, 친정권적 성향이 가장 강하다는 평양의 주민까지 화폐개혁 직후 인민위원회에 몰려가 집단적으로 항의하고, 총리가 공개적으로 사과하는 모습까지 만들어냈다.

이러한 모습은 현재 북한경제가 외형적으로 발전적인 변화를 보이고 있지만, 만약 국제적 제재 등으로 과거와 같은 심각한 경제난이 다시 발생한다면, 이미 경제에 대한 '눈높이'가 달라진 주민의 반응행동은 과거 1990년대와는 다를 것임을 말하고 있다. 아마도 하루 옥수수 100g을 먹는 데 익숙한 사람이 하루 옥수수 80g을 받을 때 갖는 상실감보다 하루 쌀 150g을 먹는 데 익숙한 사람이 하루 옥수수 150g을 받을 때 느끼는 상실감이 더 큰 것과 같은 이치일 것이다.

결국, 현재 북한 주민은 과거 대비 경제적 눈높이가 높아져 강력한 제재 등으로 인해 다시금 경제난이 심각해질 경우, 급격한 '상대적 박탈감'에 빠질 가능성이 크며, 당시 후계자였던 김정은도 이를 충분히 감지할 수 있었을 것이다.

셋째, 김정일의 '선군정치'가 3대 세습에 미치는 부정적 영향 최소화 등 권력 엘리트들을 세습 후계자 중심으로 결집시키는 것이다.

김정일은 1990년대 사회주의 체제의 모순과 몰락, 그리고 연이은 수해로 인한 최악의 식량난 등 체제위기를 극복하기 위해 '선군정치'를 채택했으며, 이로 인해 군의 역할이 급격하게 신장되었다. 비록 북한이 '당 국가'임을 고려할 때 당과 군의 우선순위를 논하는 것이 큰 의미는 없을 것이나, 국방위원회를 앞세운 이른바 '비상시국'에서는 군의 역할이 커질 수밖에 없었으며, 이는 후계수업 기간이 짧은 세습 후계자 김정은이 권력을 안정적으로 계승하는 데 여러 장애물 중 하나였다.

이에 김정일은 2009년 들어 부쩍 '선군도 당의 령도하에 선군'을 강조[58]하는 등 생존 후반기에 그동안 특별히 강조하지 않았던 '군에 대한 당적(黨的) 통제'를 강조하고, 군의 실력자들을 리영호 총참모장 등 당시의 새로운 인물로 재편하는 한편, 2009년경 김정은을 국가안전보위부장으로 임명(정성장, 2011)하여 권력 엘리트들의 동향을 감시하게 했다. 또한 2010년 9월 제3차 당대표자회 때 후계자에게 인민군 대장계급과 함께 당 중앙군사위 부위원장 직책을, 그리고 현재 김정은 정권의 핵심역할을 수행하고 있는 민간인 출신의 최룡해를 인민군 대장에 임명하는 등 김정은과 그의 측근 세력에게 '군내(軍內) 영향력' 행사를 위한 발판을 마련한다.

넷째, 후계자의 위기극복 능력에 대한 '내부 확신'의 확산이다. 이는 화폐개혁 실패 직후 강경한 대남 행보를 이어온 것과도 연관되어 있는데, 북한이 화폐개혁 단행 수개월 전부터 남북정상회담을 빌미로

---

58) 북한군 출신 탈북민 D씨에 따르면, 2009년경 북한군 기관지인 「조선인민군」에는 "'선군, 선군하는데, 선군도 당의 령도 하에 선군이다'라는 김정일의 교시가 기사화되기도 했다"고 한다.

한국에 대규모의 식량과 다음 해 식량 증산을 위한 비료 지원을 강력하게 요구하고, 이 요구가 화폐개혁 직전까지 지속된 부분에서 연결점을 찾을 수 있다.

북한 당국이 화폐개혁을 전격 단행했을 때 애초의 목적은 오극렬 인민군 대장의 노동당 작전부와 같이 '고난의 행군'과 선군정치 등 비상시기에 정권유지의 조력자 역할을 통해 성장했으며 시장과 연계한 독자적인 경제활동으로 부를 축적해온 기득권 세력에 대한 견제 및 그동안 식별되지 않은 시장의 '큰손'들을 파악하는 것이었다. 또한 이를 통해 시장 내 '검은돈(Black Money)'을 회수하여 재정 건전성을 향상시키고, '비사회주의 현상'의 온상인 시장을 통제하여 '3대 세습의 장애물'을 제거·통제하는 한편, 그동안 주민에게 생필품을 공급해온 시장을 대신하여 당국이 생필품을 공급함으로써 주민통제력을 회복하는 것이었다.

하지만 북한 당국은 '물가폭등으로 인한 생필품 공급 마비'를 집단적으로 항의하는 주민에게 무기력하게 대응하다가 두 달 만에 실패를 공식 인정하는 '초유의 사태'[59]을 맞는다.

결국, 당시 북한 지도부는 3대 세습의 조기 안정을 위해 세습의 장애물이 될 수 있는 '시장'을 통제함으로써 주민에 대한 당국의 통제력을 회복하려 했으나 '시장'의 반발로 실패했다. 이로 인해 북한 내부는 심각한 혼란에 빠짐으로써 '내정된 후계자'의 위기관리 능력에 대

---

[59] 북한 역사상 당국이 두 달 만에 정책실패를 인정하고 사과한 사례는 찾아보기 어렵다. 물론, 당 계획재정부장(박남기)을 '주범'으로 몰아 일반 주민의 불만이 지도부를 향하는 것은 막았지만, 북한 지도부가 이를 '심각한 위기'로 인식하기에는 충분했을 것이다.

한 신뢰가 더욱 절실했을 것이다.

북한 지도부는 이를 극복하는 방법으로 '세습 후계자의 군사적 리더십과 대남 역할'에 초점을 맞췄다. 북한이 후계자 김정은을 대내외적으로 'GPS를 활용한 포병전술의 대가'로 선전했듯이, 2009년 말부터 서해 NLL 부근 해상에 포병사격(도발)을 감행함으로써 한국의 정치권과 여론을 분열시켰다. 이어, 김정은이 2010년 1월 2일 '류경수 105 땅크 사단' 방문 시에는 직접 전차에 탑승하여 훈련장에 도식된 '(한국의) 중앙·구마 고속도로'를 거침없이 내달리는 모습을 별도 영상자료로 제작하여 군부대에 배포하는 한편, 후일 조선중앙통신 등을 통해 선전하기도 한다.

또한, 마치 화폐개혁 실패 이후 혼란스러운 내부의 동요를 밖으로 돌리기라도 하려는 듯 2010년 3월 26일 천안함을 어뢰로 폭침시키고, 그해 가을 한국 정부가 추진하던 '대북 수해지원 협상'이 난항에 빠진 11월 23일 한국군 단독[60]으로 실시된 '화랑훈련'이 종료된 직후 한국의 연평도에 포격도발을 감행한다.

이를 종합해볼 때, 2009년 세습 후계자로 공식 등극한 김정은과 그에게 안정적으로 권력을 승계하려는 김정일은 지난 시기 '선군정치'로 위상이 높아진 군부를 포함한 권력 엘리트들을 후계자 김정은과 당을 중심으로 결집시킴으로써 안정적인 3대 세습 구도를 조기에 안정시켜야 하는 과제, 그리고 국가 주도의 성장 동력을 상실한 북한경제

---

60) 당시 한반도 주변에서는 천안함 사태 이후 한미 연합 또는 한국군 단독으로 동·서해 NLL 이남에서 해상 및 도서 훈련을 실시하는 경우가 많았다. 당시 북한은 미군의 즉각적인 개입이 우려되는 한미 연합훈련이 아닌 한국군 단독훈련을 선택하여 도발을 감행한다.

의 체질을 개선하여 주민을 국가 주도의 공식 경제부문으로 복귀시킴으로써 사회에 대한 통제력을 다시 강화해야 하는 숙제를 안고 있었다고 볼 수 있다.

2) 대외적 환경

김정일은 사망 전 아픈 몸을 이끌고 중국과 러시아를 자주 방문한다. 전통적인 북한의 우방인 중국과 러시아는 북한이 '핵개발'로 인해 국제사회와의 관계가 악화일로로 치닫는 과정에서도 제한적으로나마 북한의 입장을 대변[61]하며 국제사회가 추진하는 대북제재의 '구멍'으로 기능했다.

따라서 당시 김정일의 중·러 방문은 국제적 제재와 '천안함 사태' 이후 한미의 군사적 압박이 고조되는 상황에서 정치·경제적 지원을 획득하려는 의도로 보아도 무방할 것이다.

특히, 중국에는 제재로 인해 각종 물자의 수출·수입망이 좁혀지고 있는 상황에서 '경제를 유지·회생시키기 위한 자금과 물자의 유출·유입 창구' 역할을, 러시아에는 '4대 선행부문 등 기존 산업의 회생을 위한 기반 설비의 개선' 역할을 기대한 것으로 보인다. 왜냐하면, 미국 등 국제사회의 대북제재에도 불구하고 긴 국경선을 연하고 있는 중국이 국경선을 완벽하게 통제하지만 않는다면, 수십 년 동안 진행된

---

61) 중국과 러시아가 미국 주도의 대북제재에 미온적인 이유는 여러 가지가 있겠으나, 세계 권력이 미국 중심으로 수렴될 경우, 자신들의 권익침해 가능성과 북한 붕괴가 자신들에게 미칠 부정적 영향을 중요하게 고려했을 것이다.

제재 속에서 나름의 회피 방법을 체득한 북한 당국과 주민이 식량 및 생필품, 그리고 경화 획득의 창구로서 '중국의 유용성'이 유지될 것이며, 1945년 해방 이후 북한에 각종 산업 기반시설 설립을 지원했던 러시아의 산업 기술(동북아공동체연구재단, 2018)과 이를 활용한 노후 산업시설의 복구는 내부 경제회생 동력을 상실한 북한이 국가 주도로 공식 계획경제 부문 정상화 등 경제발전을 추진하기 위해 꼭 획득해야 하는 요소이기 때문이다.

하지만 핵능력 완성을 위해 반복적으로 단행한 핵·장거리미사일 실험으로 인해 국제사회의 대북제재는 더욱 촘촘해졌으며, 미국 트럼프 행정부 출범 직후 한동안 중국이 갑자기 과거의 미온적 태도를 버리고 적극적인 제재 행보를 보임[62]으로써 북한은 수출·수입은 물론, 자금의 유출·유입과 각종 인력수출 통제강화 등 한동안 과거보다 한층 강화된 전방위 압박을 맨몸으로 겪어야 했다.

특히 당시 중국을 포함한 해외에 나가 있는 상당수의 북한 노동자들은 주재국에서 '비자'를 연장해주지 않아 비자가 만료되면 북한으로 돌아가야 하는 상황에 처했다. 또한 일부 중국의 장기 체류자들은 주재국들이 'UN 제재' 이행을 위해 장기비자 재발급을 불허함에 따라 '단기 체류 비자'를 허가받기 위해 과거에는 불필요했던 '여행비용'을 들여가며 주기적으로 북한의 신의주를 들락거리면서 외화벌이에 종사해야 했다.

---

62) 중국에서 외화벌이 업무를 하다가 탈북·입국한 탈북민 C씨의 증언에 따르면, 당시 '조-중 우호의 상징'으로 표현되던 '해당화' 등 중국 내 여러 북한 식당에 본국의 '철수 명령'이 내려질 정도로 대북제재에 대한 중국의 태도가 급격히 달라졌다. 하지만 남북관계 개선 및 북미대화가 진행되면서 얼마 가지 않아 중국의 대북제재는 과거 수준으로 회귀한 것으로 보인다.

해외에 거주하는 북한 외화벌이 일꾼들은 과거 제재가 강화될 때도 "우리는 해방 직후부터 계속 제재를 받아왔으므로 그러한 생활에 이미 적응되어 있다"라는 식으로 무관심하게 반응했지만, 2017년의 상황은 분명히 달랐다. 특히, 중국 당국은 그 어느 때보다 대북제재에 적극적이었다.

물론 중앙·지방정부 차원의 제재 강화와 달리 동북 3성의 민간기업들은 대북제재 속에서도 편법으로 북한과 교역을 하고 있어 극단적인 '교역 절벽'이 현실화되지는 않았지만, 이미 북한 주민과 외화벌이 일꾼들은 '이번엔 뭔가 다르다'라는 것을 느낄 정도였으며 '앞으로 어떻게 될지 모른다'라는 생각을 갖기에 충분한 상황이었다.

그리고 이러한 '위기의식'은 대부분의 교역 상대국이 중국이라는 점, 그리고 대부분의 수출·수입이 중국의 영토를 거쳐야 한다는 점을 고려하면 더욱 클 수밖에 없었다.

2018년부터 남북대화 성사 및 비핵화를 전제로 한 북미대화가 진행되고 미중 갈등이 커지면서 중국의 대북제재 수준이 다시 과거로 회귀하는 모습을 보이고는 있지만, 2017년 말까지 이어진 '중국의 적극적 대북제재 참여'는 김정은에게 큰 중압감을 주었을 것이다.

당시 북한은 '불완전한 핵무기', 즉 핵탄두는 보유했으나 미국을 실질적으로 위협하고 협상 테이블로 끌고 들어올 수 있는 투발수단(ICBM)은 갖추지 못했다. 그리고 점증하는 제재의 강도 속에서 '핵개발'과 경제발전 및 생필품 확보에 필요한 자금을 조달하는 과정에서 중국에 천연·경제 자원을 저가로 매각해야 하는 등 불평등한 경제적 침탈이 날로 심해지고 있었다.

결론적으로 김정은이 후계자로 등장한 시기 북한의 대외관계는

'핵개발'로 인해 국제사회가 대북제재를 강화하여 고립이 심화되는 상황 속에서 전통적인 우호관계에 호소하거나 천연자원의 저가-대량 판매[63] 등 일부 '국익'을 포기하더라도 전략적으로 중국과 러시아의 정치·경제적 지원과 협력을 기대해야 하는 '고립 심화 속 제한적 협력'이라는 절박한 상황이었다.

이러한 대외부문의 '주어진 환경'은 권력 유지를 추구하는 3대 세습 후계자 김정은에게 다음과 같은 의미와 숙제('단계적 목표')를 부여했을 것이다.

첫째, 김정은 중심의 권력 안정을 가능한 한 조기에 추진해야 할 필요성이다. 당시 짧은 후계수업 기간을 거친 김정은에게는 '명실상부한 수령'의 권위가 부족했다. '김정일 운구 7인방'으로 대변되는 핵심 권력 엘리트 그룹은 김정은과 함께 '김일성 조선'의 과실(果實)을 공유하기는 했지만, 석탄의 대중(對中) 수출권 등 이권 독점[64]을 추진하다가 후일 처형된 장성택처럼 김정은을 중심으로 응집하기보다는 혼란스러운 내부 상황 속에서 자신의 이익을 극대화하기 위해 '김일성 조선'의 유지를 지지하면서 대외관계를 활용하고 있었다. 따라서 '김일성 조선'의 영속성을 꿈꾸는 김정은은 권력 엘리트 그룹 내에서 자신

---

63) 북한은 김정은이 후계자로 등극한 2010년부터 대북제재로 석탄수출이 사실상 금지된 2017년까지 석탄에 대한 '수출 와크'를 전면 해제하여 경제발전에 필요한 자금을 확충했으며, 중국의 해관통계 등의 공식자료와 당시 북-중 간 체결된 석탄수출 계약 등을 볼 때, 당시 석탄 수출규모는 북한의 전체 수출물량 중 가장 큰 비율을 차지했다.

64) 2013년 장성택 처형 당시 국정원에서 국회 정보위에 공개한 자료를 보면, 김정일 사망 전후 이러한 대중국 석탄의 저가(低價) 수출은 장성택 휘하의 당 행정부 산하 54부와 무역상사가 주도한 것으로 보이며, 여기에서는 조중우호협력위원회 위원장이라는 장성택의 직함도 중요한 연결고리로 작용한 것으로 보인다.

을 중심으로 응집되지 않는 '그룹'을 하루빨리 제거할 필요성을 절감했을 것이다.

둘째, '핵무기를 조기에 완성해야 한다'라는 절박함이다. 당시 한미를 비롯한 국제사회가 하루가 멀다 하고 '북핵 폐기'를 강요하며 높은 수위의 제재를 또다시 강화하는 상황에서 세습 후계자 김정은에게는 '핵개발 포기 후 국제사회와의 협력' 또는 '핵무기 완성 이후 국제사회의 협상'이라는 두 가지 선택지가 있었을 것이다.

하지만 리비아 카다피 사례에서 볼 수 있듯이, 그리고 그동안 북한의 정책결정자들이 리비아 카다피와 이라크 후세인의 사례에서 '핵무장 포기 이후 미국의 믿지 못할 행보'를 뼈저리게 곱씹어온 것처럼 전자의 선택은 사실상 김정은에게 '김일성 조선의 영속성'을 보장받지 못하는 것으로 인식되기에 부족함이 없었다.

셋째, '외교관계를 재설정'해야 하는 당위성이다. 당시 북한의 대외환경은 핵능력을 빠른 시간 안에 완성한 후 미국과의 관계를 재설정하는 한편, 비록 미국에 비해 우호적이기는 하지만 천연자원의 저가 침탈 등 '어려운 북한의 상황'을 활용하여 자신의 이익을 추구하는 중국 등과의 '관계를 재설정'해야 할 유인을 제공하기에 충분했다.

만약 중국과 러시아가 UN의 대북제재 이행에 적극적인 자세로 전환하여 북한과 접하고 있는 국경을 완벽하게 통제할 경우 북한의 고사(枯死)는 생각보다 수월했을 것이다. 하지만 국경 통제를 일시적으로 강화했다가 다시 완화하는 것을 반복하면서 천연자원 등 북한의 이익을 싼값에 침탈[65]하는 한편, 북한이 2015년 2월 경제개발에 필요한 자

---

65) 2017년 10월 국회 산업통상자원중소벤처기업위원회 소속 더불어민주당 어기구 의원실에서 한국광물자원공사로부터 입수하여 언론에 배포한 자료에 따르면,

금을 조달하기 위해 'AIIB(아시아인프라투자은행) 가입'을 요청했을 때 반대한 중국처럼 그야말로 북한의 안정을 위해서가 아니라 자신들의 이익을 위해 북한이 고사되지 않는 수준에서 지원과 협력을 제공하는 우방국의 행태를 본 김정은은 향후 이들과의 관계를 재설정해야 할 필요성을 느꼈을 것이다.

3) 경제적 환경

김정일이 생애 후반기에 아픈 몸을 이끌고 자주 경제현장을 현지지도했음에도 불구하고 4대 선행부문의 실질적인 지표 개선은 나타나지 않았다. 평양 살림집 10만 호 건설, 희천발전소 건설을 통한 평양의 안정적 전력 공급, 100% 수입에 의존하고 있던 '코크스'가 필요 없는 주체철 생산방식 개발, 석탄 가스화를 통한 비료 생산, CNC(컴퓨터 정밀 수치제어) 기술 등 김정일 사망 직전까지 북한의 공식 매체에서 '자화자찬' 식으로 보도되고 대서특필된 경제 관련 혁신적 뉴스들은 김정일 사망과 함께 관련 보도가 사라지고 이후 그 '성과'가 다시 크게 거론되지 않는 등 당시 경제분야 성과 보도는 최고지도자 보고용 또는 후계자 치적 선전용으로 해석하는 것이 타당하다.

게다가, 당시 북한의 공식 매체가 김정일의 경제분야 현지지도를 통해 '공식 계획경제 부문(공장 · 기업소)의 생산력 증대'를 자주 보도했음에도 불구하고 김정일의 현지지도(방문) 시간이 계획된 일정보다 길어

2017년 북한이 외국과 체결한 광물자원 개발사업 38건 중 33건(87%)을 중국과 계약했으며, 10~50년간 장기계약 10건은 모두 중국과의 계약이었다.

질 경우, 해당 공장에서 사전 준비한 재료가 떨어져 생산 라인이 정상적으로 가동되지 못한 사례도 있었다는 일부 탈북민의 증언, 그리고 최근 김정은의 공개 현지지도 시에서도 '보여주기식' 시연에 대한 '불신'이 감지[66]되는 점을 볼 때 당시 공식 매체의 기사에는 '허수'가 많을 가능성이 크다.

이와는 반대로 국가의 계획경제 상 존재하지 않는 민간 수준의 생산·유통능력은 시장 등 사적 경제부문의 역할 성장에 힘입어 꾸준히 증가하고 있었다. 국가의 배급능력 상실로 인한 시장화 현상 확산, 그리고 당국조차 시장화 현상을 용인하고 시장으로부터 '공식적·비공식적 재정수입(세금, 뇌물)'을 거두는 형태가 장기간 지속되면서 북한의 경제는 이른바 '위로부터의 경제관리 방식 변화(계획과 시장의 공존)'와 '아래로부터의 자발적인 시장화 확산'이라는 이중적 경제변화 동력의 병존 구조가 이미 정착되어 있었다.

특히, 2009년 11월 전격 단행된 화폐개혁 직후 시장에 유통되던 식량 및 생필품을 회수·저장함으로써 물가폭등을 가져온 '시장의 반응'으로 인해 북한 당국이 두 달 만에 주민에게 '정책실패'를 인정한 사례는 당시 북한의 경제가 '공식 경제부문의 침체와 사적 경제부문의 역할 증대'라는 틀 속에 있었음을 잘 보여준다.

그렇다면, 북한이 공식 경제부문의 규모를 확대하려 했던 2009년 화폐개혁이 왜 두 달 만에 실패할 수밖에 없었는가? 이는 당시 김정은

---

66) 2018년 12월 3일 김정은이 원산 구두공장 방문 시 "불쑥 예고 없이 찾아왔는데 신발풍년을 보았다"(조선중앙통신)라며 사전에 준비되지 않은 상태에서 방문했음을 강조한 것은 김정은의 머릿속에 '보여주기식으로 준비된 거짓 생산능력'에 대한 불신이 자리 잡고 있음을 방증한다.

의 '조선'이 어떤 경제적 한계를 떠안고 있었는지를 설명하는 핵심 단서이므로 좀 더 자세히 살펴볼 필요가 있다.

2009년 화폐개혁의 목적과 화폐개혁 초기 노동자들에 대한 월급 인상 등 자신감 있는 조치들을 볼 때, 당시 북한 당국은 공식 경제부문의 생필품 생산능력 정상화에 대한 확신은 물론, 주민에 대한 공급(배급)능력을 최소한 1년 이상 유지할 수 있다는 자신감을 갖고 있었어야 한다. 왜냐하면, 만약 그러한 능력이 담보되지 않은 상태에서 화폐개혁을 단행한다는 것은 주민에 대한 배급능력이 없는 상태에서 '실패'를 예측한 가운데 '정책'을 실행했다는 것을 의미하는데, 중요 정책의 실패와 그로 인한 혼란이 이제 막 후계수업을 시작한 김정은의 권력 안정에 불리한 환경으로 작용할 수밖에 없다는 점과 2010년 초 박남기 당 계획재정부장 처형과 주민에 대한 사과 등 후속조치 속에서 무기력한 북한 당국의 대응을 고려한다면, '실패를 예측한 화폐개혁 단행' 주장은 설득력이 없다.

필자는 화폐개혁 실패의 가장 큰 원인으로 '공식 경제부문의 생산능력 정상화에 대한 북한 지도부의 오판'을 지목하고자 한다. 즉, 북한이 2000년대 한국의 '햇볕정책' 등 국제사회의 다양한 '지원'을 활용하여 꾸준히 추진한 '공식 경제부문의 정상화 발판 마련' 판단에 오류가 있었다는 것이다.

2009년 북한에서는 세습체계 구축이 핵심 이슈였던 만큼 CNC, 주체철, 희천발전소 등 후계자 김정은의 치적으로 선전할 공식 경제부문의 획기적 성과들이 하루가 멀다 하고 보도되고 있었고, 「로동신문」은 김정일이 아픈 몸을 이끌고 경제분야를 현지지도하면서 수많은 생필품을 배경으로 찍은 사진을 보도하는 등 공식 경제부문의 생산력이 확대되고 있음을 알리고 있었다.

하지만 정작 화폐개혁이 단행되자 공식 경제부문은 주민에게 생필품을 공급하지 못했고, 시장이 유통 물품을 회수(저장)하는 '사적 경제부문'의 반발에 더없이 무기력했다.

이러한 결과는 대내 경제적 측면에서 크게 세 가지 가정을 가능케 한다.

첫째는 당시 북한의 공식 경제부문은 이미 사적 경제부문의 보조적 역할 없이는 독립적으로 가동될 수 없는 '분리될 수 없는 상호 보완·보충적 반결합 상태'(그림 2.5)에 빠져 있을 가능성이며, 둘째는 병든 김정일과 어린 김정은에게 보고한 공식 경제부문의 성장치에 허수[67]가 있었을 가능성이고, 마지막 셋째는 이 두 가지 요인이 동시에 작용했을 가능성이다.

만약 첫 번째가 이유라면, 기본적으로 계획경제 체제 속에서 '와크'로 가동되는 공식 경제부문(특히 생필품 공장)들조차 지난 수십여 년간 북한 주민의 실생활 해결에 큰 역할을 담당해오면서 경제분야 전반에 뿌리를 내린 공식·사적 시장 등 사적 경제부문에서 그들의 생산 원료를 조달해왔기 때문에 사적 경제부문의 '보이콧(물품 회수·저장)'에 무기력할 수밖에 없었을 것이다.

그리고 만약 두 번째가 이유라면, 당시 김정일이 하부의 보고를

---

67) 이는 1950년대 후반 중국 마오쩌둥이 '10년 안에 영국, 미국을 따라잡겠다'라며 야심 차게 추진한 '대약진 운동' 시 철강 등 생산단위의 간부들이 생산량을 확대·허위보고한 것과 일견 유사하다. 2008~2009년 이른바 세습체계 구축과정 중 하나인 '100·150일 전투' 등 생산량 증대운동이 추진되는 상황에서 향후 자신의 정치·경제적 안위와 성패를 좌우할 수 있는 '생산량 보고'를 원칙대로 '개선 성과 없음'으로 보고할 각급 생산단위의 장(長)들은 별로 없었을 것이다.

잘못 판단했거나 각급 생산단위와 관리성원 등이 성과를 과대 포장하여 허위보고한 것이 그 원인일 것이다. 이는 향후 경제발전을 도모하는 김정은이 '경제 분야의 많은 것들을 새롭게 확인하고 재평가해야 하며 새로운 방향과 목표를 설정해야 한다'라는 점을 의미하는 등 앞서 거론한 김정은의 '통치전략' 실행이 녹록지 않음을 말해준다.

특히, 두 번째 가정은 김정일 사망 직후 김정은이 당·정·군 간부들에게 '김정일 생존 시 선대(김정일)와의 약속 이행'과 '현장 중심의 역할'을 강조하는 한편, 경제부문에 대한 불시 방문 형태의 현지지도 등 생산단위에 대한 불신이 식별되는 점을 볼 때, 화폐개혁 실패의 중요한 이유 중 하나인 것에는 틀림이 없어 보인다.

한편, 공식 경제부문-사적 경제부문의 반결합 상태와 사적 경제부문의 역할 성장이라는 당시 경제적 환경은 주민의식의 성장이라는 사회적 환경과 함께 세습 후계자 김정은에게 경제개발의 방식에 관한 고민거리를 제공했을 것이다.

즉, 권위주의적 독재자 김정은은 낙후된 북한의 경제발전을 위해 '미개발추구', '지대추구' 또는 '개발추구' 방식 중 무엇을 선택해야 할지를 고민해야 했다는 것이다.

이 중 '미개발추구' 방식(우민화 정책)을 선택한다는 것은 주민이 국가의 정치적 억제·통제에 대해 별다른 관심을 갖지 않도록 경제적 혜택을 꾸준히 제공하면서 정권의 안정성을 유지하는 것을 말한다. 그러나 북한에는 석유를 팔아 주민에게 일정 금액을 정기적으로 제공한 리비아의 카다피처럼 할 수 있는 천연 부존자원이 턱없이 부족하다. 오히려 경제발전 없이는 주민에게 일정 수준 이상의 생필품을 제공할 여력이 없다고 보는 것이 맞다.

또한, 김정일 시대처럼 기존의 '지대추구' 형태를 고수한다는 것은 장기적 측면에서 시장 중심의 '통제되지 않은 변화'에 대한 우려를 감수한 가운데 경제적 및 비경제적 자원에 대한 기존의 장벽을 그대로 유지하면서 기득권층의 권익과 단기적인 정권의 안정성을 만끽하는 것을 말한다.

하지만 김정은은 감수성이 예민한 10대 시절의 대부분을 부유한 시장경제 체제에서 보냄으로써 국가 경제의 '수준'에 대한 눈높이가 낮지 않았을 것이며, '강력한 추진력'을 가지고 있음을 엿볼 수 있는 여러 정황을 고려할 때 '경제발전(정책)'을 시도해보지도 않고 집권 당시의 '낙후된 경제 수준'을 유지하려 했을 가능성은 극히 낮다.

마지막으로, '개발추구' 방식을 선택한다는 것은 경제발전을 통해 정권의 중장기적 안정성을 도모하는 '통제된 개혁'을 추진하는 것을 의미한다. 하지만 이 방식은 국제사회의 제재와 내부의 경제수준을 볼 때, 손쉬운 성공을 보장하지도, 결과를 쉽사리 예측하게 하지도 않는다.

그럼에도 불구하고 이 방안은 시장의 역할과 주민의 의식이 지속적으로 변화하는 상황에서 극단적인 억압을 통해 그들을 통제하는 것 이외에 '장기적인 정권 안정성'을 추구할 수 있는 거의 유일한 선택지이므로 '김일성 조선'의 영속성을 꿈꾸고 강력한 추진력을 갖춘 '3대 세습 지도자'가 충분히 시도해볼 만한 방안이다.

따라서 김정은은 핵개발을 포기하지 않은 가운데 경제발전의 성공 또는 실패 여부와 상관없이 일단 '개발추구'라는 경제분야 통치방식을 채택했을 개연성이 크다.

물론, 김정은이 경제발전 추진과정에서 주민의식 변화 가속화 등 오히려 '체제 불안정 위협'이 통제 수준을 넘어선다면 '개발추구' 형태의 통치방식을 철회하고 '지대추구' 같은 과거의 통치방식으로 회귀하는 것이 합리적이다. 하지만 일단 과거 경제난 개선을 추진했던 김정일 시대의 경험, 독재권력을 유지한 가운데 체제위협 요소인 '시장의 요구'를 적절히 통제하면서 경제를 발전시키고 있는 중국의 사례, 그리고 권위주의적 권력을 바탕으로 경제발전에 성공한 '동아시아 개발국가' 모델 등 국가 주도 경제발전 성공·실패 사례를 연구하여 당시 자신의 '조선'에 최적화된 경제정책을 구상했을 것이다. 그리고 이것은 '합리적 행위자'라면 당연히 사전에 준비·학습해야 할 '정보'의 범주다.

2. 김정은 시대 '만들어진 환경'

김정일 사망 당시 김정은에게 '주어진 환경'은 ① 자신을 중심으로 한 권력구조 재편 ② 사적 경제부문의 역할 증가에 따른 주민의 의식변화 억제·통제 등 사회주의 체제에 기반한 대(對)주민 통제력 복원 ③ 결정적 대외 협상카드이자 체제 안전보장 무기인 '핵무기' 확보와 대외적 협상능력 제고 등 외교관계 재설정 동력 확보, 그리고 지난한 과정과 시간이 소요될 수밖에 없는 '핵협상' 국면 속에서 ④ 내부 생산력을 높여 체제의 경제·사회적 내구성을 유지하는 등 '김일성 조선'의 영속성 확보에 필요한 '기반'을 마련하는 조치들을 무리 없이 진행해야 하는 과제를 부여했다.

그렇다면, 김정은은 '주어진 환경'이 부여한 과제들을 어떻게 해결하고 있는가?

1) 세습 후계자 중심의 체제 결속

'김일성 조선'의 세습 후계자 김정은에게 가장 시급한 것은 자신을 중심으로 체제를 결속하는 것이며, 권력 상층부의 결집이 무엇보다 중요하다. 특히, 1927년 마오쩌둥(毛澤東)이 "권력은 총구에서 나온다(槍杆子裏面出政權)"라고 말한 것처럼 사회주의 국가에서 군부 장악은 최우선 과제다.

김정은이 후계체계 안정 측면에서 군부 장악을 최우선으로 인식했다는 것은 여타 당·정 직위 획득 시기 대비 군부 직위를 우선 장악한 부분에서도 엿볼 수 있다. 김정일의 뇌졸중 발병으로 후계작업 추진이 본격화된 2008년 이후 김정은은 국가안전보위부장으로서 후계수업을 진행하다가 2010년 9월 3차 당대표자회 때 인민군 대장이자 신설된 당 중앙군사위 부위원장에 선임되는 등 사실상 와병으로 직무수행이 어려운 당 중앙군사위원장 김정일을 대신하여 군에 대한 당권을 확보한다.

또한, 2011년 12월 17일 김정일이 사망하자 12월 29일 장례식을 마무리한 직후인 12월 31일 황급히 당 정치국회의를 개최하여 북한 무력의 최고 지위인 최고사령관에 추대됨으로써 북한의 모든 무력에 대한 지시·명령권을 장악한다.

나아가, 2012년 4월 개최된 4차 당대표자회에서는 김정일 사후

공석이던 당 중앙군사위원장에 선임되는 한편, 2012년 7월 18일에는 당 중앙위 및 중앙군사위, 국방위원회, 최고인민회의 상임위 공동명의로 북한의 최고 군사계급인 '공화국 원수' 칭호를 수여 받는다.

이는 2016년 들어서야 최고인민회의 제12기 5차 회의 및 7차 당대회를 통해 국방위 제1위원장(政, 현 국무위원장)과 당 위원장(黨, 구 총비서)에 추대·선임된 것과 대비될 정도로 후계체제에서 신속하고도 우선적인 군권(軍權) 장악이 김정은의 세습정권 안정에 시급한 과제였음을 방증한다. 군권을 장악한 직후인 2012년 7월 아버지 김정일이 남겨놓은 군부 '최고 실력자' 리영호 총참모장을 숙청한 것 또한 3대 세습 정권의 안정화에 군의 장악이 얼마나 시급한 과제였는지를 우회적으로 잘 말해준다.

김정은은 김정일 사망 직후 군부대를 중심으로 한 현지지도와 군 주요 직위자들의 강등-진급의 반복, 그리고 '군대의 제대로 된 훈련과 싸움 준비 완성'을 강조하면서 군부 장악과 길들이기를 진행한다. 이와 관련된 김정은의 공식 언급을 살펴보자.

전시에는 싸움을 잘하는 군인이 영웅이지만, 평시에는 훈련을 잘하는 군인이 영웅입니다. (중략) 훈련을 실전의 분위기 속에서 진행…(2012년 4월 4차 당대표자회를 앞두고 실시한 당 중앙위 책임 일꾼과의 대화)

백두산 훈련 열풍을 세차게 일으켜… 진짜배기 일당백의 싸움꾼(2012년 4월 15일 김일성 생일 100주년 대중연설 및 2016년 5월 7일 7차 당대회 중앙위 사업총화문)

중대의 군사대상물을 돌아보면서 싸움 준비와 훈련실태를 요해한 후 전투임무 수행의 특성에 맞게 여러 가지 훈련들을 실전의 분위기 속에서 진행하여 군인들을 그 어떤 어려운 전투임무도 훌륭히 수행하는 다병종화된 싸움꾼들로 준비시킬 데 대한 문제 등 싸움 준비 완성에서 지침으로 되는 강령적인 과업들을 제시(2017년 1월 19일 조선인민군 제233 군부대 직속 구분대 현지지도)

이러한 김정은의 의지는 선군정치의 영향으로 민간인에 대한 우월적 권한을 행사하던 군부의 위상을 하락시키고, 보급 등 군인들의 실생활을 악화시키는 등 당시 북한군 일선부대에 '고통 감내'를 강요했다. 예를 들어, 과거 북한군은 열악한 보급으로 인해 일과 중 훈련보다는 영농 및 부업 활동에 할애하는 시간이 많았으나 김정은의 싸움 준비 및 실전적 훈련 강조 이후 불시 소집·훈련이 증가함에 따라 영농 및 부업 활동을 원활하게 진행할 수 없었을 뿐만 아니라 상급 기관에서 '군복을 입은 자의 시장 출입을 통제'하면서 영농·부업 활동의 생산물을 시장에서 판매하지 못해 공식 계통으로 보급되지 않는 물품을 구매할 현금을 마련하지 못하는 등 부대 운영에 상당한 애로가 발생하기도 했다.

김정은이 세습체제 안정을 위해 구사한 두 번째 방법은 김정일의 3대 세습 추진은 지원했지만 후계자 김정은이 아닌 김정일의 사람으로서 김정은이 자신의 의지대로 정책을 펴는 데 장애물이 되거나, "왼새끼를 꼬면서… 천추에 용납 못할 대역죄를 지었다"라는 장성택의 처형 판결문 속 표현처럼 자신의 이익 추구 등 '3대 세습 정권 안정화'에 '딴생각'을 가진 인물들을 제거하고 그 자리에 자신이 신뢰할 수 있는 인물을 채우는 것이다.

가장 대표적인 사례는 2011년 12월 김정일의 장례식에서 영구차를 호위했던 7인방의 퇴진이다. 당시 직책을 기준으로 김정은의 고모부인 장성택 국방위원회 부위원장, 김기남 당 선전선동 비서, 최태복 최고인민회의 의장, 리영호 총참모장, 김영춘 인민무력부장, 김정각 총정치국 제1부국장, 우동측 국가안전보위부 제1부부장 등이다. 이들은 당시 '김정은의 권력승계를 지원할 후견세력'으로 평가되었지만, 2012년 4월 자살한 것으로 알려진 우동측 부부장을 시작으로 2012년 7월 리영호 총참모장의 숙청, 2013년 후반기 국방위 부위원장에서 해임되어 2선으로 물러난 김영춘 인민무력부장, 비록 2012년 4월 인민무력부장 및 2018년 2월 황병서의 후임으로 총정치국장에 잠시 임명되었지만 곧 자리를 물려주고 2선으로 물러난 김정각 총정치국 제1부국장, 2013년 12월 처형된 김정은의 고모부이자 당 행정부장인 장성택, 그리고 노동당 제7기 2차 전원회의를 계기로 김기남과 최태복이 주석단에서 사라지는 등 '김정일 운구 7인방'은 점차 권력의 중심부에서 사라지거나 제거되었다.

게다가, 이러한 '인물교체'는 비단 권력의 최상층부에만 해당하는 것이 아니다. 통일부가 북한 파워엘리트 300명의 신상과 경력을 담아 발간한 『2017 북한 주요 인사 인물정보』(인명록)에 따르면, 김정은이 집권한 2012년부터 약 5년 동안 고위급 간부의 약 25%가 교체되었다.

김정은이 세습체제 안정을 위해 선택한 세 번째 방법은 일종의 대내 선전전인 '현지지도를 통한 애민, 강인한 지도자상의 부각'으로, 이러한 선전전의 1단계는 각종 공식 발표문을 통해 북한 주민에게 김정은의 의지를 전달하는 것이다.

김정은 등장 이후 김정은 명의로 발표·연설된 공개자료를 '대(對) 주민 선전' 측면에서 살펴보면 몇 가지 문구·단어가 반복적으로 눈에 띈다. 즉, "인민을 존중하고 어머니당의 심정으로 보살펴…", "이민위천", "세상에서 제일 좋은 우리 인민", "인민중시, 인민존중, 인민사랑",

"천하제일강국, 백두산대국", "인민정권", "인민대중 제일주의" 등 김정은 자신은 인민을 사랑하고 존중하며, 그러한 방향으로 통치를 하려고 한다는 의미를 담고 있는 단어·문구들이 그것이다. 그리고 이러한 선전전은 '부족한 당·정·군 일꾼들에 대한 공개적 질책'이라는 2단계를 거치면서 자신의 위상 및 애민적·위민적 성향의 선전효과를 제고한다.

앞서 언급한 각종 공식 발표문 속 '김정은의 대(對)주민 성향'을 나타내는 문구와 단어 전후에는 당·정·군 일꾼들에 대한 질책과 과업지시성 문구들, 즉 "일꾼들은 민심을 제때에 정확히 파악해야", "간부들의 질적 개선", "인민정권 기관들의 모든 활동은 인민대중의 요구와 리익을 옹호" 등의 문구들이 반복된다.

특히, 이러한 문구·단어들의 전후 맥락을 세심히 살펴보면, 북한 주민이 "최고지도자인 김정은은 인민에 대한 사랑을 가지고 보살피려 하고 있으나, 능력이 부족하거나 부정부패로 물든 당·정·군 간부들로 인해 김정은의 의도가 달성되지 못하고 있으니 간부 및 일꾼들의 분발이 필요하다"라고 해석(인식)할 있도록 문맥을 구성한 점을 발견할 수 있다.

결국, "아버지 김정일이 주민생활 향상을 위해 아픈 몸을 이끌고 전국을 누비고 다니다가 열차에서 숨을 거두었고, 후계자 김정은도 인민에 대한 사랑을 바탕으로 열심히 노력하고 있으나, 고위·중간 관료들의 나태와 개인적 착복 등으로 북한의 경제가 나락에 빠졌다"라는 식으로 선동함으로써 낙후된 경제 상황으로 인한 주민의 불만을 관료들에게 집중시킨 것이다.

실제로도 김정은은 김정일 사망 이후 당·정·군 간부 및 각종 기관·기업소의 간부들에게 "사무실에 앉아 펜대만 굴리지 말고, 현장을 직접 돌아다니며 문제점을 개선하고 그 결과에 대해 인민 앞에 책임을 져라!"라고 지시하고 이를 주민에게 공표하기까지 한다. 그리고 2015년 말부터 2016년 초까지 함경도 등 일부 지방당에 검열단을 파견하여 '현장 중심의 활동'을 하지 않은 간부들을 해임하기도 한다.[68]

또한, 김정은은 김정일 사후 "선대 지도자 김정일과 한 약속은 조그만 것이라도 이행하라!"라며 당·정·군 간부들을 질책하고, 때로는 약속이 이행될 때까지 직위(계급)를 강등하면서까지 독려하는 등 김정일 시대 원로들과 간부들을 주민의 적으로 만들어 자신의 위상을 반대 급부적으로 높이는 데 활용한다. 이러한 과정에서 자신의 주변 측근들을 상대적으로 젊은 세대로 점차 교체해나가는 등 김정일 세대의 퇴진과 자기 인물로의 교체를 동시에 추진하는데, 이러한 통치행위는 최고위 간부들에서 시작하여 점차 하층 간부들까지 확대되고 있다.

이 선전전의 마지막 3단계는 신속한 대내 보도다. 김정은은 2012년 이후 현지지도를 시행하면서 당·정·군 간부들의 부족함을 질책하는 모습을 여과 없이 공개하는 반면, 자신이 일반 주민층을 접촉하는 자리에서는 환하게 웃으며, 김정은의 손을 잡고 어찌할 줄 모르는 '감격하는 주민들의 모습'을 거의 실시간대로 공개(보도)한다. 그리고 때로는 '군사적 위험'이 존재하는 서해 NLL 인근 해역의 섬에 있는 군인 및 그 가족들을 만나기 위해 조그만 목선을 타고 이동하는 '실천적이고 대담한 행보'를 공개하기도 한다.

이러한 선전전은 마치 과거 나치의 괴벨스에 의해 고안된 '화려한

---

68) 중국에서 외화벌이 업무를 하다가 탈북·입국한 탈북민 C씨의 증언

이름(Giittering Generality-김정은의 애민의지)' 붙이기 및 '낙인찍기(Name Calling-
당·정·군 일꾼들의 무능·부정부패)'와 흡사해 보인다.

　김정은이 세습체제 안정을 위해 구사한 네 번째 방법은 주민에
대한 '지속적인 발전 기대감 고취'다. 김정은은 정권 초기부터 '인민 생
활 향상'이라는 지향점을 제시하면서 이를 당·정·군 관료 길들이기
및 주민에게 '발전 기대감'을 고취시키는 데 활용한다.

　특히, 김정은 자신은 '많은 북한 주민이 향수를 갖는 할아버지 김
일성'[69]과 유사한 이미지를 연출하며, 마치 '새로운 지도자가 과거 할
아버지 시대와 같이 (상대적으로) 윤택한 경제상황을 만들어낼 것'처럼
주민의 인식을 오버랩한다.

　또한, 김정은은 그동안 유교·보수적 인식으로 인해 주민층 사이
에서 금기시된 '여성의 바지 착용'을 공식적으로 허용하고, '미키마우
스' 같은 자본주의 상징을 공개행사에 출연시키기도 하며, '북한판 걸
그룹'이라고 할 수 있는 여러 악단을 조직·공연하게 하는 등 주민에
게 '조국의 발전·변화에 대한 기대감'을 고취시켰다. 게다가, 학생들
에게는 "어버이 수령의 은혜로 인해 좋은 교육을 받고 있으므로 학업
성적으로 그 은혜에 보답해야 한다"라는 '가부장적 유교사상'[70]을 지
속적으로 주입하는 등 새 세대들에게 김정은에 대한 '충성 경쟁' 심리

---

69) 개성 출신으로 1970년대 중반에 귀순한 탈북민 E씨는 "북한 경제는 김일성 시대
　　가 가장 좋았으며, 개성 주민 사이에 '강아지가 조랭이떡을 물고 다닌다'라고 말
　　하는 시기도 있었다"라며 김일성 시대를 향수했다.

70) 2018년 봄 평양과 지방도시를 여행한 외국인이 북한의 유치원과 학교를 촬영한
　　사진 속에서 "모두 다 우등생이 되어 경애하는 김정은 원수님께 기쁨 드리자!",
　　"주체조선의 태양을 따르는 당의 참된 아들딸이 되자!", "경애하는 김정은 장군
　　님 감사합니다", "경애하는 김정은 장군님의 참된 아들딸이 되자!"라는 등의 가
　　부장적 구호들이 식별된다.

를 자극하고 있다.

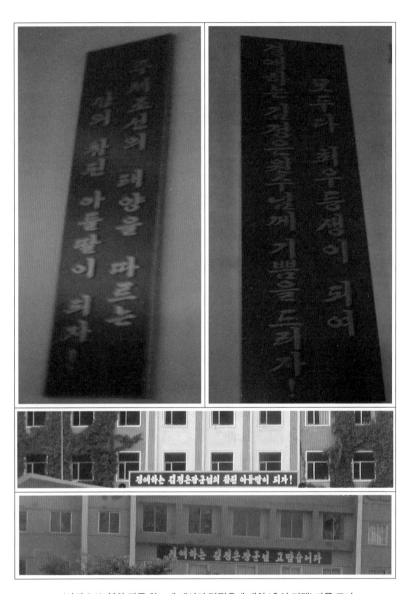

〈사진 3.1〉 북한 각급 학교에 게시된 김정은에 대한 '충성 경쟁' 자극 표어

2) 대외분야의 '결정적 협상카드' 확보와 협상능력 제고

김정은은 정식 후계수업을 받기 전부터 아버지 김정일이 한국과 미국을 향해 어떤 협상을 벌였으며, 그 성과가 어떠했는지도 잘 지켜보았다. 그리고 아버지 김정일의 대남·대미 행보를 바라보면서 느낀 일종의 '패턴'들을 2009년 이후 새롭게 형성된 국제환경에 맞게 변형·발전시켜 구사하면서 '핵능력' 개발에 필요한 시간을 벌어나갔다.

김정은은 집권 이후인 2013년 3월 31일 당중앙위원회 전원회의를 통해 '경제건설과 핵무력건설 병진 노선'을 채택했는데, 이는 '핵능력 강화가 과학기술 발전을 선도하고, 이것이 다른 경제부문의 발전도 유도해갈 것'이라는 논리다.

하지만 이 노선에는 비록 국방비의 추가적인 증액이 없다는 단서가 있기는 하나, '그나마 부족한 재원을 핵개발에 투입할 경우 경제발전에 투입할 재원이 부족해지며, 특히 핵개발로 인한 국제사회의 제재 강화로 경제발전은 더욱 어렵게 된다'라는 논리적 상충관계가 내포되어 있다.

더욱이 군수경제 중심의 자원배분 불균형이 지속될 경우, 이로 인해 계획경제 영역인 공식 경제부문의 회생은 더뎌지고, 이는 주민의 자발적인 시장화 확산 등 사적 경제부문의 역할 강화로 연결됨으로써 '김일성 조선'의 영속성 확보라는 3대 세습 정권의 '최종 목표'에도 부합하지 않아 보인다.

그럼에도 불구하고 김정은은 집권 이후 끊임없이 핵무기와 미사일 개발에 박차를 가하는데, 결국 2017년 11월 29일 미국 본토까지 핵무기를 투발할 수 있는 장거리 미사일을 시험 발사하여 성공하기에 이른다.

이는 북한이 국제사회의 촘촘한 제재를 뚫고 미국을 움직일 수 있는 '실질적인 협상카드'를 만들어낸 것을 의미한다. 왜냐하면, 2006년 1차 핵실험을 통해 핵탄두 제조능력을 갖췄다고 하더라도 그것을 미국까지 날려 보낼 수 있는 수단이 없을 경우, 비록 '핵확산'이라는 측면의 고민은 될 수 있으나, 미국을 직접적으로 위협하지는 못하기 때문이다.

북한이 개발한 '핵무기'가 실질적 대미 협상카드로 기능하기 위해서는 몇 가지 기술적 한계를 넘어서야 하는데, 그것은 핵탄두 개발 및 탄두 소형화, 그리고 미국 본토를 사정권에 넣을 수 있는 투발수단의 보유다. 먼저 핵탄두 개발 및 탄두 소형화 측면을 살펴보면, 북한은 6차에 걸친 핵실험을 통해 핵무기 제조능력을 보유했음을 확실하게 공표했다. 특히 2017년 9월 단행한 6차 핵실험의 경우, 진도 5.7~6.3 규모의 지진파를 발생시킴으로써 핵융합 기술 및 '삼중수소' 등 이에 필요한 고난이도 핵심 재료를 보유하고 있다는 점을 확실하게 보여주었다.

또한 북한이 지난 2006년 1차 핵실험에 성공했다는 점71)과 일본 방위성 연구자료, 2020년 UN 전문가 패널의 판단 등을 고려할 때 북한이 핵무기 소형화 기술을 보유했다고 보아야 한다.

두 번째는 투발수단에 관한 문제인데, 사실 2010년대의 대북제재는 '핵탄두를 가진 북한이 신뢰성 있는 ICBM을 갖지 못하도록 하는 데

---

71) 북한은 자신들의 신문·방송을 통해 "핵분열·융합 무기를 소형화했다"라고 공표했으나, 국제사회가 이를 객관적으로 검증한 적은 없다. 하지만 최초 핵실험 이후 수년 만에 '소형화' 기술을 확보한 여타 핵보유국의 사례에 따라 현재 '북한의 핵무기 소형화 기술 보유'를 의심하는 전문가는 별로 없는 것 같다.

초점'이 맞춰져 있다고 해도 과언이 아닐 것이다.[72]

하지만 결국, 북한은 2017년 11월 1만 3천 km의 사거리를 가진 것으로 평가되는 화성-15형 장거리미사일을 시험 발사하여 미국 전역이 사정거리 안에 있음을 보여주었다.

다만, ICBM의 확보에는 '대기권 재진입 기술'이라는 어려운 과정이 남아 있다. 이는 핵탄두가 대기권 밖으로 나갔다가 다시 대기권 안으로 들어오는 과정에서 발생하는 고온·고압 환경을 이겨내고 최초 설정된 목표지역에서 정상 작동(폭발)하는 것을 보장하는 기술로, 대단히 획득하기 어려운 기술로 알려져 있다. 이에 대해 북한은 '각종 공식 보도'를 통해 '기술보유'를 주장하고는 있으나, 이를 확증할 수 있는 객관적 증거는 아직까지 없다.[73]

따라서 현재 북한은 '핵능력 완성' 또는 '핵능력 완성의 직전 단계'에 있는 것으로 평가할 수 있으며, '핵을 놓고 협상·타협할 수 있는 충분한 여건을 갖췄다'라고 볼 수 있다.

반대로, 미국 입장에서도 북핵이 미국 본토에 대한 실체적 위협으로 부각되면서도 한편으로는 북한이 미국 본토를 핵으로 타격할 수

---

72) 기존 대북제재는 북한의 핵과 미사일 개발을 저지하는 데 집중되었으나, 2016년 4차 핵실험 이후부터는 전방위 경제압박의 성격이 명확하며, 2019년 10월 스웨덴에서의 북미 실무협상이 결렬된 이후 슈라이버 미 국방부 차관보가 중국에 '대북제재 강화'를 주문(동아일보, 2019.10.16)한 것도 미국의 전방위 대북 경제압박의 목표를 잘 말해준다.

73) 대기권 재진입 기술을 확인하는 방법은 대기권 재진입체(탄두)를 회수하여 분석하는 방법이 가장 확실하나, 북한을 대상으로 실행하기는 어렵다. 따라서 대기권에 재진입한 탄두가 R/D 등 탐지체계상 정상 형태를 띤 상태에서 지상과 신호(텔레메트리)를 정상적으로 주고받는 것이 확인될 경우 관련 기술을 확보한 것으로 판단할 수 있다.

있는 능력을 완벽하게 갖추기 전에 '협상'을 시작하는 것이 '비용'을 낮추는 합리적 행동이므로 화성-15형 장거리미사일 시험 발사에 성공한 2017년 11월 29일은 북미 간 '핵협상의 조건'이 갖춰진 날로 보아야 할 것이다.

나아가 김정은은 '핵능력을 앞세운 북미 협상 국면' 창출을 발판으로 삼아 상대적으로 북한에 우호적인 국가들과의 대외관계 개선도 시도하고 있다. 즉, 과거 핵능력 완성(단계) 이전 김정일의 방중·방러가 급박한 상황에서 생존을 위한 지원책을 모색하는 수세적 측면이라면, 핵능력 완성(단계) 이후 김정은의 방중·방러는 김정일과 같은 정치·경제적 지원책 모색에 아울러 전통적 우방국인 중·러와의 '전략적 비선호 협력(SNPC)' 관계 조성 등 대등한 대외관계 구축을 위한 행보라고 봐야 한다.

앞서 전략적 비선호 협력 관계에 대해 정의했듯이, 북한의 입장에서는 핵협상력을 갖출 만큼의 핵능력을 개발한 상태에서 미국과의 협상국면을 창출했으므로 북한이 미국과 정치·경제·군사적으로 불편한 관계에 있는 중국과 러시아에 '다양한 지원'을 요구하는 것은 더 이상 구걸이 아닌 당당한 요구다. 마치 '자신을 괴롭히는 사람을 힘들게 하는 제3자를 도와주고 싶은 것'과 같은 이치라는 논리다.

이러한 중·러와의 협상력 변화는 북미정상회담 전후 김정은의 네차례에 걸친 중국 및 러시아 방문 시 당사국의 공식 의견표명, 그리고 김정은의 신년사 등에서 엿볼 수 있다.

김정은은 2018년 1차 싱가포르 북미정상회담을 전후하여 중국을 세 차례 방문하는데, 이 중 1차 북미정상회담(2018. 3.) 직후 발표된 북중 양국의 공식보도를 보면, 시진핑은 "한반도 정세 변화에 대한 북한의 노력"을 지지하면서 "북중 간의 우의 발전의 심화"를 강조한 데 비해 김정은은 북미 대화국면의 창출을 "지역 국제정세 및 북중 관계를 고려해 내린 전략적인 선택이자 유일한 선택"이라면서 마치 "한반도 비핵화 실현을 위한 북한의 노력은 중국을 포함한 지역(국가)에 중요한 선택"인 것처럼 포장하여 언급했다.

어쨌든, 이후 중국은 미국을 위시한 국제사회의 강력한 대북제재 속에서도 북한에 쌀과 비료를 무상으로 지원한다. 2018년 해관통계를 기준으로 중국의 대북 식량 및 비료 무상지원을 추적한 국내 한 언론(연합뉴스, 2019.5.19)에 따르면, 중국은 2018년 5~10월 쌀 1천 t(102만 달러 분량)과 비료 16만 2,007t(5,503만 달러 분량)을 북한에 무상 지원한 것으로 나타났다. 이는 2018년 3월 김정은의 방중 이후 이루어진 것으로, 2017년에는 무상원조가 없었다는 점을 고려한다면 북한의 '북미 대화국면 창출'이 중국의 입장변화에 어떤 식으로든 영향을 미쳤음을 의미한다. 그리고 김정은은 2019년 1월 다음과 같이 신년사를 발표한 후 중국을 다시 방문한다.

앞으로도 언제든 또다시 미국 대통령과 마주 앉을 준비가 되어 있으며 반드시 국제사회가 환영하는 결과를 만들기 위해 노력할 것… "미국이 (중략) 공화국에 대한 제재와 압박에로 나간다면 우리로서도 어쩔 수 없이 부득불 나라의 자주권과 국가의 최고 리익을 수호하고 조선반도의 평화와 안정을 이룩하기 위한 새로운 길을 모색하지 않을 수 없게 될 수도 있다.

당시 중국의 관영매체는 김정은의 연이는 방중 배경을 '2차 북미 정상회담 조율'이라고 보도하는데, 특히 「인민일보」는 "중국은 북미가 비핵화 로드맵을 합의하면서 따뜻한 관계를 형성하는 걸 보고 싶다"라고 강조하면서도 "미국은 북한의 비핵화와 관련한 자신의 책임을 짊어져야 한다. 그것은 중국이 아니라 미국의 의무"라며 북한의 비핵화와 이를 위한 신뢰 형성 및 제재 완화의 책임이 미국에 있음을 강조한다.

결국, 김정은이 2019년 신년사에서 밝힌 '새로운 길' 중 하나는 '미국의 신뢰적 조치가 이어지지 않을 경우, 전통적인 우호 국가와의 협력(대미 공동보조) 강화'인 것이다.

이를 반영하듯 김정은은 하노이 북미회담(2019. 2.) 결렬 직후인 2019년 4월 전격적으로 러시아를 방문하여 푸틴과 "비핵화 협상 교착 국면의 책임은 미국에 있다"라는 점을 확고히 하는데, 김정은은 2018년 중국 방문 시 강조했던 것처럼 러시아에도 "북미회담 국면 창출과 교착상태가 지역 국제정세에 큰 영향을 미치는 사안"임을 강조했고, 이에 푸틴은 "북한은 비핵화와 함께 체제보장을 요구하고 있으나, 한미의 체제보장 조치가 충분치 않으므로 북한에 다자 안보협력체제가 필요할 것"이라며 북한을 옹호했다.

이후 러시아도 대북 인도적 지원을 실행한다. 유엔 인도주의업무조정국(OCHA) 자금추적 서비스에 따르면, 2019년 북한이 지원받는 인도적 지원 총액은 1,045만 달러이며, 이 중 러시아가 가장 많은 400만 달러를 지원한 것으로 나타났다.

이렇듯, 미국과의 핵협상 국면을 창출한 이후 진행된 김정은의 방중·방러 결과에서는 몇 가지 공통점이 식별된다. 즉 김정은은 북핵개발과 이로 인한 협상국면의 창출 또는 교착국면이 비단 북한만의 문제가 아닌 중·러가 포함된 지역 국제정세의 문제라고 규정하고, 중·러는 이러한 북한 김정은의 '시각'에 지지 의사를 명확하게 밝힘으로써 미국에 '공동의 칼날'을 겨누는 한편, 일정한 수준의 지원을 실행함으로써 그러한 '공동보조'에 간접적 동의 의사를 명확히 한 것이다.

비록 2018년 이후 중국과 러시아의 대북지원은 북한의 경제적 문제를 해결하는 데 도움이 되지 않는 미미한 수준이기는 하지만, 당시 미국이 '세턴더리 보이콧'과 같이 북한에 대한 제재를 강도 높게 요구하는 상황에서 '공동보조' 의사를 적극적으로 표현한 것으로 해석하기에 충분하다.

이러한 중·러의 대북 태도 변화의 속내는 '북한의 반복적인 핵실험과 미사일 시험 발사'에 대한 중국 당국과 관영매체의 비판적 입장이 2017년 11월 미국 본토까지 도달하는 장거리미사일(화성-15호) 시험 발사에 성공한 이후 달라진 점에서도 감지된다.

2016년 1월 30일 중국의 공산당 기관지 「환구시보(環球時報)」는 북한이 핵실험에 이어 장거리미사일(ICBM) 시험 발사 행보를 진행하는 것에 대해 "북한의 원폭·수폭은 자신들에 대한 위험성을 더욱 키울 뿐"이라는 사설을 통해 "북한은 자기 능력을 과대평가해서는 안 된다. 중국이 안보리를 통해 북한을 보호할 수 있을 것으로 기대하면 안 된다. 핵보유의 득실을 재평가하고 새로운 국가안전의 길을 도모하라" 라고 경고했다.

특히, 북한의 미사일 시험 발사가 한창이던 2017년 5월에는 중국 당국이 북한산 석탄 수입을 중단한 데 이어 추가 대북제재를 시사하고, 「환구시보」 등 관영매체를 내세워 북한에 대한 '원유 공급 중단'을 거론하며 북한과 설전까지 벌인다.

하지만 「환구시보」는 북한이 화성-15형 시험 발사에 성공한 직후인 12월 초에는 완전히 다른 기조의 기사를 보도한다. 즉, "유엔 안보리 결의 이행 과정에서 북중관계가 손상하는 등 대가를 충분히 지불했으니 더는 (중국에 대북제재의 이행을) 강요하지 말라"라는 사설을 게재한다. 또한, 2018년 5월 북미 싱가포르회담이 성사된 이후 러시아도 "안보리 의 대북제재 결의안에는 북한의 결의 이행·준수 상황을 고려하여 제 재조치를 조정해야 한다는 규정이 있으며, 이는 관련 제재를 중단하거 나 해제하는 것을 포함한다"라면서 대북제재 조정 필요성을 제기했고, 중국의 「환구시보」도 "이제 대북제재를 적당히 완화해야 할 때가 됐 다"라면서 미국 주도의 대북제재에 북·중·러가 공동 대응하는 태도 를 명확히 했다.

이러한 중·러의 입장변화는 비록 '유엔 대북제재의 완화 필요성' 주장이 미국이 주도하는 유엔의 결정에 영향력을 발휘할 가능성은 낮 지만, 2017년 말 북한이 확실한 '대미 핵협상 카드' 개발에 성공한 이 후 북·중·러가 미국에 대해 '공동보조'를 맞추고 있다는 점을 공개 적으로 표명한 것이며, 이는 북한이 중·러에 '전략적 비선호 협력 (SNPC)' 관계 구축을 추진한 초기 결과로 해석할 수 있다.

3) 시장화의 '부정적 영향' 억제와 '이데올로기' 선전전

북한에서 시장화는 불가피하게 주민의 의식변화를 수반한다. 왜 냐하면, 주민이 시장에서 보내는 시간이 많다는 것은 그들이 속해 있 는 '조직 속 생활' 시간이 적어지는 것을 의미하며, 이는 '사상 교양' 등 조직 내 사상통제 기제의 정상적 작동을 어렵게 한다.

또한, 국가가 삶을 책임지는 것이 아니라 시장에서의 개인적 노 력이 자신의 '삶의 질을 결정한다'라고 인식할수록 '김일성 조선'에 대한 내적 충성도가 낮아지는 등 시장화의 확산은 어떤 식으로든 김정은의 독재권력 유지에 부정적 영향을 미친다.

이러한 맥락에서 과거 김정일은 주민에 대한 배급능력이 한계에 부딪힐 때마다 시장의 역할에 의존했다가도 국가의 생산능력이 어느 정도 회복되면 곧바로 시장의 역할을 축소하는 등 대(對)시장 정책에 부침이 많았다.

하지만 1990~2010년대를 거쳐오면서 북한 주민의 의식은 끊임없이 변화해왔으며, 2009년 화폐개혁 시 '집단소요' 같은 '의외의 결과'도 나타났다. 그리고 북한 주민은 여전히 시장 등 '사적 경제부문' 없이 생계를 적절히 유지할 수 없으며, 경제적 삶의 '수준'에 연동된 주민의식은 이미 과거에 비해 현격히 높아졌다.

이러한 상황에서 김정은은 어떠한 정책을 선택하는 것이 '합리적 행위'인가?

현재 김정은은 과거 아버지 김정일의 대(對)시장 정책의 경험, 특히 '화폐개혁' 시 주민의 집단반발 사례를 교훈 삼아 대(對)시장 정책과 대(對)주민 통제정책을 분리하여 실행하고 있으며, 이는 '자신을 중심으로 체제를 결속'시키는 대내정책의 일부분이기도 하다. 즉 시장 활동을 용인·장려하여 생산력 증대국면을 유지하는 데 활용하되, 이로 인해 발생하는 주민의 의식변화는 과거에 비해 더욱 잔혹해진 물리력을 통해 주민이 '감히 김정은의 독재권력에 도전'할 생각조차 못하게 만듦으로써 체제위협으로 발전하지 못하도록 제어하는 데 주력하고 있다.

이러한 김정은 시대 대(對)주민 통제정책에서 식별되는 가장 큰 특징은 '통 큰 허용'과 '강화된 금지'라는 뚜렷한 이원적 축이다. 즉 김정은은 자신의 어렸을 적 서구 생활의 경험에 기반한 듯 미키마우스,

미니스커트를 입은 여성 보컬그룹 모습 방영, 평양 수영장·놀이기구 (공원) 및 원산 스키장 개발·공개 등 과거 김정일 시대에는 상상하기 어려웠던 것들을 '허용'함으로써 주민에게 '발전 기대감'을 고취하는 등 자신이 허용한 범주 내에서는 북한 주민이 과거 대비 훨씬 개방적인 삶을 영위하면서 미래지향적 사고를 갖도록 유도하고 있다.

반면, 당·정·군 간부들에 대한 공개처형 확대, 공개활동 중 '과오'가 식별된 정치·경제 일꾼들에 대한 공개적 처벌, 한국 방송을 몰래 시청하거나 유포하는 인원 색출 및 처벌과 독재권력에 대한 조그만 '말실수'[74] 등 당국이 제시하는 '틀'을 벗어난 행위에 대해서는 과거보다 더욱 잔혹한 물리력을 행사하는 등 공포감 조성을 통해 주민이 '당국의 통제범위 이탈은 곧 잔혹한 물리력의 대상'이라는 인식을 자연스럽게 체득하도록 강요하고 있다.

〈사진 3.2〉 최근 다시 활동이 활성화되고 있는 '인민반'

---

74) 통일연구원에서 발행한 「2020 북한 인권백서」와 북한군 출신으로 탈북 이후 북한 관련 업무를 수행하면서 재북 인원과 접촉면이 있는 탈북민 D씨의 증언 등에 따르면, 북한 당국은 2017년 평양에서 남측 드라마를 시청한 청소년들을 고문 후 강제수용소로 보내는 등 과거에 비해 가혹한 물리력 행사를 더욱 강화하고 있다.

그리고 최근 들어와서는 '고난의 행군' 시절 사실상 그 기능이 무력화된 '인민반'의 기능을 재정비하고 주기적인 주민 교양사업을 주도하게 하는 등 주민 사상통제·감시 기능을 재활성화하고 있다.

결국, 김정은의 대(對)주민 정책의 핵심은 '주민이 믿고 따를 수 있는 유일적 지도자'를 선전하는 우상화의 하나이자, 자신이 원하는 방향으로 주민의 '의식'을 강제로 조형해나가는 과정이며, 북한 각지에서 식별되는 정치적 구호75)에서도 볼 수 있듯이 북한 주민이 '변화·발전'을 계속 기대하고 영위하도록 하되, 이른바 김정은 정권이 설정해놓은 일정한 '경계선'을 넘지 못하도록 세뇌하는 것이다.

따라서 최근 북한 주민, 특히 평양 주민의 일상생활과 외형적 모습에서 감지되는 많은 변화를 단순히 표면적으로만 바라보지 말고 김정은 정권에 의해 주도면밀하게 진행되는 '통제된 변화'라는 점을 유의하여 바라볼 필요가 있다.

한편, 최근에는 시장의 식량·유류 가격 및 환율이 경제·대외적 요인으로 출렁거리다가도 이내 제자리를 찾아가는 등 북한 당국이 시장가격을 적극적으로 조절하는 징후들이 감지되며, 시장 상인들을 국가에 등록하도록 강제하는 등 일종의 상인들의 신상과 물품 유통의 흐름을 파악하기 위한 사전 조치도 진행되고 있다.

이러한 북한 당국의 일련의 대(對)시장 조치들은 '가격은 시장에서 결정되지만, 그 가격은 당국이 제시한 범위 내에서 결정되는 특징'을 가지고 있으며, 이는 당국이 시장의 '유통 기능'은 보장하면서도 '(가격)

---

75) 2018년 봄 평양과 지방도시를 여행한 외국인이 촬영한 사진 속에서는 "미래를 사랑하라!", "계속 전진!", "더 좋은 교육 조건과 환경을 위하여!", "새로운 승리를 쟁취하자!" 등 미래(발전)를 지향하는 정치구호들이 자주 식별된다.

조절 기능(보이지 않는 손)'에는 적극적으로 개입하는 움직임으로 보인다. 결국, 대(對)시장 정책 역시 대(對)주민 정책처럼 북한 당국이 의도된 범주 안에서 '시장의 역할'을 부분적으로 통제하는 것이다.

북한 당국의 시장가격 통제 등 '시장개입' 징후를 북한 주민의 주요 생필품인 쌀, 옥수수, 휘발유 가격 및 달러환율 변동 추이를 통해 찾아보자.

〈그림 3.1〉과 〈그림 3.2〉는 「아시아프레스」에서 주기적으로 발표하는 북한 시장(장마당)의 쌀 등 생필품 가격과 암시장의 달러환율 자료를 근거로, 2017년 5월부터 2020년 4월까지 북한의 함경도와 양강도 등 국경지역 시장에서 판매되는 쌀, 휘발유 등의 가격 및 달러환율의 변동 추이를 점선 그래프로 표현한 것이다.

이 그래프를 보면, UN의 대북제재안 발표에 따른 중국의 일시적인 국경통제 강화 등 물품의 수입 제한, 북미회담 결렬 등 발전 기대감 감소와 김정은의 '백두산 자력갱생' 발표 등 향후의 '고난' 전망, 그리고 최근 COVID-19 사태에 따른 국경통제 등 북한 시장에 대한 공급 부족과 이로 인한 주민·상인들의 '심리적 불안'에 의한 가격상승 요인 발생 시 생필품의 가격, 특히 휘발유 가격이 급격하게 상승하는 것으로 나타난다.

하지만 짧게는 수일에서 길게는 약 1개월 이내에 다시 가격 하락 국면을 맞는다. 더욱이 휘발유보다 일반 주민에게 더욱 밀접한 생필품인 쌀 가격은 비록 앞서 설명한 국경통제 등의 요인들로 인해 상승 국면을 맞기는 하지만, 대체로 5천 원(북한 원) 선에서 가격이 유지되는 등 가격 변동 폭이 상대적으로 크지 않으며, 그나마 휘발유에 비해 더 짧은 기간 안에 하향국면을 맞는다. 이러한 강제적인 '가격 안정' 징후

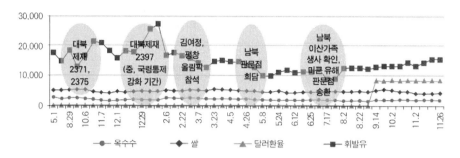

〈그림 3.1〉 북한 주요 생필품 가격 추이(2017. 5.~2018. 11.)

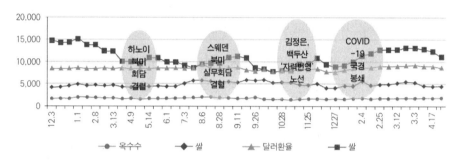

〈그림 3.2〉 북한 주요 생필품 가격 추이(2018. 11.~2020. 4.)

는 중·하류층 주민에게 더욱 중요한 식량인 '옥수수' 가격에서 더욱 강하게 나타난다.

'시장가격'이 기본적으로 수요-공급 측면과 이에 대한 '심리적 원인'에 영향을 받는다는 점을 고려하면, 이러한 '가격 안정'이 가능하기 위해서는 크게 세 가지 내부 상황이 전제되어야 한다.

첫째, 국경봉쇄 등에 따른 북한 주민의 심리적 여파('사재기' 등)가 크지 않은 등 수요에 큰 변동이 없는 경우이며 둘째, 국경봉쇄에도 불구하고 공급량에 큰 변화가 없는 경우이고 셋째, 수요(심리) 상승 또는 공급 하락에도 불구하고 시장 상인들이 판매가격을 올리지 않는 경우다.

하지만 '고난의 행군'과 화폐개혁 등 생필품의 부족으로 주변 사람들이 굶어 죽는 것까지 경험한 북한 주민이 '식량 사재기'에 적극적이지 않는다는 것은 논리적이지 않다. 또한, 국경봉쇄 시 상인들이 사전에 확보한 물품을 시장에 확대 공급하지 않는 이상 공급량은 줄어들 수밖에 없다. 게다가, 시장에 생필품이 부족하게 되면 당연히 가격은 오르기 마련이다.

따라서 대북제재 및 COVID-19에 따른 국경봉쇄가 1개월 이상 진행되어 최소한 '단기간 공급량 감소'가 피할 수 없는 상황임에도 불구하고 곧 '안정적인 가격'으로 복귀하는 것은 단순한 '시장의 조절기능' 만으로 설명되지 않는다.

만약 북한 당국이 국가 비축량 공급 또는 2009년 화폐개혁 시 '생필품 유통'을 거부한 시장 상인들에게 강제적으로 공급량을 늘리도록 강제하거나 시장가격을 직접 통제하지 않는다면, COVID-19 직후 단기간 공급량 감소 및 이에 따른 심리적 여파에 따라 가격 상승 폭이 커지는 것이 논리적이다.

그럼에도 불구하고 북한의 시장가격이 곧 안정을 되찾는다는 것은 북한의 시장에 '수요와 공급' 기제 외에 별도의 가격 안정 기제가 있다는 것을 의미하며, 이는 앞서 언급한 것처럼 당국의 비축량 공급 또는 시장 상인들에 대한 당국의 압박, 강제적 시장가격 통제, '사재기' 단속 등 당국의 역할[76]과 이러한 당국의 시장통제에 대한 주민의 '믿음(심리적 안정)'이 밑바탕이 되는 것으로 해석된다.

---

76) COVID-19의 여파로 달러 및 위안화 수요가 늘면서 환율이 불안정해짐에 따라 2020년 4월경부터 당 지시로 보안·사법기관들로 구성된 외화 단속활동이 진행되었다는 뉴스보도(서울평양뉴스, 2020.4.30)가 사실이라면, 이 또한 북한 당국의 시장 개입의 증거 중 하나다.

이러한 당국의 시장개입이 효과를 거두는 것은 시장에 대규모 물품을 공급하는 돈주(錢主)들이 권력기관 자체 또는 그 구성원이거나 수시로 당국에 '충성자금'을 헌납하면서 추가적인 '특혜' 획득을 모색하는 김정은 정권의 '협력적 하수인'이어서 가능한 측면이 있으며, 2009년 화폐개혁 시 이미 파악한 시장의 '큰손'들과 최근 시행하고 있는 시장 상인들에 대한 국가 등록제를 통해 시장 상인들의 신상을 파악하고 있는 것 또한 강제적인 시장가격 통제 또는 공급량 조절을 가능하게 하는 이유 중 하나인 것으로 분석된다.

그리고 2017년 이전까지는 평양, 신의주, 혜산 등의 쌀(1kg) 가격이 2천 원 후반대에서 거의 7천 원대까지 등락을 반복(홍제환, 2017)했던 점을 고려하면, 북한 당국의 강력한 '대(對)시장 개입 · 관리' 정책은 대체로 2017년경부터 시행된 것으로 보인다.

한편, 품목별 '가격 안정' 경향은 '휘발유 < 쌀 < 달러환율 < 옥수수' 순으로 나타나는데, 이는 북한 당국이 옥수수가 쌀보다 대다수 주민의 생활 안정에 더 긴요하며, 휘발유보다는 환율이 경제(생산)활동 여건에 더 중요하다고 판단하는 것으로 볼 수 있다.

이 외에도 북한 당국은 주민에게 '현 경제상황'에 대한 거부감 최소화 또는 자발적인 수용 · 동조 분위기 형성을 위해 다양한 이데올로기적인 지향점을 제시하는 한편, 이에 대한 적극적인 선전전을 벌이고 있다. 즉 김정은은 앞선 〈그림 2.8〉에서 표현한 것처럼 각종 연설문을 통해 주민에게 '인민정권 형태의 사회주의 강성국가 건설'이라는 궁극적 목표를, 그리고 '자립적 민족경제'와 '지식경제 강국 건설'이라는 경제분야의 단계적 목표를 반복적으로 제시 · 선전하고 있으며, 2019년 2월 이른바 북미 '하노이회담' 노딜 결렬 이후에는 '자력갱생'과 '자립적 민족경제 건설'을 강력하게 요구·선전함으로써 향후 경제발전 추진이 '쉽지 않은 길'임을 주민에게 주지시키는 한편, 2020년 '자원재활용법'의 제정과 같이 내부자원 추출에 수반되는 '고통'들을 예고하여 북한 주민과 관료들이 이를 거부감 없이 수용하도록 하는 '의식 조형' 작업도 병행하고 있다.

한편, '자립적 민족경제 건설' 강조를 위해 군중대회를 연이어 개최하면서 주민에게 "현재의 난관은 한국과 미국의 제재가 원인이며, 그 난관 속에서 개발한 핵능력은 주권을 지키는 보위의 보검"이라고 강조하고, ICBM의 추진체('백두산' 대출력 발동기) 개발에 성공한 과학자를 이례적으로 김정은이 업고 기뻐하는 사진을 주민에게 보도한 것은 북한 주민이 (현재의 경제난이 핵개발 때문이라는 점을 간과한 채) 외부의 군사적 위협에 대항하는 수단으로 핵무기의 유용성을 스스럼없이 받아들이도록 설계된 이데올로기 선전전의 하나다.

4) 통치전략의 핵심 난제인 경제분야 여건 구축

앞에서는 권위국가의 경제발전 성공·실패 사례 시사점 검토를 통해 북한이라는 권위주의 리더십 하의 경제 후진국이 국가 주도로 경제발전을 추진할 때 주목해야 할 '국가의 역할'을 살펴보았다.

그중 경제분야에서 진행되어야 할 것들은 ① 전문적 경제관료 기구에 의한 강력한 경제발전 전략의 구상·실행 ② 일정 기간 지속적인 생산력 증대국면 유지를 위한 다양한 대책(인센티브 부여, 인적·물적 자본의 점진적 확대, 선진 기술 도입·개발) 추진 ③ 국가의 의도에 부합한 내·외부

자원 유지·동원(노동력, 자본) ④ 잉여 노동력의 해외·시장으로 확산 ⑤ 군사부문의 경제분야 기여도를 증대시키는 것 등이다. 그렇다면 각종 연설문에서 직접 제시한 '통치 목표'와 달성 수단들을 고려하면서 김정은이 위 요소 중 무엇을 어떻게 추진해나가고 있는지 구체적으로 접근해보자.

(1) '국가 주도 경제발전 전략' 구상·실행

김정은 정권은 '핵-경제 병진 노선', 그리고 '경제 총력노선'이라는 이름에 걸맞게 다양한 경제분야 '개혁적 조치'들을 단행하는데, 그 핵심은 시장의 용인과 제한적이나마 사유재산의 허용, 그리고 주민의 생산성 향상 의욕을 고취할 수 있는 '인센티브제'의 도입이다.

이 중 몇 가지 중요한 정책들에 대해 좀 더 살펴보면, '6·28방침'으로 불리는 농업개혁 조치는 농업생산성 향상을 위한 포전담당제와 자율 처분권의 확대에 방점을 두고 있다. 기존 10~25명 단위의 분조를 4~6명 같은 가족 규모 단위로 축소하여 생산의욕을 고취하고, 목표 생산량을 초과 달성 시 이에 대한 자율 처분권을 부여하는 등 제한적으로 사유재산을 인정한 것으로, 이 조치가 시행된 이듬해인 2013년 북한의 곡물 생산량은 양호한 기후와 함께 시너지 효과를 발휘하여 전년 대비 4.7% 증가하는 등 성과를 거둔다.

'12·1조치'는 독립채산제 도입으로 기업소 책임하에 자율성을 확대하는 2차 산업부문의 개혁 조치로, 기존 중앙계획경제 방식을 탈피하여 각 기업소가 자체적으로 생산계획을 수립하고 인원·토지·설비를 자율적으로 조달하며, 노동시간과 기여도에 따라 성과급을 차등 지급하는 것을 주요 내용으로 한다. 실제로 2013년 9월에는 기존

3천 원이던 특정 공장의 노동자 월급이 성과급을 포함하여 30만 원까지 인상되는 사례도 발견된다.

김정은이 2014년 5월 30일 국가 · 군대 · 기관 책임 일꾼들에게 진행한 "현실 발전의 요구에 맞게 우리식 경제관리방법을 확립할 데 대하여"라는 강연에서 유래된 '5 · 30조치'에서 주목할 부분은 '생산재의 효율적 활용' 개념이다. 이 연설문에서는 비록 '생산수단에 대한 사회주의적 소유'를 강조하기는 했으나, 실제로는 "객관적 경제법칙과 과학적 리치에 맞게 최대한의 경제적 실리를 보장… 공장 · 기업소들과 협동농장들에서는 직장과 작업반, 분조 단위에서 근로자들이 담당책임제를 실정에 맞게 제시하여 기계설비와 토지, 시설물 등 국가적, 협동적 소유의 재산을 관리, 이용"(5 · 30 담화 중)토록 권장함으로써 사실상 분조 단위에서 국가 · 협동적 소유인 생산수단을 효율적으로 활용할 수 있도록 했다.

이는 김정일 시대 가장 획기적인 경제정책인 '7 · 1 경제관리개선조치'에서도 볼 수 없는 것으로, 생산력 증대의 '결과'에만 관심을 가졌던 김정일 시대와는 달리 생산력 증대를 위한 생산재 공급 · 활용이라는 생산력 증대의 '과정'에까지 정책적 관심을 투사했다는 점에 그 의미가 있다.

또한, 김정은 정권의 경제정책상 또 하나의 특징은 외자유치에 대한 관심이다. 북한 당국은 2011년 말부터 외자유치 활성화를 위한 법제를 정비하는데, 외국인 투자 법제 14개를 제 · 개정하여 외자기업 특혜, 투자보호 및 3통(통행, 통관, 통신) 보장 등 외국기업의 북한 내 경영 여건을 국제적 수준으로 높이는 한편, 2013년 5월 경제특구법을 제정하여 북한 전역으로 경제특구를 확대할 수 있는 발판을 마련한다.

〈표 3.1〉 김정은 시대 지방급 경제개발구

지방급 경제개발구		주요 산업	목표액(억 달러)
북중 접경권 (5개)	압록강경제개발구	현대농업, 관광휴양, 무역 등	2.4
	만포경제개발구	현대농업, 관광휴양, 무역 등	1.2
	위원공업개발구	광물자원가공, 목재가공 등	1.5
	온성섬광관개발구	골프장, 수영장, 경마장 등	0.9
	혜산경제개발구	수출가공, 현대농업, 관광휴양, 무역 등	1.0
서해권 (3개)	송림수출가공구	수출가공업, 창고보과업 등	0.8
	신평관광개발구	휴양, 체육, 오락 등 관광지구	1.4
	와우도수출가공구	수출 가공조립업	1.0
동해권 (5개)	현동공업개발구	정보산업, 경공업, 광물자원 활용	1.0
	흥남공업개발구	보세가공, 화학제품, 건재	1.0
	북청농업개발구	과일종합가공, 축산업, 수산가공업	1.0
	청진경제발전구	금속가공, 기계제작, 경공업 등	2.0
	어랑농업개발구	농축산기지, 채종, 육종 등	0.7

특히, 본격적인 경제특구 확대를 위한 사전 조치로서 경제발전 기구를 개편하는데, 경제발전 10개년 계획 수행을 위해 국가경제발전총국을 국가경제발전위원회로 승격하는 한편, 경제특구 개발과 외국기업 지원전담 조직인 '조선경제발전협회'도 신설한다.

이러한 제도적 정비에 이어 2013년 11월에는 북한 전역에 지역별 특색을 고려한 '소규모 맞춤형' 경제특구를 지정하는데, 북한 국가경제발전위에서 작성·공개한 투자제안서(국가경제발전위원회, 2013)를 보면, 권역별로 중점 도시의 특성을 고려한 선도산업과 각각의 투자 목표액까지 제시되어 있으며, 여기에는 '권역별로 개발된 특구가 그 권역의 여타 지역으로 경제발전 성과·효과를 확산시킨다'라는 경제발전 선도 전략이 내포되어 있다.

이러한 김정은 시대 경제분야 주요 정책들은 그야말로 내부의 생산성을 높이기 위한 조치와 미래의 성장동력 마련을 위한 조치들로 구분할 수 있으며, 〈표 3.2〉에서 볼 수 있듯이 실제 기업·농업 관리, 재정·금융, 유통 및 가격 부문에서 '김정일 시대'에 비해 획기적이라고 할 수 있는 수준의 변화가 나타나고 있는데, 그 핵심은 아직 제한적이기는 하지만, 주민에게 '사유재산제'를 허용함으로써 경제활동과 생산 증대 활동을 자발적으로 유도하는 것이다.

그렇다면, 이러한 생산성 제고 및 성장동력 마련을 위한 정책들이 '부족경제'에 빠져 있는 공식 경제부문의 규모를 확대하려는 앞선 김정일 시대의 경제정책들을 염두에 두고 있는 것인가?

만약 그렇다면, 지난 두 번의 사례(7·1 경제조치, 화폐개혁)에서처럼 북한 당국이 '공식 경제부문의 생산력 정비'가 어느 정도 완료되었다고 판단하는 시점에 2009년 화폐개혁 같은 급격한 '사적 경제부문을 공식 경제부문으로 흡수'하려는 시도(정책)가 예정되어 있을 가능성이 높다.

하지만 현재의 경제정책들은 김정일 시대의 경제정책과는 다른 측면이 있다. 즉, 앞선 '사적 경제부문 흡수 → 공식 경제부문의 규모 확대' 시도들은 그것을 추진하기 이전에 일정 기간 '막대한 외부 자본'이 유입(지원)되는 등 '공식 경제부문의 생산력 정상화'를 추진할 수 있는 여건이 구비되어 있었으나, 현재는 그야말로 미국의 대북제재 등으로 '외부 자본'의 대규모 유입 가능성이 막혀 있는 상태다.

〈표 3.2〉 김정은 등장 이후 새로운 경제관리방법과 실제 변화

구분	주요 내용

기업 관리	• 기업소 자체 계획에 의한 경영활동 허용
	  * 당 지도하의 '지배인책임제' 도입
	  * 국가계획, 자체 계획 병행
	  * 자재·전력 등 생산 설비의 기업 간 거래, 판매수입 재투자권, 가격 결정권 허용
	  * 생산물의 시장판매 및 생산품목 결정권 허용(당국 통제하 생산품목 전환 가능)
	• 독립채산제 기업 확대
	• 국가와 기업소 수익 7 : 3제 분할
	• 인력관리 자율화, 임금 현실화(생산성에 따른 차별 임금 허용)
	• 내화 및 외화 계좌 개설 허용 및 국가부담금의 외화 납부
	• 지방공장에 대한 개인투자 허용[단, 간부는 당이 임명하고 투자자는 소속 기관에 입직(入職)하는 조건 - 개인의 공장 신설은 불허]

재정·금융	• 협동화폐제 실시 • 외화거래소에서 시장환율대로 교환 허용 • 전자결제시스템의 도입 및 확대(일부 도로 유료화 및 전자결제)
농업 관리	• 분조관리제 하에 포전담당책임제 실시(3~5명) • 작업분조에 유휴 토지임대(초기 생산 비용·수단 국가 지불·제공) • 시장가격에 준해 생산비, 수매가격 산정 • 국가-분조 간 7 : 3 비율로 생산물 분배(지역·생산량에 따라 비율 조정) * 작업분조에 '초과생산물에 대한 임의 처분권' 및 현물분배 허용

유통 부문	• 개인투자의 부분 합법화 및 개인노동력 고용 허용
	  * 단, 개인투자자 및 개별고용된 노동자는 소속 기관에 입직(入職) 조건
	• 상업·유통기관의 자체 경영활동, 재량권 확대
	  * 도매 기업소에 '계획된 상품 이외의 상품' 취급 및 소비자 주문제 허용
	• 이윤의 10~20% 국가 납부

가격 부문	• 국가배급제 사실상 폐지
	  * 국가예산제 기업만 배급제 유지, 독립채산제 기업 전면 월급제로 전환
	  * 시장가격의 존재 인정

출처: 권영경(2014), 「김정은 시대 북한 경제정책의 변화와 전망」, 『수은북한경제』 2014년 봄호, 18쪽 및 필자가 수년간 북한경제 관련 자료들을 수집 및 연구하여 추가(굵은 글씨)

〈그림 3.3〉은 한국 국가지표체계의 '대북지원 현황'에서 발췌한 그래프에 필자가 시기별 대북지원 총액 및 '7·1조치' 및 '화폐개혁' 시점을 추가로 표기한 것이며, 〈그림 3.4〉는 통일부 대북정보지원시스템에서 발췌한 그래프에 김영훈의 연구(2010)에서 제시한 대북지원 액수를 활용하여 필자가 시기별 대북지원 총액을 산정·표기 및 '7·1조치' 및 '화폐개혁' 시점을 추가한 것이다.

〈그림 3.3〉과 〈그림 3.4〉에서 볼 수 있듯이, 2002년 '7·1 경제조치' 시행 이전 5년 동안 북한은 한국 정부로부터 연평균 약 1,680억 원 (2020년 5월 환율기준 약 1억 4천만 달러) 및 국제사회로부터 연평균 약 1억 9천만 달러의 자금과 물자가, 2009년 '화폐개혁' 단행 이전 5년 동안에는 한국 정부로부터 연평균 약 2,628억 원(2020년 5월 환율기준 약 2억 1천만 달러) 및 국제사회로부터 연평균 약 1억 달러의 자금과 물자가 유입되는 등 매년 약 3억 달러 규모의 인도적 지원 및 경제발전 자금이 유입되고 있었다.

하지만 김정은이 공식 등장한 2010년 이후에는 한국 정부로부터 연평균 177억 원(2020년 5월 환율기준 약 1천만 달러) 및 국제사회로부터 연평균 약 1억 달러 등 '7·1 경제조치(2002)' 및 '화폐개혁(2009)' 당시 대비 약 1/3 수준의 자금·물자만이 북한으로 유입되고 있을 뿐이며, 그나마 김정은 등장 이후 북한에 공식 지원되고 있는 자금·물품들은 생산설비 등 생산력 정상화와 연결되어 '경제발전' 효과를 내기 어려운 식량 등 그야말로 인도적 지원에 국한되어 있다.

즉, 한국 정부와 국제사회는 1990년대 및 2000년대 중반까지 '고난의 행군'이라는 국가·인도적 재난 상황에 직면한 북한에 즉각적인 '먹을거리(식량)'와 함께 중장기적인 '먹을거리(생산설비)' 구축에 필요한

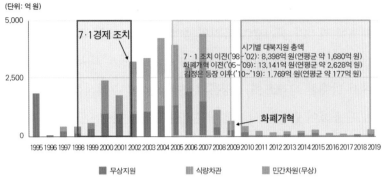

〈그림 3.3〉 대한민국 정부의 연도별 대북지원 현황

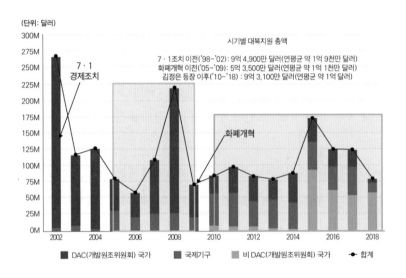

〈그림 3.4〉 국제사회의 연도별 대북지원 현황

자금과 물자의 지원을 기꺼이 제공했지만, 현재는 세계 금융·무역망을 장악하고 있는 미국이 '세컨더리 보이콧' 등 폭넓은 대북제재를 실행하고 있어 아무리 '북한에 기꺼이 생산설비 등의 중장기적 먹을거리를 제공할 의향'이 있는 국가·기업이 있더라도 미국 주도의 세계 시장경제 체제를 떠나 생존할 자신이 없다면 북한에 자금과 물자를 제공 · 지원할 수 없는 상황이다.

물론, 김정은은 2018년 미국과의 핵협상이 곧 타결될 듯한 분위기 속에서 잠시나마 '미국 주도의 강력한 자본 지원하에 경제분야의 급성장'을 꿈꿨을 수도 있다. 하지만 현재 '자강력 제일주의, 자립적 민족경제 건설'을 강력하게 독려하고 있듯이 최소한 당분간은 '핵포기 없는 대규모 외부 경제적 지원'은 없을 것임을 인식하고 있다.

따라서 현재의 생산성 제고 및 성장동력 마련을 위한 정책들은 향후 사적 경제부문을 흡수하기 위한 사전 준비활동이 아니라 지난 40여 년 동안 주민의 실생활 해결에 깊이 관여하면서 상호 '보완 · 보충적 반결합 상태'에 있는 공식 경제부문과 사적 경제부문의 생산력을 융합하여 '생산성 제고'에 통합적 시너지 효과를 창출하려는 노력으로 보아야 한다.

또한 이러한 정책의 목표는 앞선 김정일 시대처럼 '경제규모 확대 → 부족경제 문제 해결 → 국가 주도의 사회통제력 복원 → 김일성 조선의 영속성 확보'라는 수순이 아니라 북핵 문제로 인한 대북제재 국면이 해결될 때까지는 현 부족경제 문제를 최소화할 수 있는 수준에서 공식 및 사적 경제부문의 생산력을 발전 · 유지시키는 것이며, 이것이 곧 '자립적 민족경제 건설'이다.

2020년 4월 최고인민회의 시 제정한 '재자원화법', '제대군관 생활조건 보장법', '원격교육법' 등도 이러한 맥락을 고려한 자구책으로 보인다.

각 법률의 제정 취지를 살펴보면, 첫째, 2020년 들어 북한의 「로동신문」 등에서 수차례 "무진장한 원료 원천인 폐자원을 수거하고 다양하게 이용할 데 대하여"를 강조한 것처럼 '재자원화법'은 모든 기관·기업소 및 공장에서 폐기물들을 수거하여 제품 생산에 재투입하는 등 그야말로 '내부의 자본(노동력과 원재료) 추출을 극대화하겠다'라는 의지의 표현이다. '폐(유휴)자원 추출'이라는 측면에서만 본다면, 일견 김정일이 생필품의 생산력 증대를 위해 1984년 지시하고 일정한 생산성 향상 성과도 거둔 '8·3 인민소비품창조운동'과도 흡사해 보인다.

둘째, '제대군관 생활조건 보장법'은 장기간 군 복무를 마치고 사회에 나온 퇴역 군인들의 생활안정을 위한 법률인데, 뒷부분에서 언급한 것처럼 김정은의 경제분야 정책의 한 '축'이 '군의 경제개발 역할 확대'이기 때문에 비록 단기간 안에 실행되기는 어려워 보이나, 향후 다수의 군병력 감축 추진 가능성을 암시한다.

셋째, '원격교육법'은 인터넷 시대에 맞는 교육을 의미하는데, 이는 현재도 진행 중인 '선진 기술장벽 극복을 위한 교육체계 개선'의 일환이기도 하며 김정은이 제시한 '지식경제 강국 건설'이라는 단계적 목표에 대한 추진 의지를 재천명함으로써 주민에 대한 '발전 기대감 고취' 동력 유지라는 측면으로 해석할 수 있다.

(2) 선진 기술장벽 추월 시도: 과학·교육 중시정책과 '사이버해킹'

각국이 무한경쟁을 하는 국제사회에서 경제(기술)적 후발 국가가 발전성과를 더욱 빨리 얻기 위해서는 선진 첨단기술을 조기에 습득·추월하여 비교우위의 경쟁력을 갖추는 것이 중요하다.

그리고 이를 위한 일반적인 방법은 첫째, 국가 내부의 '과학 인프라(기초과학 노하우 축적, 인재 양성, 물질적·심리적 연구환경 조성 등)'를 구축하여 스스로 기술을 획득하거나 둘째, 과거 동아시아 발전국가들처럼 수년~

수십 년 동안 선진국 기업의 하청 등 선진기술과의 도제(徒弟)식 접촉면을 넓혀가며 습득하는 방법이다.

이를 고려한 듯 현재 북한은 다양한 '과학자거리' 조성, 과학자용 휴양소 건립 및 우수 과학자·교육자에게 '살림집' 제공 등 과학자 및 교육자들에 대한 '우대 분위기'를 조성하고 있는데, 이 '살림집'에 입주하기 위해서는 이른바 '당의 배려'가 있어야 할 정도로 선망의 대상이 되는 등 김정은 시대 '과학기술 우대 정책'은 다양한 부문에서 두드러진다.

이러한 과학기술 우대 정책의 결과는 〈그림 3.5〉에서처럼 김정은 시대 들어 과학 기술분야 논문 발표 건수가 급격하게 증가하고 있는 것에서도 식별할 수 있다.

교육 중시 정책 또한 김정은 시대에 있어 두드러지게 나타나고 있는 특징 중 하나인데, 2017년부터 기존의 11년제(유치원 1년, 소학교 4년, 중학교 6년) 의무교육을 12년제(유치원 1년, 소학교 5년, 초급중학교 3년, 고급중학교 3년)

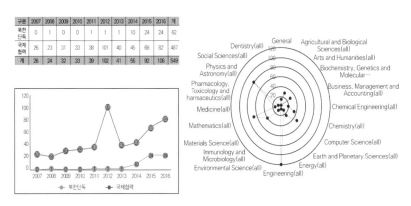

〈그림 3.5〉 김정은 시대 과학기술 논문 대외발표 현황

출처: 최현규·노경란(2017), 「북한 과학자의 국제학술논문(SCOPUS) 분석 연구: 2007~2016」, 한국과학기술정보연구원, 『북한과학기술연구』 제10집, 6-7쪽.

〈사진 3.3〉 북한 각급 학교에 게시된 '교육 혁신' 독려 표어

로 개편했다. 또한 통일부 북한정보포털('북한교과서')에 따르면, 김정은이 후계자 수업을 시작한 2009년 이후 130여 권의 교과서 및 교수참고서 등 거의 모든 과정의 교재를 새로 발간하고, 각급 학교별로 '교육혁신' 플래카드를 내걸고 있는 등 교육에서의 혁신을 강조하는 한편, 2016년 생산하여 판매하고 있는 태블릿PC '묘향'에는 상기 교과서들을 탑재하여 그 활용성을 높이고 있다.

특히, 이러한 교육의 혁신 작업은 어렸을 때부터 '우수자들만을 선발하여 지속적으로 관리'하는 북한 특유의 인재관리 시스템(이른바 '영재교육')77)과 어우러져 과학 인프라 확대에 시너지 효과를 거둘 것으로 보인다.

그러나 '인재 양성'만으로 단기간 내 선진 첨단 과학기술을 획득하는 데는 한계가 있으며, 현재 북한은 단기간 높은 '장벽'을 뛰어넘는 방법으로 '사이버해킹'을 이용하고 있다.

---

77) 북한에서는 여타 국가와 마찬가지로 소학교 시절부터 선발된 소수의 '학습 우수자' 간 경쟁을 통해 전문화된 상위 교육과정 진학자를 선발하고 차상위 전문 교육과정도 선택된 소수의 '우수자'만이 참여할 기회를 부여받는다. 하지만 일반적인 국가와의 비교 시 그 규모와 선발기준이 매우 경직되어 있다.

〈사진 3.4〉 북한의 컴퓨터통신(인터넷) 교육 자료

'사이버해킹'이란 "사이버 공간에서 본래의 설계자나 관리자, 운영자가 의도하지 않은 동작을 일으키거나 주어진 권한 이상으로 정보를 열람, 복제, 변경 및 유출하는 범죄행위를 광범위하게 이르는 말"이며, 공격하는 측의 '해킹 기술'과 공격받는 측의 '방어 및 관제 기술'의 수준에 따라 수많은 정보가 유출되었더라도 한동안 또는 거의 영구적으로 자신이 공격·침해받은 사실조차 깨닫지 못하거나, 어떤 자료가 언제 얼마나 유출되었는지 가늠할 수 없을 수도 있는 기술적 특징이 있다.

필자는 북한이 '사이버해킹'을 통해 다양한 첨단 선진기술을 불법적으로 획득하고 있음을 '중·장거리 미사일 발전(개발)' 과정을 통해 살펴보고자 한다.

예나 지금이나 많은 시간과 자금을 투자하여 개발한 '첨단기술'은 국제사회에서 경쟁력 있는 '비교우위'의 상품을 만들어내는 '원천 기반'이자 다양한 파생 효과를 가져오기 때문에 대부분의 국가는 자료·정보 유출을 엄격히 제한한다.

더욱이, 촘촘한 제재 속에서 '대가'를 지불할 여력이 부족한 북한에 선진기술을 협력 또는 판매할 나라는 극히 제한적일 것이라는 현

상황을 고려할 때, 북한이 일반적인 절차로 첨단기술을 구매하거나 습득하여 경제발전 동력으로 활용할 가능성은 매우 낮다.

경제발전을 위해 선진 첨단기술이 절실한 김정은에게 '사이버해킹'은 성공만 한다면 단시간 내에 선진 첨단기술의 전체 또는 일부를 수집할 수 있는 '마법'과도 같은 방법이며, 정상적인 '기술협력'이 사실상 불가능할 뿐만 아니라 자금과 시간조차 넉넉지 않은 상황을 고려하면 더욱 매력적인 수단일 것이다.

북한의 해킹 능력·조직에 대해서는 정확히 알 수 없으나, 2000년대 초 이후 한국을 대상으로 한 다양한 해킹공격 사례에서 볼 수 있듯이 상당한 능력을 갖추고 있음은 분명해 보이며, 2014년 세계 최고 수준의 사이버 강국인 미국의 SONY 영화사를 해킹한 것만으로도 북한이 국가 주도의 강력한 해킹 능력·조직을 갖췄다는 점에 이견은 없을 것이다.

이러한 맥락에서 북한의 장거리 탄도미사일 개발 과정을 살펴보자. 북한은 미·중·러 등 선진 강대국들이 과거 오랜 시간 투자하여 개발해낸 중·장거리 탄도미사일을 전문가들도 예상치 못한 속도[78]로 빠르게 개발에 성공했으며, 현재도 독일 미사일 전문가 마커스 실러 박사, 미국 브루스 베넷 랜드연구소 선임연구원, 그리고 이언 윌리엄스 전략국제문제연구소(CSIS) 미사일방어 프로젝트 부국장 등 다수

---

[78] 북한이 '백두산 엔진'을 활용해 '화성-12형'(5월) 및 '화성-15형'(11월) 등 중·장거리 탄도미사일 시험에 성공했을 때, 한·미의 전문가들은 "북한이 ICBM 개발에 2~3년이 더 소요될 것"으로 전망(pub조선, 2019.9.12)했으며, 2015년 북한이 '콜드 론치(Cold Launch)' 방식으로 SLBM 사출 및 점화에 성공할 때도 한·미 전문가들은 "북한이 SLBM 개발 완료까지 약 4~5년이 걸릴 것"(경향신문, 2019.9.14)이라고 언론에 브리핑했다.

의 외국 전문가들이 북한의 미사일 발전 속도에 놀라움을 금치 못하고 있다.

북한은 중·장거리 미사일 발사 시험에 실패를 거듭하던 2016년 4월 9일 「조선중앙통신」을 통해 "80tf[79]의 강력한 힘을 가진 백두산 엔진 연소시험에 성공"했다고 발표하면서 "우리의 국방과학자 기술자들은 짧은 기간에 새형(신형)의 대륙간탄도로케트(로켓) 대출력 발동기를 연구 제작하고 시험에서 완전 성공하는 놀라운 기적을 창조했다"라고 보도한 데 이어, 약 11개월 후인 2017년 3월 19일 김정은이 동 엔진의 지상분출 시험을 참관한 직후 "지난 시기의 발동기들보다 추진력이 높은 대출력 발동기를 완전히 우리식으로 새롭게 연구 제작하고 첫 시험에서 단번에 성공했다"라며 김정은이 개발 관계자를 직접 업어주는 극히 이례적인 사진까지 보도했다.

이를 볼 때 신형 로켓에 대한 기술 획득 시점은 2016년 4월 이전으로, 북한 연구진들이 획득한 기술을 흡수하여 모방설계를 완료한 시점을 2017년 3월로 추정할 수 있으며, 이후 북한은 이 '백두산 엔진'을 활용해 2017년부터 '화성-12형'(5월) 및 '화성-15형'(11월) 등 중·장거리 탄도미사일 시험에 연이어 성공한다.

또한, 북한의 중·장거리 미사일 추진연료 개발 및 발사방식의 발전 속도도 놀라운 수준이다. 북한은 사전 연료주입 등으로 발사 준비단계에서 노출되어 공격당할 수 있는 액체연료의 단점을 극복하기 위해 중·장거리 미사일의 연료를 고체로 교체하는 한편, 은밀한 수중 접근·발사로 상대방에게 충분한 요격 시간을 주지 않는 잠수함 발사

---

79) 80t의 무게를 공중으로 밀어 올릴 수 있는 동력을 의미한다.

탄도미사일(SLBM)을 개발했다. 그 과정을 살펴보면 2015년 4월 모의탄 사출시험에 최초 성공한 지 7개월 만인 2015년 12월 '북극성-1형'(SLBM)에 고난이도 기술인 '콜드 론치(Cold Launch)'[80] 방식을 적용하여 사출 및 점화에 성공하고, 2016년 8월 액체연료를 고체연료로 교체하여 시험 발사에 성공한다.

이후 국내외 미사일 전문가들은 "북한의 백두산 엔진은 우크라이나의 RD-250형 엔진을 기반으로 발전한 것으로 보이며, 북한처럼 단기간 내에 ICBM 발사를 성공한 나라는 없다"라고 평가하는 등 북한의 미사일 개발 속도가 당초 예상보다 매우 빠르게 진행되고 있다는 데 의견을 같이했다.

논리적으로, 이 '놀라울 정도의 발전 속도'는 북한의 '원천기술이 월등'하거나 미사일 기술 선진국과의 '협력' 또는 북한의 '불법적 수집' 등 '외부의 기술 유입'이 있어야만 가능하다.

만약 전자가 그 이유라면, 왜 김정일 시대에는 성공하지 못했을까? 핵탄두 제조 능력을 갖춘 김정일에게 'ICBM'은 체제의 방패막이 되어줄 간절한 '소원'과도 같았을 것이다. 그럼에도 그는 ICBM을 갖지 못했다.

한편, 후자는 기술 선진국과의 '공식·비공식 기술협력'과 '불법적 수집'으로 구분할 수 있는데, 북한이 사거리 1천 km 이상 SRBM급 탄도미사일을 시험 발사하기 시작한 2016년 3월 이후 사실상 ICBM 시

---

80) 잠수함과 같이 밀폐된 곳에서 발사되는 SLBM의 경우, 점화된 엔진의 반작용에 따른 선체 훼손 때문에 최소 발사단계에서부터 엔진을 점화할 수 없다. 따라서 발사관 내의 압축 공기로 미사일을 수상까지 밀어 올린 후 미사일에 점화되고 이로부터는 점화된 엔진으로부터 추진력을 얻어 비행하는 방식을 '콜드 론치' 사출 방식이라고 부른다.

험에 성공한 2017년 11월까지 26회에 걸쳐 총 33발의 중·장거리 탄도미사일을 발사했으며, 이 중 15발은 100km도 날아가지 못하고 폭발하여 실패했다. 그나마 100km 이상 비행에 성공한 18발 중 10발은 과거 외부에서 도입·개량하여 성능이 이미 어느 정도 검증된 스커드·노동 계열의 미사일이라는 양적 측면의 초라한 '성적표'는 이른바 '미사일 선진국과의 기술협력' 주장에 의구심을 제기하게 만든다. 왜냐하면 만약 그러한 외부의 '협력'이 있었다면, 1발에 수백만~수천만 달러[81]인 미사일 시험에서 15발이나 실패하기 전에 '협력자'의 실시간 조언을 받아 결함을 찾아내고 보완함으로써 실패 횟수를 현저히 줄였어야 한다.

반면, 사이버해킹 같은 불법적 기술정보는 사이버 공간상에 존재하는 정보만 수집할 수 있으므로 '협력'에 비해 입수한 정보가 불완전한 경우가 많으며, '시험 발사 간 폭발' 등 문제점들이 반복되더라도 자문 등 실시간 기술지원을 받을 수 없기 때문에 새로운 기술정보를 불법적으로 '추가 수집'하거나 반복적 실패를 통해 스스로 그 해답을 찾아나갈 수밖에 없다.

따라서 북한의 놀라운 '미사일 개발 속도'는 외부의 기술 유입이 뒷받침되었으며, 그 방법은 '협력'보다는 불법적 '기술정보 수집'일 가능성이 훨씬 크다.

그렇다면, 북한은 선진 첨단기술을 어떻게 불법적으로 수집했을까?

필자는 김정은 등장 이후 북한의 해킹활동 양상에 변화가 있다는 점에서 그 연관성을 찾고자 한다.

---

81) 인터넷 위키백과에 따르면, 미국 ICBM 미니트맨은 700만 달러다.

김정은 등장 이후 북한의 '사이버해킹'에서는 일종의 '패턴 변화'
가 발견되는데, 북한의 사이버 능력 변화 과정을 연구한 정태진(2018)
에 따르면, 김정은 등장 이후 북한의 '사이버해킹'은 매우 공세적으로
바뀐다.

2007년까지 북한의 사이버해킹 양상은 무선 네트워크 도청 및 단
순 자료절취 또는 개인정보 유출 형태에 머물렀으나, 2008년 이후부
터는 한국 정부 부처는 물론 군, 국방과학기술연구소(ADD) 등이 보유
한 군사정보와 국방(방산) 기술을 무작위로 획득하거나, 금융기관(가상화
폐거래소 포함)을 해킹하는 양상으로 바뀌며, ICBM 개발에 성공한 이후
인 2018년부터는 금융기관(가상화폐거래소 포함) 및 해외에서 판매 가능한
대규모 개인정보 수집 등 자금 획득 활동으로 그 중심이 이동한다.

이 중 2009년 3월 육군부대를 대상으로 한 서버해킹, 2010년 군
을 대상으로 한 약 7,600만 건의 해킹과 1,700여 건의 군사기밀 유출,
2013년 국방부를 대상으로 한 악성코드 유포 및 해킹,[82] 2014년 12월
한국수력원자력기술원을 대상으로 한 서버해킹, 2014년 국방과학연
구소(ADD) 서버해킹,[83] 2016년 4~8월 한진중공업·SK(4월) 및 대우조
선(4~8월),[84] 대한항공(5월) 및 한국항공우주연구원 등 방위산업체에 대
한 집중적인 서버해킹, 그리고 '사이버해킹' 역사상 최악의 사례로 평

---

82) 북한은 특정 군사 관련 키워드(작전, 대대, 군수, 탄약, 공군, 육군, 미군, 북한,
합참, 핵, 무기, 전술 등)가 포함된 문서파일을 수집했다(정태진, 2018: 126).

83) 중고도 무인정찰기 위성데이터 링크시스템 자료, 휴대용 대공미사일 성능시험
장비 자료, 중거리 지대공 유도미사일 탐색기 S/W, 그리고 '실제 무기체계 개발
시 핵심적으로 필요한 유도체계 기술 또는 시스템 통합 관련 자료'들도 유출되
었다(정태진, 2018: 1116).

84) 방위산업 관련 문서 4만여 건 유출, 북한의 탄도미사일을 추적·요격하는 임무
를 수행하는 이지스함 체계 등이 유출되었다(정태진, 2018: 1117).

가되는 2016년 9월의 국방통합데이터센터(DIDC) 서버해킹 등은 군사적 공격·방어를 위한 '군사정보' 수집을 넘어 전략자산 건설을 위한 불법적 '기술정보' 수집 사례로 볼 수 있다.

〈표 3.3〉을 보면, '해킹을 통한 북한의 미사일 개발' 가능성에 대한 더욱 흥미로운 점을 발견할 수 있다. 〈표 3.3〉은 필자가 김정은 시대 북한의 'SRBM급 이상 탄도미사일 시험 발사' 시기와 정태진의 연구(2018)에서 제시한 '한국의 국방 관련 기관·업체가 해킹된 시점', 그리고 미사일 개발에 대한 북한 「조선중앙통신」의 보도를 종합하여 시기적 연관성을 도출한 것으로, 이를 보면 북한의 중·장거리 미사일 개발단계를 ① 중요 기반 기술 최초 획득 단계 → ② 추력·자세제어 보완용 기술정보 수집 단계 → ③ 사전 수집한 기술정보와 기존 미사일 기술 연동 및 불충분한 기술정보 추가 수집 단계 → ④ 제작 미사일의 고도화 기술 습득 단계 → ⑤ 성공 단계 등 총 다섯 단계로 구분할 수 있으며, 한국에서 해킹한 기술정보들이 각 단계에 연관되었을 수 있음을 추론할 수 있다.

나아가, 한국만이 아닌 전 세계를 대상으로 해킹을 시도하고 있는 북한이 과거부터 꾸준히 중·장거리 미사일 개발에 필요한 부품과 기술을 습득하고 있었고, 이미 수십 년 전부터 스커드미사일을 도입하여 자체 생산한 데 이어 이를 변형하여 노동급 이상의 미사일로 발전시킨 경험을 고려하면, '사이버해킹을 통한 미사일 개발정보 획득과 이를 활용한 개발기간 단축'의 개연성은 더욱 크다.

<표 3.3> 김정은 시대 SRBM급 이상 탄도미사일 시험과 한국의 해킹 피해 시점

시기	도입/개량 미사일 (성능 旣검증)	자체 개발/변형 미사일 (성능검증 시험 필요)	해킹(인지) 시점/ 북, 공식보도	개발 단계 판단
2014			ADD(4월), 한수원(12월)	중요 기반 기술정보 (엔진 추력 확보) 최초 획득 단계
2016. 3.18.	노동(2발), 800km 비행(1발 실패)			추력·자세제어 보완용 기술 정보(콜드 론치 및 그리드핀) 수집 단계
4.15		무수단, 실패	한진중·SK·대우조선(콜드 론치 기술 보유)/'백두산 엔진' 최초 연구제작 (4.9)	
4.23		북극성-1, 30km 비행 (콜드 론치 기술 적용)		
4.28		무수단(2발), 실패		
5.31		무수단, 실패	대한항공(5월)	사전 수집한 기술정보(콜드 론치 및 그리드핀, 카나드 등)와 기존 미사일 기술 연동 및 불충분한 기술정보 추가 수집 단계
5.22		무수단(2발), 400km 비행(1발은 실패) (발사 초기 자세 제어용 '그리드핀' 장착 최초 식별)		
7. 9		북극성-1, 실패		
8. 3	노동, 1,000km 비행		대우조선(콜드 론치 기술 보유), DIDC	
8.24		북극성-1, 500km 비행		
9. 5	노동(3발), 1,000km 비행			
10.15		무수단, 실패		
10.20		무수단, 실패		
2017. 2.12		북극성-2, 500km 비행		
3. 6	스커드-ER(4발), 1,000km 비행		'백두산 엔진'의 우리식 개발	제작 미사일의 고도화 기술 습득 단계

			(3.19)	
3.22		무수단, 실패		
4. 5		화성-12(IRBM), 실패		
4.16		화성-12, 실패		
4.29		화성-12, 실패		
5.14		화성-12, 700km 비행		성공 단계
5.21		북극성-2, 500km 비행		
5.29	스커드-ER 지대함, 450km 비행	(종말단계 유도용 카나드 장착 최초 식별)	'새로운 정밀조종유도 체계를 도입한 주체 무기개발'(5.30)	
7. 4		화성-14(ICBM), 1,000km 비행		
8.29		화성-12, 2,700km 비행		
9.15		화성-12, 3,700km 비행		
11.29		화성-15, 4,500km 비행		

특히, "북한군 정찰총국과 관련된 해커 조직이 잠수함을 건조하는 국내 방산업체(대우조선)를 해킹해 '콜드 론치' 기술을 절취했으며, 이것이 북한의 SLBM 기술 발전에 영향을 미쳤을 가능성이 크다"라는 국방 사이버조사 분야 군 간부의 언급(경향신문, 2017.9.26), 북한이 2019년 이후 집중적으로 시험 발사하고 있는 '단거리 탄도미사일'과 닮은 한국의 현무 미사일을 개발한 국방과학연구소(ADD)가 2014년 북한에 해킹되었다는 사실, 그리고 2019년 8월 유엔 대북제재위원회가 "북한 해킹의 최대 피해국은 한국"이라고 밝혔음에도 불구하고 구체적으로 해킹된 것이 무엇인지를 공개하지 않는 상황에 대한 비판적 기사(경향신문, 2008.8.13) 등을 고려한다면, 어떤 핵심기술이 언제 얼마나 북한에 유출되었는지 정확히 가늠하기 어려울 정도다.

따라서 중·단거리 탄도미사일 분야에서 이미 각국의 상이한 기술·부품의 조합 및 변형·재설계 등의 능력을 갖춘 북한이 해킹을 통해 불법적으로 수집한 방위산업 및 미사일 관련 기술을 중·장거리 탄도미사일 개발의 '기술적 난관'을 해결하는 데 활용했다고 보아도 그 설득력은 충분할 것이다.

한편, 북한이 '사이버해킹'으로 선진 첨단기술을 수집하는 또 하나의 분야로 '경수로 건설 및 운영을 위한 기술정보 수집'에도 주목할 필요가 있다. 왜냐하면, 김정은이 각종 연설에서 공표했듯이, '자력갱생'을 위해서는 전력 문제가 개선되어야 하며 이의 핵심 요소가 '경수로 건설·가동'이기 때문이다.

북한은 수십여 개의 핵탄두 제조에 필요한 충분한 핵물질을 보유했음에도 대미 협상국면에 불리하게 작용할 수 있다는 점을 감수해가며 경수로의 원료인 농축 우라늄 생산을 지속하고 있으며, 2010년부터 '폭파된 영변 원자로 냉각탑' 자리에 경수로를 짓고 있다. 이런 북한이 2014년 12월 네 차례에 걸쳐 한국 수력원자력기술원을 해킹하여 고리 1·2호기와 월성 3·4호기 등의 도면과 운용법을 취득했다.

만약 북한이 아직 경수로의 핵심기술과 경수로 적영 운영 진단 S/W('NAPS') 등 운용 노하우와 관련된 기술을 완벽히 습득하지 못했다면, 관련 기술을 보유한 국가·업체에 대한 해킹은 이미 시도되었거나 예견되어 있다고 봐야 할 것이다.

(3) 군의 경제발전 역할 확대[85]

해가드와 놀랜드(2007)는 북한과 유사한 경제적 후진국이자 사회주의권이던 중국의 경제개발에 '군산복합체 생산의 민영화, 상당수의 군 인력·설비·인프라의 민간 전환, 군대의 규모 축소' 등 군의 신속한 민간 경제영역으로의 전환 및 경제발전 기여가 큰 역할을 했으며, 북한도 이를 채택해야 한다고 주장한다.

또한 선군정치로 대변되는 북한의 군사부문 강화가 북한 경제발전의 장애물 중 하나라고 지적한다.

그러나 아직까지 그들의 시각에 입각한 변화 또는 그러한 징후들을 북한에서 찾아보기 어려우며, 그동안 북한이 '병영국가' 등으로 불릴 만큼 오랜 시간 국가경영에 참여한 군대의 역할을 무시할 수 없는 역사적 맥락을 고려하면, 이미 세습 정권의 초기 안정화를 달성한 김정은조차 '군부 축소 및 민간(민수)부문으로의 대거 이관' 같은 중국의 사례를 쉽사리 벤치마킹하기 어렵다.

그러나 반대로, 여전히 약 100만 명 이상의 규모로 유지하고 있는 상비군을 '경제발전'에 활용하지 않는 것 역시 정책결정자의 선택으로 합리적이지 않다.

결국, 김정은은 군대의 골격을 유지한 가운데 군복을 입고 경제발전을 위한 각종 사업에 직접 투입하는 형태로, 군을 경제발전에 활

---

85) 군대를 통원한 각종 생산활동 및 생산설비, 재원획득 활동에 대해 '군대 운영을 위한 자력갱생 차원의 독자적 활동'이라는 주장이 제기될 수도 있다. 하지만 과거 김정일 시대에서는 그러한 주장이 설득력을 가질 수 있어도 「로동신문」 등 북한 관영매체의 기사 '문구'를 면밀해 분석해보면, 현재 군부대가 투입된 각종 생산설비 및 재원 마련을 위한 공사가 군 독자 운영을 위한 것이 아니라 '국가발전' 차원의 '동원'임을 충분히 알 수 있다.

용하고 있다.

그렇다면 김정은은 어떠한 방식으로 군대를 '경제개발'에 활용하고 있는가? 이를 김정은의 현지 시찰을 보도한「로동신문」,「조선중앙통신」등 북한의 공식보도를 통해 살펴보자.

김정은은 인민군 1524부대 시찰, 인민군 제810부대 산하 락산 바다연어 양어사업소, 인민군 제525호 공장 등의 군부대 시찰 시 '전투력 및 전투 준비태세' 대신 '콩·연어 생산 및 가공'을 강조하는 한편, 함경도 온포휴양소 시찰 시에는 "인민군대가 다음 해에 멋들어지게 건설해 우리 인민에게 선물하게 하겠다", 함경도 경성군 중평리에서는 대규모 채소 온실농장 건설과 관련해서 "처음으로 하는 거창하고 방대한 규모의 남새 온실농장 건설이므로 인민군대가 전적으로 맡아 불이 번쩍 나게 해제껴야 한다", 그리고 군함을 건조하는 청진조선소에서는 "새로 계획하고 있는 현대적인 화객선(여객선)을 건조하는 사업을 이곳 조선소에 맡길 것을 결심했다"라고 강조하고, 평안도 양덕군 온천관광지구 건설장에서는 "스키장에 설치할 수평승강기와 끌림식 삭도를 비롯한 설비제작을 모두 주요 군수공장들에 맡겨보았는데, 나무랄 데 없이 잘 만들었다"라고 언급한 점을 볼 때, 외형적으로는 군 사업의 형태를 유지한 가운데 실질적으로는 공식 경제부문의 생산력 증대를 위해 직접 동원하는 형태로 군을 '경제분야 국가발전'에 활용하고 있음을 알 수 있다.

특히 김정은이 기존 '특수경제' 영역 이외에 군을 '경제발전'에 직접적으로 활용하고 있는 가장 두드러진 분야는 '건설' 부문인데, 통일부 통계자료 등에 따르면, 2012년부터 2015년 9월까지 김정은의 650여 회 현지시찰 중 군부대가 투입된 건설현장을 60여 회 방문하는 등 '건설' 부문에서의 군대 활용에 대한 그의 관심은 매우 크다.

현재 북한군이 투입되고 있는 중요 건설사업들은 이른바 '4대 중요대상'인 강원 원산의 갈마해안관광지구와 삼지연, 단천발전소, 황해남도 물길공사(김일기, 2018: 3) 등으로 알려져 있는데, 실제 김정은의 애민사상과 '과학기술 발전' 분위기를 띄우기 위한 '과학자 배려' 등 개인 관심 사안(우상화)의 건설사업장은 물론, 공항·발전소와 같이 국가적 중요시설 공사장에까지 병력을 투입하고, 각종 재해재난 현장의 복구에 군을 대규모로 파견하는 등 군의 건설활동에 대한 김정은의 신뢰는 두터워 보인다.

특히, 통일부 북한정보포털의 통계자료(2019년 9월 기준)에 따르면, 인민군 중장이자 국무위원회 설계국장으로서, 김정은이 군 병력이 투입된 건설현장 방문 시 거의 빠짐없이 동행한 '마원춘'의 누적 수행횟수(154회)가 최룡해와 조용원 등에 이어 네 번째 순위에 오를 정도이며, 당시 당 부장으로서 경제분야 전반의 당적 지도 업무를 담당하는 오수용이 김정은을 수행한 누적횟수가 89회인 점을 고려하면, 군의 건설분야 활용에 대한 김정은의 큰 관심을 얼마든지 감지할 수 있다.

이러한 김정은의 관심과 신뢰를 「조선중앙통신」과 「로동신문」 등 북한의 공식 보도문을 통해 좀 더 살펴보자.

인민군대에서는 당이 부르는 사회주의 강국 건설의 전구마다 인민군대 특유의 투쟁 본때, 창조 본때를 높이 발휘함으로써 국가경제발전 5개년 수행의 관건적인 해인 올해에 인민군대가 한몫 단단히 해야 합니다(2019년 2월 8일 인민군 창건 71주년을 맞아 김정은의 인민무력성 방문 시).

건설에서 공법의 요구를 철저히 지키며 건축물의 안전성을 확고히 보장하는 것이 인민군

제267군부대 군인 건설자들의 일하는 태도… (중략) 모든 건설부문에서 이들의 투쟁기풍을 따라 배워야 합니다(김정은이 조선인민군 제267군부대가 투입된 김책공업종합대학 교육자 살림집(주택) 건설장(2014. 5. 21.)과 평안남도 과학자휴양소 건설장(2014년 5월 29일)을 각각 시찰 시).

이는 '건설' 부문에 있어 현재 군이 선도적 역할을 하고 있으며 앞으로도 지속 선도해야 한다는 점을 강조하는 대목이다.

또한, 「로동신문」은 2018년 12월 30일 김정은의 군 최고사령관 추대 7주년을 기념하는 기사에서 '긴급 국가재난 및 국책 건설사업에 군이 적극적으로 동원되고 있음'을 아래와 같이 밝혔다.

인민군 군인들은 함북도 북부피해 복구 전선으로 폭풍 치며 달려나가 북변천리에 사회주의 선경을 펼쳐놓고 적대세력들의 제재 압살 책동을 과감히 짓부수면서 려명거리를 단숨에 일떠세워 조선노동당의 붉은 당기를 제일 군기로 들고 나가는 영웅적 조선인민군의 혁명적 기상을 뚜렷이 보여주었다.

특히, 「조선중앙통신」은 2019년 8월 31일 김정은이 평남도 양덕군 온천관광지구 건설장 시찰 시 아래와 같이 언급했다고 보도하는 등 군의 건설사업에 대한 김정은의 신뢰감과 전문 건설(공병) 부대 이외의 부대들도 국가적 건설사업에 투입되고 있음을 재차 밝혔다.

당에서 구상한 대로 자연지대적 특성을 잘 살리고 주변의 환경과 정교하게 어울리는 특색 있는 관광지구가 형성되였다. (중략) 모든 것이 인민을 위한 것이며 인민의 요구가 반영… (중략) 인민군적으로 제일 전투력 있는 이 부대에 건설을 맡기기 잘했다. 전문건설부대 못지않게 건설을 잘하고 정말 힘이 있는 부대…

게다가, "스키장에 설치할 수평승강기와 끌림식 삭도를 비롯한 설비제작을 모두 주요 군수공장들에 맡겨보았는데, 나무랄 데 없이 잘 만들었다"라는 북한 공식보도문 속 김정은의 언급은 현재 군 소속 '군수공장'에서 스키장 건설용품(장비, 자재)을 생산하고 있음을 의미하는데, 이는 '국가적 차원에서 필요한 물품·자재라면 수많은 군수 공장들도 얼마든지 민수용 물품을 제작·생산할 수 있다'라는 점을 충분히 유추할 수 있게 한다는 점에서 해가드 등이 '중국의 경제개발 성공'의 한 가지 이유로 도출한 '군의 민수용 전환'의 의미로도 확대해석할 수 있다.

또한 김정은의 군부대 투입 건설장들을 세세히 살펴보면, 단순히 현재의 필요에 의한 건축물에 국한되는 것이 아니라 강력한 제재하에서도 합법적으로 외화를 획득할 수 있는 '관광산업' 관련 시설 건립 등 미래 국가건설을 위한 자금확보 활동까지 포함되어 있음을 어렵지 않게 알 수 있다.

특히, 북한 김정은이 향후 '한미와의 재래식 무기 경쟁의 위협이 현저히 낮아졌다'라고 판단할 경우 이러한 '군의 경제부문 활용' 비율은 더욱 커질 것이다.

다만, 북한에서는 이미 군대가 국가경제 운영의 중요한 한 '축'이기 때문에 '외형적 모습'의 큰 변화가 쉽게 발생하지 않을 것이다.

왜냐하면, 이미 북한 경제의 큰 축으로 기능하고 있는 '특수경제'는 다양한 무기 및 유관 물품의 생산·거래를 통해 통치자금을 벌어들이고 있으며, 군은 '와크'를 활용하여 독자적인 경제를 운영함으로써 군수공장과 연결된 적지 않은 주민의 생계를 부양하는 등 이미 북한군의 경제활동은 '부족경제' 속에서 국가가 책임져야 하는 '주민에 대한 경제적 욕구'를 상당 부분 대신 충족시켜주고 있기 때문이다.

따라서 최소한 당분간은 '중국의 사례'처럼 군대의 축소 또는 군수 부문이 외형적으로 완전히 민수 부문으로 대규모 이관되는 급격한 변화가 발생할 가능성은 크지 않다. 다만, 2019년 말 군의 인사 · 사상 통제를 주요 업무로 하는 총정치국을 제쳐두고 당 군정지도부[86]를 신설했다는 점은 향후 군부조직과 인원에 대한 대규모 검열과 이에 대한 처벌 등 후속 조치가 있을 수 있음을 시사하는 부분으로, 이러한 결과로 군부의 규모 · 기능이 축소 · 위축될 가능성은 있다.

이러한 맥락에서 앞서 해가드 등이 '선군정치' 등 군사부문의 성장을 경제발전의 걸림돌로 바라본 시각은 수정되는 것이 타당할 것이다. 나아가 병력의 축소(감군)를 통해 해외 및 시장의 노동력으로 활용했던 중국의 경제발전 성공사례를 북한도 채택해야 한다는 그의 주장역시 이미 군복을 입은 채로, 아니면 군대에 소속(채용)된 민간인으로서 국가의 생산능력 성장에 이미 참여하고 있는 북한의 사례에 그대로 적용하는 것은 타당해 보이지 않는다.

(4) 불법적 · 합법적 '경제발전' 자금 보충

현재 북한이 경제발전에 필요한 자금/외화를 마련하는 방법은 대

---

86) 총정치국은 군의 당 조직으로, 당 조직지도부의 '군부 담당 부서'의 지도하에 군인들의 사상통제와 인사 업무 등을 수행했다. 신설된 군정지도부(초대 부장 최부일)가 만약 노동당 안에 새로운 군 사상통제 · 인사를 담당하는 부서라면, 이는 군에 대한 당적 통제를 한층 강화한 것으로 볼 수 있다. 하지만 한국의 여러 전문가의 위와 같은 '평가'와 달리, 단순히 기존의 당 군사부(기존 부장 최부일)의 업무(사상 · 인사 외 일반 군사분야 과업)의 전부와 일부 부가업무를 승계 · 인수한 것이라면, 그 의미는 그리 크지 않다고 보는 것이 맞다.

외적 수단과 대내적 수단으로 구분할 수 있는데, 대외적 수단으로는 마약과 위폐범죄,[87] 가짜담배와 밀수, 무기거래 · 사이버해킹, 해외 노동자(주재원) 송출(파견), 석탄 · 수산물 · 문화재 및 어업권 판매, 외국인 관광 등이 있으며, 대내적 수단으로는 기관 · 개인별 '충성자금'과 '국가 납부금'(박영자, 2017) 등이 있다. 다만, 대내적 수단 중 국가 권력기관과 연계하여 큰돈을 벌고 있는 '돈주[錢主]'들이 주요 국가 행사 · 기념일에 '안정적인 경제적 특권의 확대'를 위해 자발적으로 헌납하는 '충성자금'은 그 규모를 무시할 수 없을 정도이나, 세부 수치를 추산하기는 어렵다.

그렇다면, 북한은 자금의 유입을 막는 촘촘한 제재 속에서 연간 자금/외화를 얼마나 조달하는가? 이를 살펴보는 것은 미국이 2016년 이후 대북제재의 핵심포인트가 '북한의 자금줄'을 옥죄는 것임을 고려할 때 그 큰 의미가 있다.

현재 수입원으로 활발하게 기능하는 것은 무기거래, 사이버해킹, 노동자 송출, 어업권 판매 등이 있다. 물론, 석탄[88] · 수산물 · 문화재의 불법적 수출 및 다양한 밀수도 진행되고는 있으나, 제재의 '표적'이 되어 예전 같은 '큰 역할'은 제한된다.

이 중 무기판매는 2016년 제임스 클래퍼 미국 국가정보국장이 청문회에서 "북한의 주요 수입원"이라고 언급했을 정도이며, 아직도 인터넷으로 탱크와 방사포 판매를 선전(아시아경제, 2019.9.5)하는 모습과

---

87) 2010년대 중반 이후 마약과 위폐범죄 비율은 낮아지고 있다(함중영, 2017: 135).

88) 석탄 수출의 경우, 러시아 및 중국을 거치는 과정에서 국적을 세탁한 후 해외에 판매하는 사례들이 식별되기는 하지만, 제재 이후 수출이 크게 위축되면서 일부는 내수(발전용, 가정용)로 전환되고 있다.

2017년 유엔 전문가 패널의 보고서를 볼 때, 연간 약 2억 달러 이상의 '외화획득' 기능을 유지한다고 볼 수 있다.

또한 2019년 8월 5일 유엔 안보리 산하 대북제재위원 전문가 패널의 발표에 따르면, 북한은 2015년 12월부터 2019년 5월까지 약 3년 6개월 동안 최소 17개국의 금융기관과 암호화폐거래소를 대상으로 35차례에 걸쳐 '사이버해킹'을 시도했으며, 약 20억 달러(연평균 5억 7천만 달러)를 탈취했다.

게다가, 북한은 '사이버 능력'을 갖춘 IT 전문인력을 중국·캄보디아 등으로 보내 합법적 또는 불법적으로 외화를 벌어들이기도 한다.

대부분 중국에 나와 있는 IT 전문인력들은 현지인과 함께 설립한 회사를 내세워 각종 프로그램 제작, 인터넷(인트라넷) 사이트 제작·관리, 제품 복제 등의 용역업무를 수행하면서 저렴한 가격과 수준 높은 실력, 그리고 신속한 납품 등 경쟁력이 매우 높은 것으로 평가받고 있으며, 이들은 각종 S/W에 '백도어'를 심어놓은 채 납품하는 등 미래의 수익·정보 수집을 위한 사전활동을 벌이기도 한다. 또한 2020년 UN 대북제재위 산하 전문가 패널에 따르면 북한의 IT 전문인력은 합법적으로 매년 약 2,040만 달러를 획득하는 것으로 추산된다.

게다가, 2011년 국내 온라인게임 프로그램을 해킹하여 월 500만 달러의 불법수익을 올린 사례, 2017년 한국의 '인터넷 나야 나'사(社)를 랜섬웨어[89]로 협박하여 약 100만 달러를 강탈한 사례와 같은 불법적 활동 등 앞서 언급한 유엔의 집계에 포함되지 않는 자금까지 포함한다면 그 규모는 북한의 연간 예산규모 82억 4천만 달러[90]의 10%(8억 달러)

---

89) 특정 정보를 암호화하는 해킹 프로그램으로, 해커는 감염(암호화)된 정보(파일)의 소유주에게 암호화 해제를 위한 비용을 요구하는 방법으로 불법이득을 취한다.

를 넘는 것도 어려워 보이지 않는다.

더욱이, 2020년 4월 미국 FBI의 타냐 유고레츠 사이버부 부국장
보가 "북한의 악의적 사이버 활동이 미국은 물론 더 광범위한 국제사
회, 특히 국제 금융체계의 완전함(integrity)과 안정성에 대한 중대한 위
협"이라며 주의보를 발령한 것을 볼 때, 북한은 사이버 공간에서 여전
히 전 세계를 대상으로 불법적 자금획득 활동을 하고 있다고 봐야 한다.

또한, 어업권 판매는 현재 한반도의 동·서해에서 다수의 중국
어선이 조업하고 있는 상황과 지난 2016년 한국 정보당국의 발표를 볼
때, 연간 3천만 달러 규모의 외화를 획득하고 있는 것으로 판단된다.

다음은 해외 파견 노동자들을 통한 자금 획득 규모를 추산해보
자. 중국 내 북한 노동자의 경우, 여행·교육 비자를 활용하는 한편,
중국의 장기비자 발급 제한 이후 수시로 신의주를 드나들며 비자를 연
장(단기 비자 재승인)[91]하면서 외화를 벌어들이고 있으며, 북한을 드나들
면서 적지 않은 규모의 '의약·생필품 보따리'를 북한에 공급(판매)하고
있다.

또한 북한 노동자들이 가장 많이 체류하고 있는 러시아는 유엔에
제출한 보고서에 "3만여 명 중 2만여 명을 돌려보냈다"라고 2018년 밝
혔지만, 일부 북한 노동자들을 송환하지 않고 자국 내 UN 비회원국인
'압하지야공화국'에 체류토록 허용한 바 있으며, '러시아가 북한 노동

---

90) 한국은행이 '남북한의 주요 경제지표'(https://www.bok.or.kr/portal/main/
   contents.do?menuNo=200090)에 공개한 수치이며, 북한 환율을 기준으로 북한
   원을 달러로 환산한 것임을 밝히고 있다.

91) 중국 당국은 유엔의 대북제재 강화 및 미국의 제재 이행 요구가 높아지자, 2016년
   경부터 외교관 외 중국 체류 북한인에게 장기비자 발급 심사를 강화하고 있다
   (문화일보, 2019.8.21).

자들에게 관광이나 교육 비자를 발급해 체류할 수 있게 했다'라는 미국 의회조사국의 주장 등이 끊이지 않는 점을 볼 때, 해외노동자 송출을 통한 '외화벌이 기능'은 당분간 일정 수준 이상 유지될 것으로 보인다.

더욱이 최근에는 단순 노동 중심이 아닌 정보기술 및 고가치 건설 노동자, 운동선수(프로 리그) 등 고수익 획득 가능 노동자의 파견도 늘고 있다. 2020년 4월 공개된 UN 안보리 대북제재위 산하 전문가 패널 최종보고서에 따르면, 북한의 제재 대상 기관들이 정보기술(IT), 건설 등 다양한 분야에서 노동자를 해외에 파견해 불법적으로 수입을 창출하고 있으며, 이들은 특정 지역에만 고정된 것이 아니라 중국, 러시아, 캐나다, 미국 등 전 세계의 고객을 상대로 자신의 신분을 밝히지 않은 채 자유계약 신분으로 일하기도 한다.

한편, 세네갈의 '만수대 해외 개발회사 그룹'은 현재 이름을 바꿔 가며 여전히 현지법인을 운영하면서 공공 건설과 주요 식품 가공회사(공장) 등 여러 건설 프로젝트에 개입하고 있으며, 탄자니아에서는 북한 의료진이 '마이봉 수키다르 의료회사'에 고용되어 있다.

따라서 적지 않은 숫자의 해외 주재원 등이 비자 연장을 위해 북한을 왕래하며 약품 및 생활용품을 조금씩 퍼 나르는 '개인적 차원'의 밀수와 이들이 개인당 연간 1~1.5만 달러의 '충성자금과 국가 납부금'을 납부하는 점을 고려하면, 분명히 '외화 획득 경로' 중 하나로 보아도 무방할 것이다. 또한 중국과 러시아에 체류 중인 북한의 일반 노동자들이 12만 5천여 명인 점과 해외 노동자 1인이 당국에 납부하는 '충성자금'이 연 7,000~8,000달러 수준(최영윤, 2017)임을 고려하면, 연간 약 8억 7천만 달러+α[92])의 외화가 북한에 흘러 들어간다고 볼 수 있다.

한편, 비록 2020년 들어 COVID-19 사태 등으로 외화 획득량이 급격히 감소하기는 했으나 김정은 시대 들어 북한이 다양한 관광상품을 만들어내고 있으며, 중국인에게 북한 관광이 큰 인기를 끌고 있어 연간 3억 6천만 달러의 외화를 획득(연합뉴스, 2019.7.16)하는 것으로 추산된다.

이상의 것들만 종합해도 북한의 불법·합법적 외화획득 규모는 대략 무기거래 2억 달러, 사이버해킹 8억 달러, 어업권 판매 3천만 달러, 해외 송출 노동자 8억 7천만 달러+α, 관광 수입 3억 6천만 달러 등 2018년 북한의 연간 예산규모의 약 27%를 상회하는 '22억 6천만 달러 +α'로, 김정은이 지정하는 특정 분야의 발전을 도모하는 비용으로 충당하기에는 충분한 규모의 자금이다.

하지만 이 금액은 북한 김정은이 국가 주도의 대규모 경제발전을 추진하기에는 턱없이 부족해 보인다.

비록 거친 계산법이기는 하나, GNP가 2008년 북한(248억 달러)[93]과 비슷했던 한국의 1976년(287억 달러) 당시 '국내 명목 총투자금'이 약 84억 달러(이재우, 2006)이며 이를 현재 가치로 환산[94]한 금액이 약 740억 달러라는 점, 그리고 1962년 한국의 1차 경제개발 5개년 계획의 소요 판단 비용(6억 8천만 달러 / 역사학연구소, 2015)의 연 균등배분치를 현재 가치로 환산한 금액이 516억 달러라는 점을 고려한다면, 연 '22억 6천만 달러

---

92) 일반 노동자보다 더 큰 금액을 납부하는 해외 외화벌이 주재원의 수는 확인 제한으로 'α'로 표현했다.

93) 한국은행이 공개한 2009~2018년까지의 경제성장률('09: -1.1, '10: -0.5, '11: +0.8, '12: +1.3, '13: +1.1, '14: +1.0, '15: -1.1, '16: 3.9, '17: -3.5, '18: -4.1)을 고려할 때, 2008년 GNP 규모를 현재에 그대로 적용해도 무방할 것이다.

94) 한국은행 경제통계시스템 화폐가치 계산법(https://ecos.bok.or.kr/jsp/use/monetaryvalue/Monetary Value.jsp) 적용

+*α*'는 대규모 경제발전을 도모하기에는 턱없이 부족한 금액이다.

한편, 김정은이 경제발전에 필요한 자금을 확보하는 두 번째 방법은 북한 주민이 보유한 자금의 추출이며, 이는 저축과 보험의 활성화로 나타나고 있다.

중국 옌볜대학교 교수 최문(2019)에 따르면, 북한은 2014년 '사회주의 경제강국 건설의 새로운 요구'에 따라 중앙은행에서 상업은행[95]의 기능을 분리하면서 상업은행에 '주민저금사업의 활성화' 임무를 부여하는 한편, 보유 화폐의 일부만 교환해준 2009년 '화폐개혁'에 대한 주민의 '트라우마'[96]를 감안하여 수시 입출금 및 저축내용의 비밀 보장, 북한화폐·달러·인민폐·유로 등으로의 환전 보장 등을 공표했다.

이 상업은행들은 현재 기관·기업소에 대한 자금융통 및 재정적 통제 등 '금융기관채산제'를 통해 독자적인 수익을 창출하고 있으며, 6개월 이상 1만 달러 이상 저축한 고객에게는 백화점 할인권(류경상업은행 VIP 금카드)을 제공하는 등 저축 활성화를 위한 판촉활동도 전개하고 있고, 저축 이자는 중국의 3배 정도인 5~9.5%를 산정하는 등 실질적이고 경쟁적인 업무추진으로 저축 활성화를 모색하고 있다.

나아가 보험 분야에서도 조선민족보험총회사, 삼보보험회사, 북극성보험회사, 미래재보험회사 등이 설립되어 화재·기술·신용·농업·수산업·해운 등의 보험업무 및 정보기술봉사, 선박운영, 금융투자 등 주민 및 기관·기업소가 보유한 자금을 모집하여 국가 차원의

---

95) 2019년을 기준으로, 평양에는 30~40여 개의 상업은행이 운영되고 있다(최문, 2019).

96) 북한 주민은 화폐개혁 당시 당국에서 일정 금액 이하로만 신권·구권 화폐를 교환해준 '경험'에 따라 은행 등에 자신의 돈을 저축하는 것에 대해 일종의 '두려움'을 가지고 있다.

〈사진 3.5〉 북한에서 유통되는 각종 전자결제 카드와 사용

경제개발 자금으로 활용하고 있다.

(5) 내부 생산력 극대화 독려: 자발적 '경제활동 분위기' 정착

김정은은 다양한 경제 조치를 통해 북한 주민의 생산성 향상을 독려해왔으며, 외형적일지언정 실제로 변화 효과를 거두고 있다.

이러한 정책적 변화들이 실제로 어떤 변화를 만들어냈는지를 부문별로 나타낸 것이 아래 〈표 3.4〉이다.

〈표 3.4〉 김정은 등장 이후 '부문별 시장화' 동향

구분	주요 내용
금융	• 재일교포・화교, 외화벌이・밀수꾼, 권력계층 등 다양한 계층에서 '돈주'가 형성되고 있으며, '돈주'는 권력기관 자체 또는 권력기관과 연계된 소속원・개인 * 김정은이 특정 기관에 특정사업 추진을 지시하면, 해당 기관 통제하에 '돈주'들이 자발적으로 자금을 헌납하고, 해당 사업 추진과정에서 이익 획득 • '돈주'들은 '시장활동'을 통해 부를 축적하며, '고리대금업'을 통해 자본 공급자 및 투자・경영자 역할도 담당 • 국가 차원의 내부 자본 추출을 위한 '저축・보험 활성화' 추진

생산재	• 아직까지 합법·불법 등이 뒤섞여 있으나, '생산수단의 사회주의적 국가 소유'를 탈피하여 합법적으로 생산재를 제공하는 점에서 큰 의미 　* 농업 부문에서는 당국이 생산에 필요한 수단(트랙터, 기름, 종자 및 소, 박막 등)을 지원한 후 수익 납부 시 시장가로 환산해서 (대여) 비용 징수 • 공산품 부문에서는 국영 기업소들이 중국의 임가공업 수주 또는 '돈주'들의 투자를 받아 통해 중국에서 원자재를 획득하는 형태가 일반적
노동	• 대부분 중국산이나, 김정은의 '외제병' 언급 이후 북한산이 급격하게 증가 중 • 주민 간, 평양-지방 간 '부의 양극화' 심화로 인해 물품이 다양화되고, 신상품에 대한 수요가 지속 증가 　* 평양은 열대과일로 피로연 잔치를 하는 반면, 지방 광산촌 노동자구의 식량 부족 상황 지속
소비재	• 소비재 시장은 대부분 중국산이나, 김정은의 '외제병' 언급 이후 북한산이 급격하게 증가하는 추세(디자인 및 품질에서 중국 추월) • 부의 양극화 현상으로 인해 소비재도 다양화하고, 특히 신상품에 대한 수요는 지속 증가 • 품질과 다양성, 그리고 수량에 있어 평양과 지방의 양극화 심화 　* 평양은 열대과일로 피로연 잔치를 하는 반면, 지방 광산촌 노동자구의 식량 부족 상황 지속
주택	• 초기에는 빈곤층이 부자들에게 교환·판매하는 형태로 시작 • '입사증(살림집 이용허가증)'에 기재된 이름을 구입자 이름으로 바꾸는 식으로 거래되며, '입사증 담보'를 통한 자금대출 형태도 활성화 • '돈주'들이 권력기관과 결탁하여 주택건설 권한을 가진 기관의 명의를 빌려 주택을 건설한 후 그 대가로 일부 주택의 처분권 행사 　* 평양 중심부 신축 아파트는 10~15만 달러 수준이나, 인상 추세 • 전문 중개업자층 형성 등 사회주의적 복지인 '1세대 1주택 공급제 원칙' 사실상 붕괴
서비스	• 개인의 경제활동이 활발해지면서 숙박업, 식당업, 운송업, 택배업, 각종 가전제품 수리업, 세차장 등 다양한 서비스 시장 형성 • 애초에는 대부분 개인이었으나, 점차 자본을 축적한 '돈주'들이 개입하면서 다양한 분야에서 대규모화 진행 중 • 대북제재 강화 이후 서비스 업종 참여자들이 증가, 경쟁에 따른 이문 감소 추세

출처: 이상만(2017), 「북한의 시장화와 시장화 지원방안」. 중앙대학교 '한반도경제론' 강의자료 및 다년간 북한학을 연구하고 있는 모대학 A교수 및 남북경협에 참여·연구하는 서울 모대학 B교수와의 인터뷰, 중국에서 외화벌이 업무를 하다가 2010년 이후 탈북한 C씨 등의 증언을 종합·연구하여 필자가 직접 작성

여기서 하나 더 주목해야 할 점은 이러한 변화가 끊임없이 새로운 변화를 추동하고 있다는 것이다.

예를 들어 2012년 '6·28 방침'에 따라 농업 분야의 생산성 고취를 위해 생산물을 국가와 작업분조 간 '7 : 3 비율'로 분배했으나, 일부 농민들이 생산량을 낮게 신고하는 방식으로 국가 납부분을 착복하자, 분배율을 3 : 7로 수정[97]하는 대신, 국가가 분조에게 대여한 생산수단 (트랙터, 기름, 종자, 소, 박막 등) 비용을 징수하여 국가의 부족분을 채우는 방식을 새롭게 고안하는 등 제도 적용에 있어 상황에 부합한 방법을 찾는 융통성도 나타나고 있다.

또한, 북한의 노동자들은 이미 기본 월급 외에 상당히 많은 부가금을 받고 있으며, 기본 월급으로는 구매할 수 없는 가격의 상품들이 시장과 (배급제에 의한 국정가격으로 판매하는 국영상점이 아닌) '일반 상점'에 즐비한 것을 볼 때, 이러한 인센티브제가 정착단계에 이른 것으로 보인다.

북한 노동자의 임금(총수령액)은 생활비(월급·기본급)와 장려금(인센티브), 목표를 달성하거나 새로운 기술을 개발하면 지급하는 '상금'으로 구성되는 구조인데, 기본 월급으로 구매하기 어려운 '고가 상품'이 일반 상점에 즐비한 것은 그만큼 인센티브(성과금)가 커지고 있으며 주민의 구매력 또한 커지고 있음을 의미한다.

〈표 3.5〉는 2018년 4월 김정은이 '핵-경제 병진 노선의 완성'과 '경제 총력 집중'을 선언할 즈음 평양과 지방 도시의 일반 상점에 진열

---

97) 분조의 배분율이 낮으면 생산 총량을 속이는 범죄행위(적발 시 처벌)를 해야만 수익이 높아지지만, 배분율을 높이면 '생산 총량을 그대로 신고해도 처벌위험 없이 더 많은 수익을 보장받을 수 있다'라는 주민의 심리변화를 자극·유도할 수 있다.

된 상품(통조림)의 가격을 정리한 것인데, 이를 보면 북한 주민의 구매력이 이미 상당 수준 향상되어 있음을 충분히 가늠할 수 있다.

<표 3.5> 북한 일반 상점의 통조림 가격(북한 원)

고기류	닭고기 (500g)	13,700원(약 1.7달러) / 12,900원(약 1.6달러)	밥류	찰밥(500g)	8,500원(약 1달러)
	오리고기 (450g)	13,700원(약 1.7달러) / 14,500원(약 1.8달러)		밥(500g)	7,400원(약 0.9달러) / 7,900원(약 0.9달러)
	돼지고기	13,700원	생선류	청어	11,600원 / 13,800원 / 12,600원 / 10,800원 / 16,900원 / 8,800원
죽류	미꾸라지죽	7,700원 / 8,100원		고등어	16,900원 / 13,800원 / 13,200원
	섭 죽	7,700원 / 8,100원		가재미	13,300원 / 13,800원
	토끼고기 버섯죽	8,900원		송어	12,600원
	굴죽	8,100원		이면수	16,900원 / 13,700원
	소고기 미나리죽	8,900원	기타	오리고기탕 (3kg)	85,600원(약 10.5달러)
	영양죽	8,900원		밤(100g)	10,500원(약 1.3달러) / 10,000원(약 1.2달러)
	가막조개죽	8,100원		오이	4,000원
	토끼버섯죽	8,900원			

주: 2018년 4월경 북한 여러 지역의 상점에서 촬영한 사진들 속 통조림 가격을 필자가 직접 분석하여 작성(가격 차이는 제조사・용량 등 상품 다양성에 기인)했으며, 괄호 안의 달러 가격은 국내 유사 상품과의 비교를 위해 당시(2018. 4.) 북한의 암시장 환율(1달러≒8,200 북한 원)을 적용하여 표기했다. 참고로, 국내 대형유통업체의 인터넷 판매가격(2018년4월 달러환율 약 1,120원 기준)은 닭고기 가슴살 500g은 약 6.4달러, 훈제오리 450g은 약 9.2달러, 오리탕 3kg은 약 22.3달러, 햇반 흑미밥 500g은 약 2.3달러, 햇반 쌀밥 500g은 약 2.9달러, 단밤 통조림(100g)은 약 1.6달러다.

통조림 가격과 관련하여 한 가지 흥미로운 것은 진열된 통조림 가격과 한국에서 판매하고 있는 유사한 중량의 유사 물품의 가격을 당시 북한의 암시장 환율(1달러≒8,200원)과 한국의 공식환율(1달러≒1,120원)에 따라 달러로 환산하여 비교해본 결과, 고기류와 밥 등 생필품에 해당하는 주식류는 북한 통조림이 한국 제품의 1/2~1/3 수준의 가격이지만, 생필품이 아닌 기호품에 해당하는 '밤 통조림'은 한국 제품의 가격과 거의 유사한 수준이라는 것이다.

비록 비교 표본이 많지 않아 단정하기는 어렵지만, 북한 통조림의 가격 수준은 북한 주민의 구매력이 상당히 높아져 있음을 방증하는 동시에 꼭 필요하지 않은 생필품이 아닌 상품의 가격은 비교적 비싸게 책정되어 있음을 알 수 있다.

게다가, '물품 공급과 수요 충족'이라는 시장의 기본 기능을 수행하는 상점들의 업종 또한 다양해지고 특화되어가고 있다. 가령 사진관도 일반 사진관과 결혼식 전문 사진관 등으로, 옷 가게도 조선옷과 양복점 등으로, 식료품 상점은 과일 및 남새(채소) 상점과 수산물 상점 등으로 분화·특화되고 있다. 나아가 원산에서는 버스정류장에서 별도의 돈을 받고 버스와 택시 등을 세차해주는 '세차장'도 차려져 있다.

특히, 과거에 아무 채색을 하지 않아 시멘트 색을 그대로 노출하던 건축물들은 이제 비록 화려하지는 않지만 연분홍색과 연녹색 등 다채로운 색으로 칠해져 있는 등 외부의 손님들을 과거처럼 경직되게 하지 않는다.

이러한 '현상'은 싸게 좋은 물건을 구매하려는 북한 주민의 '욕구'가 다양해진 측면도 있지만, '시장활동'에서 더 많은 소득을 올리기 위

〈사진 3.6〉 북한 주민의 상업의식 변화에 따른 업종 분화·다양화 1

〈사진 3.7〉 북한 주민의 상업의식 변화에 따른 업종 분화 · 다양화 2

여객 버스와 세차장		
제조사가 다른 다양한 맥주		
제조사가 다른 다양한 통조림		

〈사진 3.8〉 북한 주민의 상업의식 변화에 따른 업종 분화 · 다양화 3

해 스스로 특화하려는 북한 주민(상인)의 의지와 상업의식98)을 엿볼 수 있는 부분이기도 하다.

---

98) 1990년대 후반 KEDO 사업으로 한국인 노동자들이 북한 신포에서 근로했을 당시 북한 주민은 '장사'에 대한 의식 수준이 매우 낮았다. 예를 들어 새로운 메뉴인 '꿩백숙'을 내놓았으나, 가격을 어떻게 책정해야 할지 몰라 한국인 노동자들이 '닭백숙과 꿩백숙을 만드는 데 들어가는 노력과 재료비' 등을 예로 들어 가격을 어떻게 설정해야 하는지 설명해야 할 정도로 상업행위에 대한 수준(감각)이 매우 낮은 상태였다(오영진, 2004).

따라서 현재 '시장활동'에 대한 북한 주민의 의식 수준은 본격적인 '경제발전 추진단계'에서도 부족하지 않은 수준으로 성장했다고 볼 수 있다.

한편, 북한은 2017년 헌법을 개정하면서 '대안의 사업체계' 조항을 삭제하는 대신 '사회주의기업책임관리제'라는 제도를 도입한다. 사회주의기업책임관리제의 핵심은 기업소가 '모든 기업과 그 기업의 생산자산(수단)을 소유한 국가'로부터 생산자산을 빌려 쓰고 이에 대한 '임대료'로 생산물의 30%를 국가에 납부(국가계획 물량)하는 한편, 나머지 70%는 기업들이 자율적으로 판매 및 그 매출액으로 소속 노동자들에 대한 배급(인건비 등)과 생산요소(원료 등)를 조달하는 것이다.

즉 기업들이 국가를 대신해 소속 노동자들의 생계를 공식적으로 책임지는 것으로, 기업소에서 임금을 현금으로 지불하면 해당 노동자는 시장에서 시장가격으로 생필품을 구매하고, 현물로 지급하면 노동자들이 개별적으로 시장에서 현금화하여 다시 생필품을 구매하여 생계를 유지하는 방식이다.

다만 북한에는 여전히 국가가 직접 생필품을 배급해야 하는 인원이 있다. 이들은 대부분 당 간부, 보위부 등 비생산적 활동에 종사하거나 전력생산과 같이 별도의 상업적 판매를 통해 자금·생필품을 마련하기 어려운 직종의 종사자들인데, 이들에게는 국가에서 직접 국정가격으로 생필품을 배급하며 이 배급품의 가격(국정가격)은 시장가격에 비해 매우 저렴하게 책정되어 있다.

하지만 '생활에 꼭 필요한 물건'이 아닌 경우 국가에서 아예 배급하지 않으므로 만약 그런 품목(기호품 등)에 대한 구매 욕구가 있다면, 각자 싼 국정가격으로 구입한 생필품을 시장에서 상대적으로 '비싼 가격'으로 판매·현금화한 후 시장에서 구매해야 한다.

그러나 문제는 북한 사회 전반에 '발전 기대감'이 확대되면서 상품이 고가화 및 다양화하고, 주민층 간의 소득 격차가 커지면서 고가의 기호품에 대한 구매·소비 (경쟁적) 욕구와 '상대적 박탈감'이 증가하고 있다는 것이다.

결국, 국가에서 생필품을 국정가격으로 배급받는 기관·기업소의 소속원이든, 각 기업소·공장에서 할당하는 월급 또는 현물을 받아 시장에서 생필품을 구매·조달하는 노동자이든 상대적으로 고가인 시장의 물건(기호품류)에 대한 구매·소비 욕구를 해소하기 위해서는 월급 이외의 '부수입'이 필수이며, 부수입을 창출하는 수단은 '장사'일 수도 있고 지위를 이용한 '뇌물구조'의 형성일 수도 있다.

따라서 이미 현재 북한 주민의 구매력을 가늠하는 데 국정가격[99])과 기본 월급은 큰 의미가 없다.

---

99) 저가의 배급물품은 사실상 현물로 받는 것이어서 가격으로서의 의미가 없으며, 오히려 현물을 받아서 시장에 내다 팔면 훨씬 높은 가격에 거래할 수 있어 일종의 장사 밑천으로 활용되기도 한다.

제4장

김정은의 '통치전략'
추진 결과와 한계

김정은은 북미 협상이 결렬된 이후부터는 그동안 각종 연설문을 통해 제시한 '김일성 조선'의 최종목표, 즉 '인민정권 형태의 사회주의 강성국가 건설'이라는 다소 이데올로기적인 목표달성을 후순위로 제 쳐두고 일단 '자립적 민족경제 건설'이라는 중간목표의 달성을 집중적 으로 독려하고 있다.

이는 지난 10여 년 동안 추진해온 그의 '통치전략'이 최초 계획대 로 추진되지 않거나 아직 추진과정 중에 있음을 의미한다.

그렇다면, 김정은이 지난 10여 년 동안 미국 주도의 국제 정치 · 경제 체제하에서 자신의 신념(합리적 준거점)에 따라 '주어진 환경' 속에서 설정한 목표의 달성을 위해 추진한 '통치전략'이 어떤 환경을 만들어 냈으며, 그 '만들어진 환경'은 그의 '통치전략' 달성에 어떤 제한점 또 는 시사점을 가졌는지를 김정은의 '핵보유국 지위 획득'을 저지하려는 미국 등 '외부 해석자'의 시각에서 살펴보자.

1. 전반적 성과: 핵협상 국면 창출과 경제적 난관의 지속

김정은은 지난 10여 년 동안 자신의 '통치전략'을 구사하면서 분 명히 일정한 성과를 거두었다.

첫째, 대내 정치적 측면에서 짧은 세습 준비 기간으로 인한 정치 적 불안정성을 극복하고 권력구조를 자신 중심으로 재편하는 데 성공 했으며 '간부 적 만들기' 선전전 등을 통해 주민을 자신의 편으로 만드 는 등 대(對)주민 통제정책에서도 일정한 성과를 거두었다.

둘째, 대외 군사·외교적 측면에서 미국을 직접적으로 위협할 수 있는 '핵능력' 개발에 성공함으로써 비록 현재 지루한 협상의 평행상태를 이루고는 있지만, 일단 미국과의 협상국면을 창출하는 데 성공했다. 게다가 중국과 러시아로부터는 2010년대 초반 '저가 자원침탈' 같은 불평등한 관계를 재설정해나가며, 마치 '핵보유국의 지위'를 과시하듯 과거 대비 '당당한' 입장에서 미국과 갈등하는 국가들과의 외교적 행보를 이어가고 있다.

셋째, 대남 행태적 측면에서 핵능력과 관련된 미국과의 중요 협상 전후에 한국을 북미관계를 연결해주는 '징검다리'처럼 이용한 바 있으나, '핵문제는 남쪽과의 협상 대상이 아님'을 분명히 하면서 일부 경제적 측면의 접촉만을 이어갔다. 그나마 최근에는 '미국의 사전동의 없이는 한국만의 독자적인 경제지원 획득이 불가능하다'라는 것을 깨달은 듯 '훈계'와 '하대', 그리고 '무응답'의 자세로 일관하고 있다.

넷째, 대내 경제·사회적 측면에서 전문 관료조직을 앞세워 생산력을 독려할 수 있는 정책을 구상·추진하는 한편, 시장가격 관리 및 시장 상인들에 대한 등록제 시행 등 '통제된 범위 안에서 시장화 용인'이라는 대(對)시장 관리 정책에도 관심을 투사하고 있다. 특히, 향후 대미 관계개선 시 외자 유치를 통해 본격적인 '국가 주도형 경제발전'을 추진하는 상황을 대비한 듯 '경제특구' 등 외부 자본·기술 유치 관련 법·제도적 정비도 이미 진행했다. 나아가, 100만여 명 이상의 상비군과 그 군대에서 운영하는 각종 공장·기업소를 '경제개발'에 투입하여 '군복을 입은 경제발전 전력'으로 활용하고 있으며, 일부 성과도 거두고 있다.

또한, 비록 대규모 경제개발 자금으로는 불충분하지만, 김정은이 관심을 가지는 '역점 분야'에 투입할 수 있는 수준의 자금은 불법적·합법적으로 충분히 획득하고 있으며, 특히 과거 동아시아 개발국가들이 긴 시간의 '도제 수업'을 통해 획득했던 고가치 선진기술 중 일부를 '사이버해킹'을 통해 획득함으로써 일부 분야에서는 '놀라울 정도의 기술발전'이라는 세계의 '찬사(?)'를 받기도 한다. 그리고 무엇보다 주민이 '자발적으로 경제활동에 참여'하는 분위기를 조성하는 데 성공함으로써 향후 '시장화'가 정권의 안정성을 위협하지 않는다면 지속적이고 자발적인 '생산성 향상'을 독려할 수 있는 여건을 만들어냈다.

그리고 경제발전 정책이 주민의 의식변화에 영향을 미쳐 권위주의 독재체제의 내구성을 해치는 것을 막는 데 방점을 둔 대(對)주민 정책을 구사하고 있으며, 여기에는 '통 큰 허용을 통한 국가발전 기대감 고취'와 '강화된 금지를 통한 반체제적 사고·행위 억제'라는 이원적 축이 뚜렷하다.

이러한 그의 '통치전략' 추진 시기를 분야별로 구분해보면 〈표 4.1〉과 같은데, 먼저 정치 분야(정권안정화 작업)는 김정일 사망 직후부터 추진하여 2013년 장성택 및 2015년 현영철 처형 때 가장 고조되었다가 2016년 김정은이 국무위원장에 추대됨으로써 마무리되며, 이후 관리단계로 전환된다.

둘째, 군사분야(핵능력 완성 및 예산절감형 군 운영을 위한 체질 개선)는 2012년 초 전략로케트군을 창설하면서 본격적으로 시동을 건 이후 2013년 핵-경제 병진 노선을 통해 전략무기와 포병 위주로 체질을 개선하기 시작하여 2017년 화성-15형 ICBM 발사에 성공하면서 일단락되며, 현재는 신형 중·단거리 전술무기(저탄도-고에너지)의 성능을 개선하는 등 체질 개선을 지속하고 있다.

〈표 4.1〉 김정은 시대 분야별 통치전략 추진 일정표

날짜	사건·사고	정치 분야	군사 분야	대외관계 분야	경제 분야
'11.12	김정일 사망				'12년 초부터 내부 경제환경 개선에 착수, 아직 대규모 개발은 추진하지 못하는 상황 (외자·기술 부족)
'11.12	김정은, 군 최고사령관, 당 중앙군사위원장, 정치국 상무위원 선임				
'12.4	전략로케트군 창설				
'12.6	6·28방침(포전담당제)				
'12.7	리영호 숙청, 김정은 공화국 원수 칭호 획득, 모란봉 악단 및 미키마우스 등장				
'12.12	12·1조치 (기업소 독립채산제)				
'13.2	3차 핵실험(UEP 완료)				
'13.3	핵·경제 병진 노선				
'13.12	장성택 처형				
'15.4	현영철 처형				
'12.8	DMZ 목함지뢰 도발, 준전시 선포				
'16.1	4차 핵실험(다종화)				
'16.5	경제발전 5개년 전략, 리영길 총참모장 재신임, 김정은 당위원장 선임	정권			
'16.6	김정은, 국무위원장 추대				
'16.9	5차 핵실험(고도화)	이후 관리 단계로 전환	핵무력 완성 관리 및 체질 개선 지속	ICBM 개발 직후 행보 강화	
'17.11	ICBM 시험 성공 발표				
'18.4	대남·대미 협상국면 창출, 경제건설 총력노선 발표				
'20.5	대남갈등(위협) 국면 전환				

셋째, 대외관계 분야(핵협상 국면 창출·시행, '전략적 비선호 협력' 관계 구축·심화)는 2017년 11월 화성-15호 발사 성공 이후 본격화되었으나 현재까지 미완의 상태로 지속 중에 있으며, 그 결과가 어떻게 맺어질지는 아직 불투명하다.

넷째, 경제분야(핵개발에 따른 제재 속 경제분야 체제 내구성 확보)는 2012년 포전담당제(농업분야) 및 사회주의기업관리제(기업소 독립채산제) 발표로 첫 시동을 건 이후 현재 주민층의 '자발적인 경제활동 욕구'를 창출하는 등 내부적 성과를 거두고 있으나 대규모 경제개발에 필요한 '자금·기술 유치' 활동이 핵협상의 난항에 부딪혀 본격적인 성과를 얻지 못하고 있다. 특히, 2020년에는 자원재활용법을 제정하는 등 향후 핵개발에 따른 제재환경 속에서 경제적 체제 내구성 구축작업에 '험난하고 고통스러운' 내부 자원 추출이 극대화될 것임을 예고하고 있다.

결국, 정치분야와 군사분야에서는 나름의 성과를 거둔 상태에서 안정화 또는 체질개선을 도모하고 있으며, 대외(외교)분야와 경제분야에서는 다음 단계로의 진전을 위한 '발판'을 마련했을 뿐 그 '발판'이 성과로 연결될 수 있을지 아직 불투명한 상태다. 특히, 경제분야는 '핵협상 타결' 등 대외분야에서의 성과가 전제되지 않을 경우, 앞서 말한 것처럼 북한 주민 등 내부 구성원들의 '험난하고 고통스러운' '고난'이 수반될 수밖에 없는 상태다.

이러한 맥락에서 권위주의 독재자 김정은의 '통치전략' 성공의 핵심 난제인 경제분야의 성과와 한계에 대해 좀 더 자세히 살펴보자.

2. 경제분야 추진 결과: 미완의 진행 단계

현재 북한 저변에서 나타나는 다양하고 역동적인 경제적 변화들이 과연 향후 김정은의 '궁극적 통치 목표' 달성에 필요한 제반 조건들을 갖췄다고 볼 수 있는가?

김정은의 경제분야 정책과 변화들이 갖는 특징과 의미를 권위주의 독재자가 권력 유지(내부 체제위협 요소 억제) 목적으로 선택하는 '국가개발 전략'의 성패를 진단하기 위해 고안한 〈표 1.3〉(국가 주도 경제발전 성공·실패의 중요 결정요인)과 〈표 1.4〉(국제 정치·경제 체제하 김정은의 '경제개발 정책' 분석 틀)에 따라 좀 더 체계적으로 분석해보자.

1) '개발독재'적 성격이 뚜렷한 경제발전 추진

현재 김정은의 경제정책은 '개발추구'형 경제개발 방식의 초기 특징을 보이고 있다. 즉, 김정은은 다양한 인센티브 부여 등 제도적 정비를 통해 북한 경제 전반에 생산성을 향상시키기 위한 정책을 구사하는 한편, '경제발전 특구' 관련 법률 제·개정 등 '국가 주도형 경제발전'을 위한 밑그림을 그려나가고 있다.

하지만 대외부문에서 선행되어야 할 '핵협상'이 난항에 빠지고 한국으로부터의 경제지원 획득에도 실패하는 등 본격적인 경제개발을 위한 여건이 조성되지 않자, 그야말로 내부 자원(자금, 노동력 등) 추출을 극대화하여 점진적으로 생산활동을 개선·정상화하는 데 정책적 관심을 투사하는 한편, 사회 전반에 '발전 기대감'을 고취하고 '시장' 등 사적 경제부문의 역할 확대를 허용하는 등 북한 주민이 자발적으로 생산력을 높이도록 노력하는 환경을 조성했다.

다만, 이러한 '경제적 생산성 제고 환경' 조성에는 과거에 비해 가일층 강화된 처벌 기제를 동반함으로써 북한 주민이 '김정은의 지시(제시된 허용범위 준수)에 반항할 수 없다'라는 인식을 강제로 주입하는 등 일종의 '독재자 중심의 통제된 개혁'이라는 특징이 발견된다.

이를 볼 때, 현재 김정은은 권력 핵심부의 이익은 철저히 보호하되, '간부 적 만들기'와 선군정치의 결과인 '군의 특혜 의식·이익 제거 및 조정' 등을 통해 과거 권력 주변부가 영위하던 '독점적 권리'를 일반 주민층에게 조금씩 허용하기 시작하는 단계이며, '강력한 정치적 억압·통제'와 통제된 범위 속의 '경제·사회적 허용'이 혼재되는 등 '개발독재'적 특징이 발견된다.

따라서 김정은의 현 경제분야 정책은 '개발추구' 방식을 기본으로 하면서 '부족경제' 문제 완화에 우선 집중하되, 향후 '핵협상 타결'에 따른 외부 기술·자본 유입 등 본격적인 경제발전 추진 환경의 도래를 대비하고 있는 '준비단계'로 평가할 수 있다. 또한 핵협상의 난항이 대규모 경제개발에 필수적인 '외부의 자본과 기술' 유입을 가로막고 있는 점을 볼 때, 그의 통치전략 성공의 핵심은 '핵협상 타결 전까지 주민의 경제적 불만이 응집되지 않도록 관리할 수 있는 수준의 경제상황을 유지하고 사회통제 기제의 정상 작동을 보장'하는 것이다.

2) 내부 '발전기틀' 형성과 외부 '발전기반' 불비

〈표 4.2〉는 김정은이 김정일로부터 정권을 물려받을 당시와 현재의 북한 경제 상황을 동아시아 발전국가를 포함한 권위주의 국가의 경제발전 추진 사례에서 발견되는 중요 성공·실패 요소별(표 1.3)로 평가한 것인데, 중앙집권적이고 강력한 리더십, 권위주의적 지배를 수용하는 역사적 맥락, 구성원 간 경제적 경쟁 분위기 조성 등의 항목은 국가 주도 경제개발이 성공하기에 '적합'한 것으로 나타났으며, 강력한 정치적 억압이 수반된다는 점을 고려하면 '개발독재'적 성격도 식별된다.

〈표 4.2〉 국가 주도 경제개발의 중요 성공·실패 요소별 '성과와 한계'

구분	주어진 환경	선택한 정책	만들어진 환경	평가
강력한 리더십	• 군부 우선 장악 필요 • 김정일 인맥 잔존	• 군부 우선 장악, 정적 제거 • '간부 적 만들기', 주민 대상 애민지도자상 선전 • '세대교체' 분위기 조성	• 김정은 중심의 핵심세력 재편 완료 • 일반 주민층 지지 획득	긍정적
역사적 맥락	• 권위적 통치 순응 DNA • 기초적 경제문제에 대한 '집단반발' 불사 인식	• '김일성 따라 하기' • 정치적 통제강화와 경제 활동의 부분적 자율성 허용	• 권위적 통치 순응 DNA 유지 • 장기적 측면에서 선별적 저항의지 생성 가능	
부패 정도	• 정치·경제활동 등 사회 전반에 고착화	• '권력형 부정부패' 척결 강조 • 경제활동 간 '윤활유' 역할 허용	• '간부 통제' 수단화 • 최고 권력 중심의 정치·경제 자원독점 유지 • 권력 중심에 기생하며 '이익 최대화' 추구 분위기 팽배 * '독점적 자원배분'에 대한 저항의지 미미	긍정 및 부정 요소 혼재

자발적 경제 제도	• 경제분야 국가정책 전반에 대한 불신 • '생존' 차원의 경쟁적 경제활동 의지 旣형성	• 사회 전반에 미래 지향적 '발전 기대감' 고취 • 국가의 적극적 개입 하에 시장 등 사적 경제부문 역할 확대 유도 * '적극적 시장 개입' • 통제 이탈 시 강력한 처벌 인식 각인	• 국가 경제정책에 대한 신뢰·순응 분위기 창출 • '통제범위' 준수 하에 자발·경쟁적 경제활동 마인드 확산 * 향후 세계시장 개방 시 '충격' 완화 가능	
경제적 경쟁 분위기				긍정적
세계 시장 진입 환경	• '세계시장'에 대한 정보·인식 부족		• 생존을 넘어 '좀 더 윤택한 삶'에 대한 동기 확산 • 경제적 '눈높이'(경제난 재발 시 반발의지) 상승	부정적
외부 (자본· 기술 유치) 환경	• 대북제재 → 외형적 취약 • 일부 '느슨한 제재' 유지 * 제재 영향 최소화/ 회피 노하우 체득	• 핵무력 개발·완성 추진 • 중·러 대상 '전략적 비선호 협력관계' 구축 시도	• 전반적으로 악화 • 남측으로부터 지원획득 실패 • 중·러 통한 제한적 자본·물자 유입환경 형성	매우 부정적
기술 발전 환경	• 유교권의 높은 학구열 • 과학자(기술자)보다 '부자' 선호	• 교육·과학 중시· 우대 • 사이버해킹 등 불법적 기술·자금 획득 추진	• 사회 전반에 '선진기술 개발·획득' 인식 정착 • 특정분야 투입 가능한 기술·자금 획득	긍정적 변화 속 제한 요인 산재
자연 환경	• 부분적 수로·물길 및 저수 공사 진행	• 구역별 책임 기관· 기업소 할당·관리 • 임산물 무단채취 금지, 산불감시 강조·관리	• 소규모 수력발전 능력 신장 • 자연재해 시 제한적 대응능력 구비	

또한, 부패 정도 및 자발적 경제제도, 기술 개발·발전 환경, 자연 환경 등은 국가 주도 경제개발에 '부합한 방향'으로의 변화가 나타나기 시작하는 등 이 항목들 역시 '제한적이지만 적합'한 수준이다. 특히, 강력한 정치적 리더십을 바탕으로 내부에서 자체적으로 개선할 수 있는 요소들은 '개발독재'에 부합한 방향으로의 변화가 진행되고 있으

며, '주민의식 성장' 등이 중·장기적 측면에서 '개발독재'에 부정적인 요소로 발전할 가능성은 상존하나, 효과적인 대(對)주민 억제정책을 병행함으로써 아직은 '독재권력에 대한 부정적 요소'로 발전할 가능성을 충분히 억제하고 있는 것으로 보인다.

반면, 경제적 세계시장 진입 환경에서는 일부 변화가 감지되나 아직 국가 주도 경제개발 추진에 '부적합'한 상태이며, 외부 자본·기술 유치 환경은 국가 주도 경제개발에 가장 큰 장애물로서 '매우 부적합'한 상태다.

따라서 미국 주도의 국제 정치·경제 체제하에서 북한이 핵을 포기하지 않는 이상 스스로 또는 주도적으로 세계시장 진입 환경이나 자본 및 기술 유치 환경을 개선하기 어려우며, 지금까지의 '북미 핵협상' 동향을 볼 때 단기간 내에 개선될 가능성 또한 녹록지 않다는 점을 고려하면, 최근 북한 지도부가 '김일성 조선'의 영속성 보장을 위해 '주체'와 '자립적 민족경제'를 부쩍 강조하는 것이 일견 당연해 보이기도 하다.

한편, 〈표 4.2〉를 통해 '김정은의 경제정책'이 갖는 특징과 의미들을 도출해보면 첫째, 정치분야의 의지가 내부 자원(자본·노동력·기술 등) 배분과 우선·주력 분야의 선정, 국제적 협력관계 형성 여부 등 경제분야 전반에 큰 영향을 미치는 등 정치부문이 경제부문의 성패와 추진 방향을 통제·결정하는 현상이 뚜렷하다.

둘째, 비록 각 요소별로 긍정·부정적 요소가 혼재되기는 하지만, 그 변화의 중심이 전반적으로 김정은이 의도한 방향으로 이동하고 있음을 알 수 있다. 따라서 현재로서는 김정은이 계획·시행하는 '국가 주도 경제발전' 등 그의 통치전략이 나름의 성과를 거두고 있다고 보는 것이 타당하다. 하지만 현재의 '성과'가 그의 궁극적인 통치 목표('인민정권 형태의 사회주의 강국 건설') 달성을 손쉽게 한다는 것을 의미하지는 않는다.

셋째, 이러한 긍정·부정적 요소 혼재 상황이 장시간 지속되는 것은 김정은에게 유익하지 않다. 왜냐하면, 외부의 경제발전 자본·기술 획득이 어려운 상황에서 제한된 내부의 자원만으로 '생산력 향상' 국면을 장기간 유지하기 어렵고, 이로 인해 주민의 '발전 기대감' 등 욕구·기대감 충족 효과가 낮아질수록 주민의 체제·경제적 불만 응집 가능성은 점증하기 때문이다.

그리고 이러한 상황이 초래된다면, 김정은이 주민의 '욕구'를 억제할 수 있는 수단은 '잔혹한 물리적 통제'가 유일할 것이나, 비록 일반 민주사회와는 비교할 수 없을 정도로 낮은 수준이기는 하나, 과거 이미 주민의 '의식 수준'은 '고난의 행군' 시절과는 비교할 수 없을 정도로 높아져 있다.

따라서 향후 경제규모의 성장 속도 조절 실패 등 '생산력 향상 국면' 유지에 실패함으로써 주민의 체제·경제적 불만이 응집된다면, 김정은은 강력하고 잔혹한 물리력으로 주민을 억압한 가운데, 경제분야 통치전략을 독재 유지에 유리한 '지대추구' 방식으로 전환할 가능성이 높다. 왜냐하면, 만약 그러한 상황이 발생한다면 김정은에게는 '핵협상 양보(핵포기)를 통한 대규모 경제발전 도모'와 '김정일 시대의 지대추구 방식으로의 회귀'라는 두 가지 외에는 별다른 선택 카드가 없을 것이나, 과거 카다피와 후세인 사례의 교훈을 고려한다면 '핵포기' 카드는 '김일성 조선'의 영속성을 보장해주지 않기 때문이다.

하지만 김정은은 '김일성 조선'에 앞선 한반도의 봉건왕조 '조선'에서조차 열악한 경제환경과 착취의 연속은 '민중 봉기'를 촉발했다는 점에 유의해야 한다.

3) 현 경제상황 창출에서 '북한 당국'의 역할

그렇다면, 김정은은 압도적인 권한을 가진 북한의 '최고 정책결정자'이자 '수령'으로서 국가 주도 경제발전 추진과정에서 역할을 제대로 해내고 있는가?

아래 〈표 4.3〉은 미국 주도의 국제 정치·경제 체제하에서 김정은의 경제발전 성패를 평가하기 고안한 분석 틀(표 1.4)에 따라 북한 당국의 역할을 평가한 것이다.

〈표 4.3〉 경제발전 추진 간 '북한 당국의 역할' 평가

구분	국가의 역할	만들어진 환경	평가(제한 및 미비점)
내부자본 추출	• 사적 경제부문 중심의 자발적 '생산성 향상' 독려	• 사회 전반에 자발적 '경제 활동 활성화' 분위기 형성	• 외부 자본 유입 없는 대규모 경제개발 전략 실행 불가
경제전략 실행	• 내부 자금추출을 위한 보험·예금업 활성화 • 경제특구 등 외자 유치 관련 법적·제도적 정비	• 대내외에 야심 차게 공표한 '통치전략 청사진'의 유보	• '와크' 할당 및 합법적·불법적으로 조성된 '통치자금' 활용, 의도된 분야에 국한된 선별적·순차적 경제개발 불가피
자본의 계획적 분배	• '와크'를 통한 권력 핵심의 독점적 자원배분 권력 유지	• 경제 자원에 대한 권력 핵심의 독점적 권력 유지 • 일부 권력 주변부의 독점 권한 유지장벽 완화	

생산력 향상국면 유지	• 인센티브 중심의 생산성 향상 제도 시행 • 기관 · 기업소 및 개인의 '창발적 자세, 아이디어 발현' 독려	• 당분간 '내부 자원 (노동력, 소규모 자본, 아이디어, 불법 · 합법 도입 선진기술)'을 활용한 생산력 향상국면 유지 가능	• 외부 자본 및 기술 투입이 없을 경우, 수년 뒤에는 생산성 향상국면 유지에 한계 도래 불가피
외부자본 도입	• 본격적인 외부 자금 · 기술 도입 환경 미형성	• 사이버해킹 등 불법 · 제한된 범주에 국한된 자본 · 기술 도입 여건 형성	
군사부문 활용성 증대	• 군 병력 및 군 소속 공장 · 기업소의 민간경제 참여 · 지원 확대	• 김정은의 관심 · 특정분야에 대한 개발진척 속도 향상	• 군 및 예하 공장 · 기업소의 자체 수익성 저하 시 소속 인원 부양능력 악화 가능성
'개혁 자신감'	• 통제범위 내에서의 '발전 기대감' 고취 • 국가의 적극적 개입 하에 시장 등 사적 경제부문의 역할 확대 허용	• 사회 전반에 '발전 기대감' 형성	• 향후 사적 경제부문에서 새로운 권력 · 이익 집단 출현 가능성 충분 * 강력한 '사회통제' 유인
적절한 시장화 관리		• 사적 경제부문의 활성화가 국가의 공급능력 제한에 따른 주민 불만 성장 억제 * 향후 경제난 재발 시 '역효과' 가능성 점증	
우호적 대외관계	• '핵협상' 국면 창출 • 중 · 러 등 대미 반감 국가들과의 관계개선 도모	• 우호적 대외관계 형성 실패 • 중 · 러와의 제한적 협력 분위기에 청신호 식별	• '핵포기' 없는 우호적 대외관계 형성 가능성 미미 • 중 · 러 등과의 공동보조를 통한 대미 협상력 제고 필요성 점증
이데올 로기 선전전	• 국가 개발에 대한 지향점 제시 및 외부제재의 부당성 강조, 주민결집 도모	• '대북제재'에 따른 수정된 이데올로기 (사회주의 강국 건설 → 자립적 민족경제) 제시 • 추가적 '지원 추출' 예고	• 현재까지 주민의 '자발적 수용' 분위기 형성 · 유지 * '과거부터 익숙한 경제 분야 제재 환경'

〈표 4.3〉을 보면, 김정은은 동아시아 개발국가 사례, 중국과 베트남의 경제발전 성공사례에서 식별할 수 있는 '중요 경제정책'들을 빠짐없이 준비·실행하고 있음을 알 수 있다.

이는 김정은이 국가 주도형 경제발전 전략을 구상하는 단계에 이미 주변국의 경험에서 교훈을 도출하여 북한의 특성에 맞게 접목했을 개연성을 추론할 수 있는 부분이며, 김정은이 갖는 '경험적 인식', '정보 수집·분석 능력·경향' 등을 고려했을 때 '합리적 행위'의 범주에 해당한다.

항목별로 새롭게 '만들어진 환경'들을 보면, 분명히 김정은의 통치전략이 그의 통치환경에 유리한 방향의 결과를 만드는 데 성공했다. 하지만 아직 '미완의 단계'에 머물러 있는 등 미래에도 적극적인 '국가의 주도적인 역할'이 필요한 상황이다.

예를 들어, 사회 전반에 '경제적 발전'을 위한 기반은 마련했으나 외부의 자금 유입이 없는 상태가 지속된다면, 향후에도 김정은의 통치자금을 활용하여 특정한 분야에 대한 순차적인 발전 도모가 불가피하지만, 이 과정에서 이른바 '풍선효과' 같은 돌발변수 발생 등 국가의 치밀한 역할 없이는 국가 전반의 경제발전 효과 창출이 쉽지 않다. 또한 '사이버해킹'을 통한 선진기술 및 불법적 자금 도입은 앞으로도 그 효용성이 유지될 것이나, 유엔과 국제사회의 경고 및 기술적 대응 역시 발전하므로 점차 그 효용성은 낮아질 수밖에 없다. 그리고 '군의 국가 경제발전 기여도 제고' 역시 군 기관·기업소에 생계를 의지하고 있는 주민의 숫자가 상당하다는 점을 고려하면, 언제까지나 군 기관·기업소들에게 '국가 경제발전을 위한 희생'[100]을 강요할 수도 없을 것이다.

나아가, 아직은 시장의 유통 기능을 보존한 채 조절 기능을 적절히 통제하고 있으나, 자신의 이익 규모가 커질수록 그것을 지키려는 욕구가 커지는 '인간의 심리'를 고려한다면, 북한 당국은 시장 상인과 돈주들의 '이익 최대화' 욕구를 제어할 수 있는 '뭔가 새로운 것'을 그들에게 양보해야 할 상황이 도래할 것이다.

이러한 면면들을 고려했을 때, 김정은은 향후 더욱 치밀한 '경제발전 정책'을 구상해야 할 것이며, 특히 주민과 시장의 욕구를 관리하기 위해서는 더 많은 '통치자금'을 적절한 시기에 적절한 분야에 투입

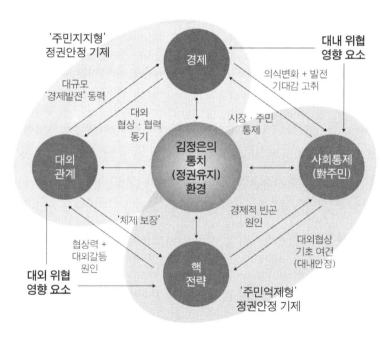

〈그림 4.1〉 김정은의 통치전략과 분야별 전략 간 연관(연동)성

---

100) 현재 군이 건설하고 있는 마식령스키장, 과학자 우대를 위한 위락시설 등에 대한 운영권을 할당하는 방식으로 군의 수익성을 보장할 수 있다. 하지만 이는 외국인의 관광·입국과 내수 여건이 활성화되어야 군의 수익을 보장할 수 있다는 점에서 현재까지는 '희생'으로 봐야 한다.

해야 할 것으로 보인다. 이에 따라 미국 등의 대북제재의 화살은 점점 더 그의 '통치자금'에 맞춰지고 있다.

한편, 김정은의 '통치전략' 추진과정과 그 성과들을 볼 때, 분야별 정책들은 〈그림 4.1〉처럼 '김정은의 통치환경'을 중심으로 상호 연관·연동되어 있다.

즉, 현재 핵 및 대외정책은 외부로부터의 정권 안정성 위협을 제거하는 역할을, 경제 및 사회통제 정책은 내부로부터의 정권 안정성 위협을 관리하는 역할을 한다. 또한, 북한의 핵능력은 대외협상력을 높이지만 대외관계 악화와 북한 주민의 경제적 빈곤의 원인이며, 대외정책은 '핵전략'이라는 체제보장 방안을 실현하는 동력이자 대규모 경제발전을 위해 필요한 '외부의 지원'을 얻어내는 수단이다.

그리고 경제정책은 대외관계 개선을 통해 대규모 지원을 획득해야 하는 '동기'이자 북한 당국이 주민들에게 발전 기대감을 고취하는 사회통제 정책의 한 가지 수단이다. 그리고 현재 경제적 빈곤의 주요 원인 중 하나인 핵전략은 '주민억제형' 정권 안정성을 실현하는 기제로서 사회 통제정책 강화의 근원이지만, '핵협상' 등 대외관계에서 성공적 결과를 얻어 '주민자치형' 정권 안정성을 얻는 데 꼭 필요한 '협상카드'이기도 하다.

이렇듯, 김정은 시대의 정책들은 각 분야의 성과 및 환경 변화가 다른 분야에 영향을 미치고 있으며, 향후에도 현재의 변화된 '분야별 환경(여건)'들이 새로운 그의 '분야별 정책'에 지속적인 영향(상호작용)을 미칠 것이다. 그리고 그 중심에는 '김정은의 통치환경'이 자리 잡고 있다.

3. 국제 정치·경제 체제하 '김정은의 성과'가 갖는 의미와 한계

지난 10여 년 동안 북한 김정은은 국가 주도형 경제개발, 특히 북한만의 '개발독재' 정책을 구사해왔다. 이러한 정책의 결과로서, 현재 북한 사회 전반에는 주민 스스로 더 나은 '경제적 삶'을 위해 경쟁적으로 경제활동을 하려는 동기가 확산되었으며, 이러한 과정에서 공식 경제부문과 사적 경제부문의 생산력이 점차 증가하고 있는 것 또한 사실이다.

비록, 시장 등 사적 경제부문의 역할 확대가 중장기적 측면에서 '김일성 조선'의 영속성 유지에 장애물로 작용할 가능성이 있지만, 아직까지 '허용된 범위 내에서 개선된 생활환경 영위'라는 통제되고 강력한 대(對)사회·주민 정책으로 이러한 가능성을 충분히 억제하고 있다.

특히, 비록 권력 주변부의 경제적인 이익에 대한 일반 주민층의 진입장벽이 점차 낮아지기 시작한 것은 사실이지만, 김정은을 위시한 권력 핵심부의 정치적·비정치적 자원에 대한 독점적 권한은 여전히 확고한 상태이며, 김정은의 '통치전략'과 김정은에 대한 일반 주민층의 지지 역시 확고해 보인다.

이러한 점들을 볼 때, 김정은의 경제·사회정책은 주민층의 지지 분위기 형성 및 경제발전 초기 여건 마련 등 부분적 성과를 거두고 있다고 볼 수 있다.

하지만, 본격적인 국가 주도 경제개발 정책을 실행하기 위해서는 SOC와 같은 대규모 경제 기반시설 마련 등에 훨씬 더 많은 인적·물질적 자본(자금)이 소요된다. 그러나 불행(?)하게도 북한은 그러한 자본들을 스스로의 내부적 노력만으로 조달하기 어렵다. 왜냐하면, 전 세계 경제 · 무역 · 금융 시스템을 장악하고 있는 미국이 '비핵화'를 주장하면서 북한으로의 인적 · 물적 자본(자금)의 유입을 가로막고 있기 때문이다. 따라서 김정은의 '통치전략' 행보는 국제 정치 · 경제적 측면에서 반드시 재평가되어야 한다.

과거 미국의 대북제재는 북한의 핵과 미사일 개발을 저지하는 데 집중되었으나, 2016년 4차 핵실험 이후부터는 '전방위 경제압박'의 성격이 명확하며 북미 협상이 한창 진행 중이던 2018년 5월 미국의 폼페이오 국무장관이 "북한이 핵을 완전히 폐기하면 미국의 민간투자를 허용해 북한의 경제 인프라 건설을 지원할 것"이라고 발표한 것처럼 미국은 '김정은의 통치전략에서 외부 자본'이 매우 중요한 역할을 한다는 것을 이미 파악하고 있으며, 현재 '북한으로의 자본 · 물자 유입 통제'101)에 맞춰 전방위 경제압박을 실행하고 있다.

특히, 현재 북한은 미국과 '핵폐기'를 놓고 팽팽한 줄다리기를 하고 있으나 실질적으로는 평행선 같은 갈등과 대립을 지속하고 있다. 아마도 김정은의 머릿속에는 카다피와 후세인의 사례에서 얻은, '사전 양보 · 조치 없는 핵폐기 프로세스 합의 · 진행은 곧 체제 붕괴'라는 인식 등 미국이 제시하는 '핵폐기 협정과 폐기 프로세스'에 대한 불신이 자리 잡고 있을 것이다. 반대로 미국의 정책결정자들에게는 1 · 2차 북핵협상 과정에서 '북한의 블러핑'에 당한 쓰라린 경험을 곱씹으며 북한의 선제적이고 가시적인 핵폐기 프로세스가 선행되지 않을 경우, 아무런 호혜적 조치를 진행할 수 없다는 결정론적 관점이 자리 잡고

---

101) 2019년 10월 15일 평양에서 개최된 남북 월드컵 축구 예선 경기 시 한국 측 선수단이 가지고 간 축구화 한 켤레까지 그대로 들고나와야 했던 사례는 대북제재의 경제적 압박 성격과 현주소를 극명하게 잘 보여준다.

있을 것이다.

따라서 현재의 핵협상은 북미 간의 '협상장 위의 대화'만으로 풀리기 쉽지 않다.

이러한 상황으로만 보면, 그리고 만약 김정은이 과거 동아시아 개발국가들과 중국처럼 권위주의적 권력을 유지하면서 경제개발에 성공하는 것을 간절하게 원한다면, 현재 북미 협상의 주도권은 미국에 있다고 볼 수 있다.

왜냐하면, 미국과의 관계개선을 통한 대규모 자금·기술의 유입 없이는 사실상 '내·외부의 체제위협이 제거된 김일성 조선의 영속성 확보'라는 김정은의 최종적인 목표는 달성되기 어렵기 때문이다.

반면에, 만약 김정은이 국가 주도형 경제개발을 통해 윤택한 '조국'을 꿈꾸기는 하지만, 체제 붕괴 또는 권력 상실의 위험을 감수하면서까지 '경제적 발전'을 추진할 만큼 절실하지 않다면, 현재 협상의 주도권은 북한에 있을 것이다.

특히, 만약 김정은이 내부자원의 추출을 극대화하고, 미국과 갈등하거나 제재를 받고 있는 중국과 러시아 같은 우호적 강대국과 협력 관계를 발전시켜나감으로써 '풍족하지는 않지만 견딜 만한 수준의 경제 상황 속에서 주권이 보장되는 핵보유국 지위를 획득'하는 것을 숨겨진 '궁극적 목표'로 삼고 있다면, 현재 미국의 '북핵폐기' 전략은 쉽게 성공하기 어려울 것이다.

이러한 측면에서, 지난 10여 년 동안 김정은이 내부의 생산력 향상을 극대화하기 위해 실행한 일련의 정책과 그 결과들은 '대미협상력'에 큰 의미를 갖는다.

더욱이, 향후 김정은이 국가 전반의 작동원리로 정착된 '주체사상'을 바탕으로 핵심 권력의 독점적 권리를 보호하고 대(對)주민통제 및 경제규모의 성장속도 조절을 통한 주민의 '경제적 불만' 응집 억제에 성공할 경우, 현재의 경제적 성과들은 김정은이 자연스럽게 '핵보유국 지위'를 획득하는 데 필요한 시간을 벌어나갈 수 있게 도와줄 것이며, 이는 '김일성 조선'의 영속성 확보에 최적화된 방법이다.

따라서 아마도 다음 대미협상에서 김정은의 목표는 협상의 의제 전환(제재 해제 → 체제보장, 종전선언 등)과 '비확산' 등 협상 조건의 다변화를 통해 내부 경제성장 동력을 확대하는 데 필요한 '시간'을 버는 것이며, 만약 중·러의 '대미 갈등'이 다양한 '축'으로 확대된다면 이는 북한에 분명히 유리한 환경이다.

에필로그
북한 김정은 정권의 과제와 미래

이 책은 김정은 시대 북한의 변화를 임기응변적 생존전략이 아닌 '레짐 이익'에 충실한 합리적 행위자가 추구하는 '중·장기적인 통치전략'이라는 틀에서 바라보고 있다. 특히, '권력 유지를 열망하는 합리적 행위자가 권력 유지의 장애물인 내부(경제, 사회/주민)와 외부(군사, 외교)의 위협을 억제·제거한다'라는 기본 가정에 따라 과연 김정은의 통치 목표는 무엇이고 그 목표달성을 위한 전략에서 '핵무장이 우선인지, 아니면 경제발전이 우선인지'에 대한 답을 찾고 있다.

결론부터 말하면, 현재까지의 상황을 볼 때 아직 김정은에게 '핵무장을 포기하면서까지 경제를 발전시킬 만큼의 욕구와 절박감'이 없어 보인다. 오히려 그는 명실상부한 '핵보유국'의 지도자로서 부족한 경제 상황을 감내할 의지가 충분해 보인다.

물론, 아직 김정은 정권의 성패가 결론이 나지 않았으므로 '핵무장 욕구가 경제발전 의지에 우선한다'라고 단언할 수는 없지만, 핵협상의 난항과 대(對)중·러 관계의 개선 도모, 내부자원의 추출 심화와 대(對)주민·시장 통제 노력 등 김정은 정권 출범 이후의 제반 정책과 노력·변화를 볼 때, 그의 통치전략은 '핵무장을 우선한 가운데 경제발전을 모색'하고 있다.

특히 '부분개혁 모델(그림 1.6)에서 볼 수 있듯이, 권위주의 독재권력은 아무리 '개혁'을 추진하더라도 자신의 이익을 침해하는 상황까지는 만들지 않는 특성이 있다는 점을 고려하면, 김정은은 권력을 잃고 사망한 리비아의 카다피와 같이 핵무장을 포기하면서까지 경제발전을 추구하지는 않을 것이다.

하지만, 핵을 포기하지 않는다는 것이 경제를 포기한다는 것을 의미하지는 않는다. 왜냐하면, '핵무장'이 외부의 체제 위협을 막아 줄 무기라면, '경제발전'은 김정은의 대내 체제 안정성을 보장하는 밑바탕이기 때문이다. 따라서, 현재 김정은은 핵무장을 포기하지 않으면서도 경제발전도 모색하는 등 '두 마리 토끼'를 모두 잡으려 하고 있다.

김정은은 김정일의 급사(急死)로 불완전한 권력을 넘겨받았으나, 최우선적인 '무력 장악'과 특유의 용인술, 그리고 '수령 우상화-간부 적 만들기' 선전전 등을 통해 이미 권력의 핵심을 자신 중심으로 재편했으며, '선택적 허용·통제'와 '발전 기대감 고취', 그리고 제한적이나마 '사유제'를 인정하는 제도적 변화 등 공격적인 '대(對)주민-경제 정책'을 통해 현재까지는 '주민지지형' 정권 안정성을 유지하고 있다.

특히 '개발추구' 방식의 경제정책 기조를 바탕으로 시장 등 사적 경제부문의 유통능력과 공적 경제부문의 생산능력을 결합한 '통합적 시너지 효과' 창출을 추진하고, 비록 충분하지는 않지만 김정은 자신이 관심을 갖는 '특정 분야'에 투입하기에는 충분한 자금을 사이버 해킹 등 합법적·불법적 방법으로 획득해나가는 등 내부적인 '발전 기틀'도 마련해나가고 있다. 또한, 다양한 제재를 뚫고 사실상 '핵능력'을 완성함으로써 '핵협상 국면' 창출에 성공했으며, 이를 바탕으로 중국과 러시아 등 대미(對美) 반감을 가진 '강대국'과의 '전략적 비선호 협력(SNPC)' 관계 창출에 초기 효과를 거두는 등 전통적 우방국들과의 외교관계를 재설정해나가고 있다.

그렇다면, 현재 북한 저변에서 나타나는 역동적 변화들이 북한이 직면한 경제적 난제들을 풀어나가는 데 필요한 조건들을 갖추어나간다고 볼 수 있는가?

비록 '수준' 측면에서 이견은 있을 수 있으나, 부족하나마 불비한 환경 속에서 경제적 빈곤 문제를 해결하기 위한 나름의 해법을 찾아나가고 있다는 점은 부정할 수 없다. 즉 김정은은 강력한 중앙집권적 정치 권력과 경제 자원에 대한 독점적 배분권을 바탕으로, 국가 주도의 경제발전 전략을 실행하고 있으며 과학·교육 중시 등 기술장벽 추월을 위한 동력을 축적하는 한편, 급한 대로 '사이버해킹'을 통해 선진 첨단기술을 수집·활용하고, '군복을 입은 군인을 경제현장에 직접 투입'하는 형태로 군의 경제발전 역할을 확대하고 있다.

또한, '과외 열기'로도 표현될 수 있는 교육열 등 갈수록 양질화되고 있는 노동의 질과 노동유연성의 증가, 그리고 무엇보다 주민의 의식 속에 정착되고 있는 '자발적 경제활동 분위기'는 경제적 빈곤 문제를 개선하는 또 하나의 '동력'이 되고 있다.

하지만 SOC와 같이 본격적인 경제발전을 위한 산업활성화 기반 분야의 미진한 성과와 '고립성 경제'의 한계를 극복하는 데 절실한 자금(資金)의 부족, 그리고 선진 첨단기술의 획득 제한 등 그야말로 '미국의 제재'로 인해 나타나는 한계는 '풍족하지는 않지만 견딜 수 있는 만큼의 경제 상황을 유지함으로써, 정치·군사적인 주권이 확고한 핵보유국 지위'를 획득하려는 그의 통치전략 성공을 방해하고 있다.

이러한 현재 상황들은 김정은의 통치전략이 핵무장의 유혹과 경제발전 자본(자금)/기술 도입의 절실함 사이에서 '딜레마'에 빠져 있음을 말해주고 있다. 즉 핵무장을 통해 외부의 체제위협을 제거하고 경제발전을 통해 내부의 체제위협을 억제함으로써 '주민지지형' 정권의 영속성을 확보하는 것이 그의 통치 목표이나, 통치 목표 달성을 위한 양대 '축' 중 하나인 핵무장 전략이 또 다른 '축'인 경제발전을 가로막고 있어 목표를 달성하기 어렵게 하고 있다.

특히, 현재까지 김정은이 거둔 경제적 성과는 '내부적으로 추출·조성 가능한 부분'에 국한되어 있으며, 좀 더 획기적 성과 획득에 꼭 필요한 대규모 자본(자금)은 세계 경제·무역 질서를 좌지우지하는 미국의 합의 또는 동의 없이 북한으로 유입될 수 없다는 점을 고려한다면, 그의 통치 목표달성은 쉽지 않아 보인다.

하지만 독재권력자 김정은에게는 핵무장을 포기함으로써 단기적인 정권 안정성을 유지하는 것보다 비록 풍족하지는 않으나 견딜 수 있는 수준의 경제적 능력을 갖춘 가운데 '핵무장'을 통해 정치·군사적 주권을 확고히 하면서 장기적인 정권 안정성을 추구하는 것이 더 '합리적인 선택'이기 때문에, 그는 자신의 통치 목표달성을 위해 현재의 난관을 재평가하고 중간 단계의 목표를 재설정하는 등 통치전략을 수정하여 실행할 것이다.

그렇다면, 과연 김정은의 수정된 통치전략에는 어떤 과제들이 반영되어 있을까? 아마도 김정은은, 우선 단기적 측면에서 첫째, 당분간 경제 규모의 성장 속도를 조절하여 느리게나마 경제성장을 지속함으로써 주민생활 개선 기조를 유지하는 등 주민들의 경제적 '불만' 응집을 효과적으로 억제하려고 할 것이며 둘째, 중국 '톈안먼 사태'의 원인

중 하나인 '국정가격과 시장가격의 격차에 따른 모순' 확대를 방지하고, 국가 주도로 공식 계획경제 부문의 생산능력 확대와 사적 경제부문의 물품·서비스 유통기능 활성화 등 주민들에게 '국가발전 기대감' 또한 지속 주입하려고 할 것이다. 그리고 셋째, 시장화의 '반체제적 기능'을 억제하기 위한 대(對)주민 통제정책 강화 등 향후 유리한 대외적 국면이 창출될 때까지 대내 통제력을 유지하는 데에도 역량을 집중할 것이다.

예를 들어, '무리하게 시장을 흡수·통제'하려 했던 아버지 김정일과 달리, 공식 및 사적 경제부문의 생산력을 융합·발전시켜 현재의 부족경제 문제를 최소화하는 데 역량을 집중하는 김정은의 경제 정책, 최근 들어 잦은 그의 '자립적 민족경제 건설' 강조·독려, 2020년 제정한 '자원재활용법' 등 한 단계 높은 내부자원의 추출 예고, 그리고 '경제발전 5개년 전략'의 마감 시한(2020.12.)을 앞두고 경제발전의 핵심 요소인 '대규모 외자' 유치의 물꼬를 트기 위해 대남 긴장을 고조시키는 행보들은 그가 통치 목표달성을 추진하는 과정에서 만난 난관을 헤쳐 나가기 위해 수정·변경한 통치전략의 일부로 보아야 한다.

한편 중·장기적으로는, 첫째 '북핵협상'의 의제 다변화를 통해 협상을 지연시키면서 대내외 경제성장 동력의 축적·개선과 국제사회에 '북핵 문제 해결의 요원(遙遠)함'을 각인시키는 데 노력할 것이며 둘째, 미국 주도의 국제질서에 거부감을 갖는 중·러의 지원·용인 속에 노후 산업시설의 정상화 및 정치적 지지 획득을 꾀함으로써, '작지만 지속 가능'한 대내 경제환경과 '핵보유국 지위 용인에 유리'한 국제 정치환경을 만드는 데 역량을 집중할 것이다.

하지만 위와 같은 김정은의 '장미빛 통치전략'의 정반대 쪽에는

'최악의 상황' 또한 존재한다. 즉, 김정은의 통치전략 실행에서 정작 중요한 문제는 '지속적인 경제 규모의 성장 속도 조절을 통해 주민들에게 발전 기대감을 고취·관리'하는 것인데, 북핵 문제가 지속적인 경제성장에 필요한 외부 자본·기술의 유입을 가로막고 있어 결과적으로 그의 통치전략이 성공할 수 없다는 주장이다.

이러한 주장은, 비록 아직까지 북한의 경제는 내부 성장동력 추출에 성공함으로써 느리게나마 발전하고 있지만, 낙후된 경제가 일정한 수준으로 성장한 이후부터는 자본·기술 유입 등 '새로운 성장동력' 없이 성장이 정체된다는 '역사적 경험'들을 볼 때, '대외관계가 호전되지 않는 한 북한의 경제성장은 멈출 수밖에 없으며 이는 결국 주민들에 대한 발전 기대감 고취 실패로 이어질 것'이라는 예측을 그 논거로 한다.

특히, 만약 북한의 사적 경제부문이 공식 계획경제 부문에 비해 '월등한 규모(역할)'로 성장할 경우, 현재 같은 '시장개입' 정책의 효과 또한 저하됨으로써 국정가격과 시장가격의 모순이 확대되고, 이는 결국 공식 경제부문의 생산성 하락과 일반 주민의 생활난을 가중시키는 등 오히려 김정은 정권에 대한 주민들의 분노를 응축·폭발시키는 촉발제가 될 가능성이 크다. 왜냐하면, 경제의 특성상 느리게나마 성장하지 않는 것은 경제환경의 정체·악화를 의미하며 이는 지속 증가하기 나름인 북한 주민의 '욕구'를 충족시키는 데 한계가 있기 때문이다.

더욱이, 최근 김정은에 의해 "혹독한 대내외 정세의 지속과 예상치 않았던 도전"으로 다뤄진 COVID-19 및 자연 재해가 '고난의 행군'과 같은 심각한 재난 상황을 초래한다면, 그것은 김정은에게는 '최악의 상황'이 될 것이다. 이미 부족하게나마 '상대적 윤택함'을 체험한 현

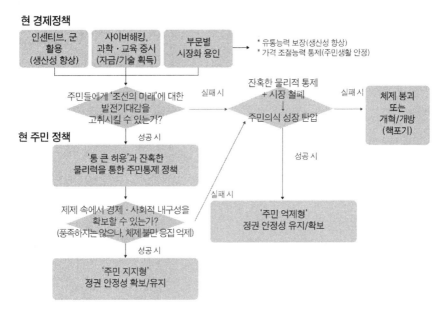

현 경제정책

인센티브, 군 활용 (생산성 향상)	사이버해킹, 과학·교육 중시 (자금/기술 획득)	부문별 시장화 용인

* 유통능력 보장(생산성 향상)
* 가격 조절능력 통제(주민생활 안정)

주민들에게 '조선의 미래'에 대한 발전기대감을 고취시킬 수 있는가? — 실패 시 →

잔혹한 물리적 통제 + 시장 철폐

주민의식 성장 탄압 — 실패 시 →

체제 붕괴 또는 개혁/개방 (핵포기)

현 주민 정책

↓ 성공 시

'통 큰 허용'과 잔혹한 물리력을 통한 주민통제 정책

제제 속에서 경제·사회적 내구성을 확보할 수 있는가? (풍족하지는 않으나, 체제 불만 응집 억제) — 실패 시 →

성공 시

'주민 억제형' 정권 안정성 유지/확보

↓ 성공 시

'주민 지지형' 정권 안정성 확보/유지

북한 김정은의 '권력 유지'를 위한 과제와 흐름

재의 북한 주민들의 '의식'은 그저 '순응'에 익숙했던 1990년대와는 크게 달라졌다.

만약 그런 상황이 발생한다면, 김정은은 독재권력 유지를 위해 현재의 '개발추구'형 통치전략을 철회하고 과거의 '지대추구'형 통치전략으로 선회하여 '주민억제형' 정권 안정성을 추구하는 등 그의 통치전략은 이전에 비해 급격하게 수정·회귀할 것이다.

이러한 맥락에서 본다면, 북한 경제를 옥죄어 무작정 붕괴를 압박하려는 현 미국의 '북한 비핵화 전략'은 효과적으로 설계되어 있다고 보기 어렵다. 만약 그 전략에 다른 숨은 목표가 있다면, 그리고 그것이 대(對)중국 전략과 연동된 '세계전략'이라면 현재의 대북전략은 나름의 효용성이 있을 수 있지만, 미국의 전략적 목표가 진정 '북한의 비핵화'라면 미국의 북한 비핵화 전략의 초점은 '북한의 경제난 조장'이 아니라 '공식 계획경제 부문의 붕괴'에 맞춰 추진해야 한다.

특히 '시장' 속 행위자인 주민들이 자신의 '재산과 이익'을 지키려는 심리적 유인을 가질 수 있도록 '시장 활성화'를 오히려 지원하는 등 주민의 '의식'을 흔드는 것에 초점이 맞춰져야 한다. 그래야만 북한 당국과 주민들을 분리하여 북한 체제와 김정은의 통치력을 흔들 수 있다.

북핵을 폐기하려는 미국의 정책·전략은, 경제의 특성상 내부의 동력만으로 경제성장 속도를 조절하면서 주민의 '경제적 욕구'를 관리하는 것이 한계에 봉착하기 마련이라는 '역사적 경험'을 북한의 고유한 특성에 연동시키는 방안을 깊이 있게 고민하는 것에서부터 출발해야 한다.

마지막으로, 향후 김정은이 변형·구사할 '통치전략'을 예상하면서, 향후 한반도의 북핵 이슈에서 주목해야 할 '주요 포인트'를 도출해 보자.

김정은은 2020년 연말 미국 대선 이후 상황을 평가해가면서 향후 도발 위협 등 '군사적 볼모(한국) 카드'를 통해 미국의 대북정책 우선순위 제고 및 추진 동력을 상실하고 있는 대미협상 국면의 재가동을 압박하는 등 전통적인 '대미·대남 압박 카드(긴장 고조-대화국면 창출)'의 활용성을 극대화할 것이다.

또한 '미-북 핵협상'의 이슈를 현재의 '경제제재 해제'에서 '북-미 적대관계 해소' 등 안보/군사 이슈로 다변화하는 가운데 중·러의 대미(對美) 반감을 조장·이용(SNPC)하여 시간을 벌어나갈 것이며, 이 시간은 '통제된 개혁' 속에서 내부 성장동력 개선 및 내부의 인적·물질적 자본을 효과적으로 추출·축적, 그리고 전통적 우방국의 정치·경제적 지지·지원 속에 SOC 등 장기적 경제성장 기반을 구비하는 데 활용될 것이다.

그리고 만약 공식 경제부문의 생산력이 충분히 성장했다고 판단할 경우, 사적 경제부문을 공식 경제부문으로 흡수함으로써 국가 전반의 사회통제력 극대화를 추구하려고 할 것이다. 다만 이러한 '흡수'는 과거 김정일 시대와는 달리 '시장'의 철폐가 아니라 '사적 시장의 공식 시장화' 등 시장의 '유통 기능'을 유지한 가운데 '가격 조절기능'에 초점을 맞춰 진행될 것이다.

반면, 이러한 시도들이 다양한 내·외부적 요인으로 인해 실패한다면, 아버지 김정일 같은 '주민억제형' 정권 안정성을 추구할 것이며, 현재와 같은 사적 경제부문의 활성화는 '된서리'를 맞아 북한 주민의 생활은 암흑 속에 빠질 것이다.

하지만 이미 북한 주민의 의식은 과거에 머물러 있지 않기 때문에 김정은이 통치방식을 '주민억제형' 정권 안정성 추구 형태로 급격히 선회할 경우, '주민 봉기' 등 아래로부터의 정권 붕괴 가능성은 점증할 것이다. 그리고 만약 이러한 상황이 도래한다면, 김정은은 '정권 유지'를 추구하는 합리적 행위자로서 '핵포기'를 조건으로 외부 인적·물질적 자본 도입 등 국가 주도형 경제발전을 다시 추진하는 등 미-북 핵협상에 더욱 적극적으로 나설 것으로 예상된다.

하지만 이런 상황이 북한 내부의 정치·군사적 세력들에 대한 통제력이 담보되지 않은 상황에서 진행된다면, 급격한 우발상황 발생 가능성에 주목해야 한다.

결론적으로, 북한 김정은 정권의 미래는 ① '핵능력'을 유지하면서 대미관계 개선을 통한 경제개발 성공 ② 부족하지만 감내할 수 있는 경제적 수준 속에서 '핵보유국 지위' 영위 ③ 경제발전 및 주민통제 실패로 인해 김정일 시대 같은 '지대추구'형 통치행태로의 회귀 ④ 핵무장 포기 후 외부의 자본·기술 획득 등 한시적인 독재권력 유지 모색 ⑤ 정권 붕괴 등 크게 다섯 가지 점을 이은 스펙트럼 위에 놓여 있다.

그리고 그 미래가 어떻게 나타날지는 ① 대미협상 결과 ② 중국·러시아 등 반미 국가들과의 연대·협력 정도 ③ 내부 자원추출 극대화의 파급영향 관리 및 경제정책의 성공 여부 ④ 주민의식·시장 통제 성공 여부 등 크게 네 가지 핵심 변수들에 달려 있다.

따라서 향후 김정은 시대 북한 읽기의 최대 '관전 포인트'는 "북한이 과연 언제까지 미국 등의 강력한 제재 속에서 생산력 향상국면을 유지하고, 시장화 속에서 진행되고 있는 북한 주민의 의식변화를 억제·관리할 수 있는가"이다.

참고문헌

1. 국내문헌

〈단행본〉

구평회, 문병호(1996). 북한 경제의 이론과 실제. 서울: 한국무협협회.

동북아공동체연구재단(2018). 북방에서 길을 찾다. 서울: 디딤터.

박영자(2017). 김정은 시대 조선노동당의 조직과 기능: 정권 안정화 전략을 중심
으로. 통일연구원, KINU 연구총서 17-17.

박영자, 이교덕, 한기범, 윤철기(2018). 김정은 시대 북한의 국가기구와 국가성.
통일연구원, KINU 연구총서 18-22.

박형중, 임강택, 조한범, 황병덕, 김태환, 송영훈, 장용석(2012). 독재정권의 성격
과 정치 변동: 북한관련 시사점, 통일연구원, KINU 연구총서 12-11.

역사학연구소(2015). 함께보는 한국 근현대사(개정판). 경기파주: 서해문집.

오영진(2004). 남쪽손님: 보통시민 오씨의 548일 북한체류기. 서울: 길찾기.

이금순, 김수암, 조한범, Lynn Lee(2008). 국제 개발이론 현황. 통일연구원, KINU
경제·인문사회연구회 협동연구총서 08-08-02.

이명박(2015). 대통령의 시간. 서울: 알에이치코리아.

이영종(2010). 후계자 김정은. 서울: 늘품플러스.

이종석(2000). 김정일 정권의 위기관리 방식: 대내적 측면. 경남대 극동문제연구
소, 북한연구시리즈 19권.

정성윤(2017). 김정은 정권의 핵전략과 대외·대남 전략. 통일연구원, KINU 연
구총서 17-20.

조종화, 박영준, 이형근, 양다영(2011). 동아시아 발전모델의 평가와 향후 과제: 영미모델과의 비교를 중심으로. 대외경제정책연구원 연구보고서 2011- 08.

최현규, 노경란(2017). 북한 과학자의 국제학술논문(SCOPUS) 분석 연구: 2007~2016. 한국과학기술정보연구원. 북한과학기술연구 제10집.

태영호(2018). 3층 서기실의 암호. 서울: 기파랑.

홍민(2017). 김정은 정권의 통치 테크놀로지와 문화정치. 통일연구원, KINU 연구총서 17-19.

홍우택(2013). 북한의 핵·미사일 대응책 연구. 통일연구원, KINU 연구총서 13-09.

홍제환(2017). 김정은 정권 5년의 북한경제: 경제정책을 중심으로. 통일연구원, KINU 연구총서 17-18.

〈논문〉

강민철(2004). 북한 주민들의 대남인식과 정책적 시사점, 국방대학교 우수논문집 제10집.

권영경(2014). 김정은 시대 북한 경제정책의 변화와 전망. 수은북한경제 2014년 봄호.

김영수(2018). 김정은 통치의 현황과 딜레마. 신아세아 25(1). 18-42쪽.

김영환, 김경민(2017). 최빈국의 경제 저발전 원인 분석: 말라위, 모잠비크, 마다가스카르의 거버넌스를 중심으로. 국제·지역연구 26권 4호. 185-211쪽.

김영훈(2010). 미국과 국제사회의 대북식량지원. KERI 북한농업동향 제12권 제2호.

김일기(2018). 2018년도 정세 평가와 2019년도 전망: 도약을 위한 준비, 낙관과 비관의 혼재. 국가안보전략연구원.

라윤도(2014). 파키스탄의 핵개발과 핵확산 연구. 남아시아연구 20(2). 91-130쪽.

류길재(2016). 조선노동당 7차 당 대회를 계기로 본 김정은 정권의 통치전략. 통일연구원 KINU통일+ 2016년 여름호.

박상현(2009). 북한 대외정책의 합리성에 관한 고찰: 약소국의 전략적 상호작용과 인지심리학적 함의를 중심으로. 통일정책연구 제18권 1호. 33-61쪽.

박지연(2013). 경제제재에 대한 북한의 의사결정 요인분석: 전망이론 모델의 구축과 적용. 북한연구학회보 제17권 제1호. 57-92쪽.

박휘락(2007). 정책의 합리성과 북한 이해의 함정. 전략논단, 2007년 12월호. 111-125쪽.

배영애(2015). 김정은 현지지도의 특성 연구. 통일전략 제15권 제4호. 129-166쪽.

서용선(2013). 하버마스 사상에 근거한 시민교육의 방향: 인식관심, 공론장, 의사소통 합리성의 맥락과 의미. 한국초등교육 24(2). 25-43쪽.

설현도(2018). 지식공유의 합리적 행위모델에 있어서 관점수용의 역할. 한국경상논집 제78권. 101-123쪽.

성동기, 최준영, 조진만(2010). 중앙아시아 개발독재의 패러독스?: 카자흐스탄과 우즈베키스탄 사례의 다면적 분석을 중심으로. 한양대 아태지역연구센터 중소연구 제34권 제2호. 213-243쪽.

신경희(2012). 북한 비핵화 전략 수립을 위한 핵무기 포기 국가의 사례 연구. 석사학위논문, 서울: 고려대학교 정책대학원.

신동훈(2019). 김정은 시대 북한의 사회통제. 고려대학교 공공정책연구소 Journal of North Korea Studies 5(1). 111-144쪽.

유동렬(2018). 북한 정보기구의 변천과 현황. 한국국가정보학회 국가정보연구, 11권 1호. 153-187쪽.

이재우(2006). 한국의 경제발전 과정에 있어 유·무상원조의 효과 분석. 수출입은행 수은해외경제 2006년 9월호.

이정구(2019). 국가자본주의론으로 본 중국 사회. 진보평론 81. 88-116쪽.

이창위(2019). 이란 핵개발 문제에 대한 국제법적 검토와 북한의 비핵화. 서울시립대학교 법학연구소. 서울法學 제26권 제4호. 251-280쪽.

전광호(2018). South Asia's Precarious Rivalry: India, Pakistan and Nuclear Weapons. 한국위기관리논집 2014년 4월. 69-86쪽.

정준표(2003). 합리적 선택이론에 있어서 합리성의 개념. 대한정치학회보 11집 2호. 415-440쪽.

정태진(2018). 북한사이버테러능력 변화와 대응전략방안연구. 한국테러학회보 제11권 제3호. 113-134쪽.

최영윤(2017). 북한 해외노동자 현황: 통계데이터 중심으로. KDI 경제리뷰 2017년

2월호.

최진(2005). 대통령리더십과 국정운영스타일의 심리학적 상관관계: 한국의 역대 대통령 비교분석. 경인행정학과 한국정책연구 제5권 제1호. 113-139쪽.

한국은행(2018). 베트남 경제 개혁ㆍ개방정책의 주요 내용 및 성과. 국제경제리뷰 9월호.

함중영(2017). 김정은 정권에서 나타난 북한의 초국가적 조직범죄 활동 변화. 국가정보연구 제10권 1호. 99-157쪽.

현상진(2017). 조선 변혁기 주요 인물의 리더십 연구: 에니어그램 이론을 중심으로. 석사학위논문. 대전: 충남대학교 평화안보대학원.

홍석훈, 조윤영(2018). North Korea's Transition of Its Economic Development Strategy: Its Signicance and the Political Environment Surrounding the Korean Peninsula. *The Korean Journal of Defense Analysis*, vol.30 no.4. pp. 493-512.

홍석훈, 조윤영(2019). 북미 비핵화 협상 구도 변화와 한반도 정세. 한국동북아논총 24(1). 5-24쪽.

황지환(2012). 핵포기 모델의 재검토: 남아프리카공화국, 우크라이나, 리비아 사례를 통해 본 북핵 포기의 가능성과 한계. 세계지역연구논총 30권 3호. 225-252쪽.

황태희, 서정건, 전아영(2017). 미국 경제제재 분석: 효과성과 특수성을 중심으로. 한국정치학회보 51집 4호. 191-216쪽.

〈기타(직접 인터뷰, 강연자료, 사전, 언론기사)〉
태영호(2018.10.17). 서울: 한반도 미래포럼 제54차 월례토론회 발표자료.
정성장(2011.4.12), "김정은 3대 세습체제에 대한 전망". 이조원(사회), 김정은 3대 군력세습 전망과 전략적 대응 세미나 발표자료. (사)세계북한연구센터.
최문(2019.9). 북측 경제활동의 현황과 미래: 전자상거래와 금융산업 등을 중심으로. 국민대학교 한반도미래연구원 남북관계 발전 학술세미나 발표자료.
이상만(2017.6). 북한의 시장화와 시장화 지원방안. 중앙대학교, 한반도 경제론 강의자료.

다년간 북한학을 연구하고 있는 모대학 A교수 인터뷰.

다년간 남북경협 사업에 참여·연구한 경험을 바탕으로, 북한 정보에 밝은 서울 모대학 B교수 인터뷰.

중국에서 외화벌이 업무를 하다가 2010년 이후 탈북·입국한 탈북민 C·D·E씨 인터뷰.

"전 대통령실장 임태희가 털어놓은 MB정부 對北 접촉 전말". 「월간조선」 2019년 1·2월호.

"미 ICBM 미니트맨 가격". 「위키백과」. https://ko.wikipedia.org/wiki/LGM-30_ %EB%AF%B8%EB%8B%88%ED%8A%B8%EB%A7%A8(검색일: 2019.5.11).

"북한교과서". 「통일부 북한자료센터」. https://unibook.unikorea.go.kr/board/ list?boardId=4&categoryId=&page=13&id=&field=searchAll&searchInp ut=(검색일: 2019.10.11).

"북한 식량 가격 추이". 「아시아프레스 북한보도」. http://www.asiapress.org/ korean/nk-korea-prices/(검색일: 2020.4.27).

"6·28방침(새로운 경제관리조치, 포전담당제)". 「통일부 북한정보포털」. https://nkinfo.unikorea.go.kr/nkp/term/viewNkKnwldgDicary.do?pag eIndex=1&dicaryId=269(검색일: 20919.9.27).

"인구 및 경제지표". 「대한민국 통계청」. http://kosis.kr/bukhan/index.jsp (검색 일: 2019.10.11).

"취약국가지수, Fragiled State Index". 「미 FFP」. https://fundforpeace.org/ 2019/04/10/fragile-states-index-2019/(검색일: 2019.10.11).

"8.3 인민소비품". 「통일부 북한정보포털」. http://nkinfo.unikorea.go.kr/nkp/ term/termDicaryPrint.do?dicaryId=207&menuNm=NKknwldgDicary(검 색일: 2018.12.13).

"화폐가치 계산법", 「대한민국 한국은행 경제통계시스템」. https://ecos.bok. or.kr/jsp/use/monetaryvalue/MonetaryValue.jsp(검색일: 2019.10.11).

"김정은 간 탱크사단, 6·25때 서울 첫 진입 2010년 김정일 방문 두달 후에 천안 함 폭침"(2012.1.2). 「조선닷컴」. http://news.chosun.com/site/data/

html_dir/2012/01/02/2012010200174.html(검색일: 2019.8.30).

"김정은 군시찰 '강행군'…'통일대전의 해' 염두?"(2015.2.2). 「연합뉴스」. https://www.yna.co.kr/view/MYH20150202004300038(검색일: 2019.9.11).

"김정은 낙제로 '멍청한 정은' 별명…스위스 유학시절 호화롭게 살아"(2011.12.23). 「중앙일보」. https:/news. joins.com/article/6968883(검색일: 2018.12.13).

"김정은, 북한군 장마당 출입금지 명령, 이유가…"(2017.5.22). 「NweDaily」. http://www.newdaily.co.kr/site/data/html/2017/05/22/2017052200012.html(검색일: 2017.9.11).

"김정은, 빈손으로 조기 귀국…전문가들 "김정은, 방러 목적 달성 못한 듯"(2019.4.26). 「펜앤드마이크」. https://www.pennmike.com/news/articleView.html?idxno=18535(검색일: 2019.9.11).

"김정은 '5.30담화'와 내각 상무조"(2015.1.6). 「통일뉴스」. http://www.tongilnews.com/news/article View.html?idxno=110421(검색일: 2019.9.27).

"김정은 이모 고용숙, "김정은 1984년생, 어릴 때 母가 꾸지라면 단식으로 반항"(2016.5.28). 「동아일보」. http://news.donga.com/3/00/20160528/78370327/1(검색일: 2018.12.13).

"김정은 집권 5년, 파워엘리트 31% 물갈이"(2017.1.26). 「중앙일보」. https://news.joins.com/article/21178758(검색일: 2019.9.11).

"남재준 국정원장 '장성택 숙청, 석탄 이권 사업 갈등 때문'"(2013.12.23). 「한국경제」. https://www.hankyung.com/politics/article/201312238811g(검색일: 2019.10.16).

"러시아, 400만달러 대북지원…올해 지원국 중 최고액"(2019.5.1). 「매일경제」. https://www.mk.co.kr/news/politics/view/2019/05/281166/(검색일: 2019.9.11).

"명중오차 10m, 현무: 2C 비밀은 '카나드'와 GPS"(2017.6.27). 「중앙일보」. https://news.joins.com/article/21702078(검색일: 2019.9.17).

"미사일 전문가들, '북, 전술 미사일 발전 놀랍다…한국군 방어시설 확충 시급'"(2020.3.25). 「서울평양뉴스」. http://www.spnews.co.kr/news/articleView.html?idxno=27168(검색일: 2020.4.25).

"미 '북 핵무기 60기 보유'···핵 전문가 '위험한 과장'"(2017.8.9). 「한겨레」. http://www.hani.co.kr/arti/international/america/806196.html(검색일: 2019.9.18).

"미 의회조사국 '러시아, 북한 노동자 관광·교육 비자로 체류 허용'"(2020.1.28). 「VOA」. https://www.voakorea.com/korea/korea-politics/mi-uihoejosagug-leosia-bughan-nodongja-gwangwanggyoyug-bijalo-chelyu-heoyong(검색일: 2020.4.25).

"북, 노동당 계획재정부 → 경제부로 변경"(2017.2.6). 「연합뉴스」. https://www.yna.co.kr/view/AKR20170206107000014(검색일: 2019.9.27).

"북 ICBM 고체연료 추진체 개발에 분명한 진전"(2019.9.9). 「문화일보」. 국제008면.

"북 인민반장 다 모아놓고 총리가 화폐개혁 사과했다"(2010.2.11). 「조선닷컴」. http://news.chosun.com/site/data/html_dir/2010/02/11/2010021100139.html(검색일: 2019.8.30).

"북, 중국배 1500척에 조업권 팔아 3000만 달러 수입"(2016.7.2). 「중앙일보」. https://news.joins.com/article/20251585(검색일: 2019.10.19).

"북중 관계 개선에 중국인 북한 관광 최대 50% 급증"(2019.7.16). 「연합뉴스」. https://www.yna.co.kr/view/AKR20190716058200083(검색일: 2019.10.19).

"북·중, 김정은 방중 정상회담 결과 발표···양국 보도는 다소 상이해"(2018.3.28). 「매일경제」. https://www.mk.co.kr/news/world/view/2018/03/198308/(검색일: 2019.9.12).

"북, 중에 '배신' 거론하며 노골적 불만 표출 배경은"(2017.5.4). 「연합뉴스」. https://www.yna.co.kr/view/AKR 20170504001400014(검색일: 2019.9.12).

"북 미사일은 한국 해킹해 만든 짝퉁? 핵심 부품 달라 가능성 희박"(2019.9.5). 「조선일보」. A33면.

"북, 인터넷으로 탱크·방사포 판매 버젓이"(2019.9.5). 「아시아경제」. https://

www.msn.com/ko-kr/news/politics/%E5%8C%97-%EC%9D%B8%ED%84%B0%EB%84%B7%EC%9C%BC%EB%A1%9C-%ED%83%B1%ED%81%AC%C2%B7%EB%B0%A9%EC%82%AC%ED%8F%AC-%ED%8C%90E%B%A7%A4-%EB%B2%84%EC%A0%93%EC%9D%B4/ar-AAGOADV(검색일: 2019.10.19).

"백악관, '북 비핵화 약속' 재차 강조…'경제 보상 있을 것'"(2019.2.22). 「조선일보」. https://m.chosun.com/svc/article.html?sname=news&contid=2019022200886#Redyho(검색일: 2019.10.17).

"북 코로나 파급, 주민들 외화 사재기 나서…당국 강력 단속 시작"(2020.4.30). 「서울평양뉴스」. http://www.spnews.co.kr/news/articleView.html?idxno=28152(검색일: 2020.5.5).

"북, 코로나 차단 국경 봉쇄…'외화벌이 노동자 5천명 이상 중국 복귀 못해'"(2020.5.11). 「서울평양뉴스」. http://www.spnews.co.kr/news/articleView.html?idxno=28379(검색일: 2020.5.14).

"북한 광물자원 가치 3천200조 원…중국, 외국인 투자 '독식'"(2014.9.11). 「연합뉴스」. https://www.yna.co.kr/view/AKR20171001015100003(검색일: 2019.9.11).

"북한 노동자 송환 최종 보고 시한 지났지만…8개국만 보고서 제출"(2020.3.22). 「VOA」. https://www.voakorea.com/korea/korea-politics/repatriation-workers(검색일: 2020.4.25).

"북한은 작년에만 제재를 피해 2200억 원을 벌어들였다"(2018.2.3). 「BBC뉴스코리아」. https://www.bbc.com/korean/news-42928745(검색일: 2019.10.19).

"북한 철도 복선화 겨우 3%…225km 달리는데 5시간 넘게 걸린다"(2018.4.29). 「경향신문」. http://news.khan.co.kr/kh_news/khan_art_view.html?art_id=2018042916 32001(검색일: 2018.12.13).

"북한 핵개발 속도가 빨랐던 이유들"(2017.9.21). 「선데이저널」. https://sundayjournalusa.com/2017/09/21/%EB%B6%81%ED%95%9C-%ED%95%B5-%EA%B0%9C%EB%B0%9C-%EC%86%8D%EB%8F%84%EA%B0%

80-%EB%B9%A8%EB%9E%90%EB%8D%98-%EC%9D%B4%EC%9C%A0
%EB%93%A4/(검색일: 2019.9.14).

"북해커들, 국내 게임 해킹으로 '외화벌이'". (2011.8.4.). 「한국경제」. 〈https://www.
hankyung.com/politics/article/2011080479511〉(검색일: 2019.9. 18.).

"북 '핵 있는 경제강국이 목표'"(2019.8.20). 「조선일보」. 제A01면.

"수도권을 위협하는 북한 장사정포: GPS 좌표를 활용할 경우 더 위협적"
(2014.4.10). 「The Science Times」. https://www.sciencetimes.co.kr/
?news=%EC%88%98%EB%8B%84%EA%B6%8C-%EC%9C%84%ED%98%9
1%ED%95%98%EB%8A%94-%EB%B6%81%ED%95%9C-%EC%9E%A5%
EC%82%AC%EC%A0%95%ED%8F%AC(검색일: 2018.8.30).

"슈라이버 미 국방부 차관보 '중, 대북 제재 강화하라'"(2019.10.16). 「동아일보」.
http://www.donga.com/news/article/all/20191016/97896702/1?(검색
일: 2019.10.16).

"IAEA '북한 경수로 건설, 상당한 진전'"(2019.9.3). 「VOA」. https://www.
voakorea.com/a/1500603.html(검색일: 2019.9.18).

"'IT 외화벌이로 대북제재 무력화'… 매년 수천만 달러 북 유입"(2019.1.12). 「동
아일보」. http://www.donga.com/news/article/all/20190112/93659445/1
(검색일: 2019.9.18).

"압하지야共, 북노동자 송환 않고 숨겨… 제재 구멍"(2019.10.14). 「문화일보」.
006면 종합.

"예상 뛰어넘은 북한 SLBM 개발 속도…해킹 영향 있었나"(2017.9.26). 「경향신문」.
http://news.khan.co.kr/kh_news/khan_art_view.html?artid=20170926
0600035&code=910303&nv=stand&utm_source =naver&utm_medium=
newsstand&utm_campaign=row1_4(검색일: 2019.9.14).

"우리 군 충격…북한 미사일 개발 속도가 상식 벗어날 정도로 빠르다"(2017.6.2).
「pub조선」. https://pub.chosun.com/client/news/viw.asp?cate=C01&
nNewsNumb=20170624930&nidx=24931(검색일: 2019.9.12).

"유엔 대북제재위 '북 사이버해킹, 한국이 最多 피해국'"(2019.8.13). 「연합뉴스」.
https://www.yna.co.kr/view/AKR20190813014900072(검색일: 2019.9.

18).

"'인터넷 나야나' 사태가 남긴 것"(2017.7.17). 「시사IN」. https://www.sisain. co.kr/news/articleView.htm?idxno =29610(검색일: 2019.9.18).

"월급 4000원인데, 담배 한 보루 5000원? 북한 임금 미스터리"(2018.10.11). 「중앙일보」. https://www.msn.com/ko-kr/news/national/%EC%9B%94%EA %B8%89-4000%EC%9B%90%EC%9D%B8%EB%8D%B0-%EB%8B%B4% EB%B0%B0-%ED%95%9C-%EB%B3%B4%EB%A3%A8-5000%EC%9B%9 0-%EB%B6%81%ED%95%9C-%EC%9E%84%EA%B8%88-%EB%AF%B8% EC%8A%A4%ED%84%B0%EB%A6%AC/ar-BBOcwCg(검색일: 2018.12.13).

"우리 기술력, 세상에 없는 무기 만들 수 있는 수준"(2018.6.4). 「국민일보」. http://news.kmib.co.kr/article/view.asp?arcid=0923959538(검색일: 2019.9.17).

"日 방위성, '북 핵무기 소형화 이미 성공'"(2019.9.10). 「아시아경제」. 정치 7면.

"장성택 석탄사업 이권개입…권력투쟁 아닌 이권갈등"(2013.12.23). 「연합뉴스」. https://www.yna.co.kr/view/AKR20131223113100001(검색일: 2019.9. 11).

"작년 북한 성장률 -3.5%, '20년 만에 최악'"(2018.7.20). 「연합뉴스」. https:// www.yna.co.kr/view/GYH20180720000500044(검색일: 2019.9.23).

"정부 지원 해킹조직, 코로나19 백신 연구소 겨냥해 해킹 시도"(2020.4.17). 「전자신문」. https://m.etnews.com/20200417000169(검색일: 2020.4.25).

"중국내 북노동자들, 여행·교육 비자로 계속 일해"(2019.8.21). 「문화일보」. 005면 국제.

"중국 이어 러시아도 유엔 '대북제재 해제' 목소리 키워"(2018.4.16). 「연합뉴스」. https://www.yna.co.kr/view/AKR20180614047100072(검색일: 2019.9. 12).

"중국, 북한에 '경화결제' 통보/93년부터"(1991.5.16). 「중앙일보」. https://news. joins.com/article/2563234(검색일: 2019.9.23).

"중국 내 북한 노동자들, 방문·교육 비자로 계속 일해"(2019.8.21). 「서울평양뉴스」. http://www.spnews.co.kr/news/articleView.html?idxno=21689 (검색일: 2019.9.23).

"중국, 혈맹 북한의 AIIB 가입 요청 거부한 까닭 보니"(2015.3.30). 「중앙일보」. https://news.joins.com/article/17478009(검색일: 2019.9.11).

"중 기관지 환구시보 '북, 위험의 극한으로⋯중국 보호 기대말라'"(2016.1.30). 「한국경제」. https://www.hankyung. com/international/article/201601300 5468(검색일: 2019.9.12).

"중, 대북 제재 속 김정은 방중 후 쌀·비료 무상 원조했다"(2019.5.19). 「연합뉴스」. https://www.yna.co.kr/view/AKR20190519051600083(검색일: 2019. 9.11).

"중·러, '동북아 핵 도미노 경고' 흘려듣지 말아야"(2017.12.4). 「연합뉴스」. https://www.yna.co.kr/view/AKR2017 1204161100022(검색일: 2019.9. 12).

"중 매체, '김정은 방중 배경은 2차 북미정상회담'"(2019.1.9). 「통일뉴스」. http:// www.tongilnews.com/news/articleView.html?idxno=127461(검색일: 2019.9.11).

"[천안함 침몰]'침몰전 상황' 해명은 없었다"(2010.4.2). 「동아일보」. http://www. donga.com/news/article/all/20100402/27299225/2(검색일: 2020.8.23).

"폼페이오 '핵 완전폐기하면 미 민간투자 허용해 북 인프라 지원'(종합)"(2018.5.14). 「연합뉴스」. https://www.yna.co.kr/view/AKR2018 0513061351071(검색일: 2020.5.9).

"한수원 해킹 조직의 원전자료 공개, 그들의 노림수는?"(2015.5.8). 「보안뉴스」. https://www.boannews.com/media/view.asp?idx=46942(검색일: 2019.9.18).

2. 외국문헌

〈단행본 및 논문〉

Acemoglu, D. & Robinson. J. A. (2012). 국가는 왜 실패하는가(최완규 역). 경기 안양: 시공사(원저 2012 출간).

Allison, G. (2018). 예정된 전쟁(정혜윤 역). 서울: 세종서적(원저 2017 출간).

Allison, G. & Zelikow, P. (2018). 결정의 본질(김태현 역). 서울: 모던아카이브 (원저 1999 출간).

Diamond, J. (2005). 총, 균, 쇠(김진준 옮김). 경기 파주: 문학사상사(원저 1997 출간).

Haggard, S. & Noland, M. (2007). 북한의 선택(이형욱 역). 서울: 매경출판(원저 2007 출간).

Kornai, J. (1992). *The Socialist System*. London: The University of Oxford Press.

Richard F. D., Bryan K. R. & Dan S. (2005). Systemic Vulnerability and the Origins of Developmental States; Northeast and Southeast Asia in Comparative Perspective. *International Organization*, Vol. 59, No. 2, pp. 327-361.

Solow, R. (1956), A Contribution to the Theory of Economic Growth. *The Quarterly Journal of Economics*. 70(1), pp. 65-94.

UN(2013). World Population Prospects; The 2012 Revision.

李相哲(2017). 김정은 체제 왜 붕괴되지 않는가: 김정일 전기(이동주 역). 서울: 레드우드(원저 2016 출간).

3. 북한 문헌

〈단행본〉

국가경제개발위원회(2013). 투자제안서.

백남룡(2017). 야전열차. 북한 문학예술출판사.

차명철(2018). 조선민주주의인민공화국 주요경제지대들. 평양: 외국문출판사.

〈공식 발표/보도자료〉

"김정은 국무위원장이 인민군 제1524군부대를 시찰하시었다"(2018.6.30). 「로동
　　　신문」.

"김정은 제1비서가 인민군 제810군부대 산하 '석막대서양연어종어장'과 '낙산바
　　　다연어양어사업소'를 현지 지도하시었다"(2015.5.23). 「조선중앙통신」.

"김정은 동지께서 조선인민군 제525호 공장을 현지지도하시었다"(2018.7.25.).
　　　「조선중앙통신」.

"김정은 동지께서 원산구두공장을 현지지도하시었다"(2018.12.3). 「조선중앙통
　　　신」.

김정은(2012.4.6). 당 중앙위 책임 일꾼들과의 담화.

_____(2012.4.15). 김일성 탄생 100주년 대중연설.

_____(2013.3.31). 당 중앙위 전원회의 연설.

_____(2015.10.10). 당 창건 70주년 열병식 및 평양시 군중시위 연설.

_____(2016.5.7). 7차 당대회 중앙위 사업총화 연설.

_____(2016.12). 전국 초급당위원장 대회 연설.

_____(2016.6.6). 조선소년단 8차 대회 연설.

_____(2017.1.1). 2017년 신년사 발표.

_____(2018.4.20). 당 7기 3차 전원회의 시 연설.

_____(2019.4.10). 당 중앙위 7기 4차 전원회의 시 연설.

_____(2019.4.12). 최고인민회의 14기 1차 회의 시정연설.

_____(2019.1.1). 2019년 신년사 발표.